计算机应用基础

主编 王爱红 彭 鸿

清华大学出版社
北京

内 容 简 介

本书采用项目引领、任务驱动的方式,通过大量案例介绍了计算机基础知识和日常应用。全书共分7
个项目,内容涵盖计算机基础知识,使用 Windows 7 系统,使用 Word 2010 制作文档,使用 Excel 2010
制作电子表格,使用 PowerPoint 2010 制作演示文稿,局域网和 Internet 应用,以及使用常用工具软件等。

本书可作为各类院校计算机应用基础课程的教材,也可供广大初、中级电脑爱好者自学使用。

图书在版编目(CIP)数据

计算机应用基础 / 王爱红,彭鸿主编. —北京 : 清华大学出版社,2018(2023.9重印)
ISBN 978-7-302-51267-7

Ⅰ. ①计… Ⅱ. ①王… ②彭… Ⅲ. ①电子计算机－教材 Ⅳ. ①TP3

中国版本图书馆 CIP 数据核字(2018)第 213270 号

责任编辑:陈晓梦 李玉萍
封面设计:刘幼峰
责任校对:吴亚琼
责任印制:丛怀宇

出版发行:清华大学出版社
   网 址:http://www.tup.com.cn, http://www.wqbook.com
   地 址:北京清华大学学研大厦 A 座   邮 编:100084
   社 总 机:010-83470000   邮 购:010-62786544
   投稿与读者服务:010-62776969, c-service@tup.tsinghua.edu.cn
   质量反馈:010-62772015, zhiliang@tup.tsinghua.edu.cn
印 装 者:三河市君旺印务有限公司
经 销:全国新华书店
开 本:185mm×260mm 印 张:18 字 数:416 千字
版 次:2018 年 9 月第 1 版   印 次:2023 年 9 月第 8 次印刷
定 价:49.80 元

产品编号:081608-01

本书编委会

主　编：王爱红　彭　鸿

副主编：吴冠辰　林　斌

　　　　陈朝俊　胡海翔

参　编：陈宗敏

当前，计算机的应用已经渗透到人们生活的各个领域，正在迅速地改变着人们的工作、学习和生活方式。熟练地操作计算机、掌握计算机的应用技术已成为当代大学生必须具备的基本技能，也是学生争取优秀工作岗位的重要前提。

随着计算机硬件和软件技术的飞速发展，计算机应用基础课程的教学内容和教学方式已发生了很大的变化。本书结合目前计算机及信息技术的发展状况，以及国家关于计算机应用基础教学的最新指示文件精神编写，是最新的教学改革成果。

本书特色

➤ **项目教学**：采用以任务为驱动的项目教学方式，将每个项目分解为多个任务，每个任务均包含"相关知识"和"任务实施"两个部分。

➤ **案例众多**：在每个任务中都包含一个或多个针对性、实用性很强的案例，将知识点融入案例中，从而让学生在完成任务的过程中轻松掌握相关知识。此外，在每个项目的后面还给出了多个综合性很强的项目实训案例，可让学生学以致用。

➤ **精心设置课程内容**：根据大多数学校关于计算机应用基础教学的实际情况精心设置课程内容。主要内容包括：计算机基础知识、Windows 7、Office 2010、Internet和局域网、常用工具软件。其中 Office 2010 应用是本教材的重点。

➤ **微课辅助**：本书将"互联网+"思维融入教材，采用微课辅助教学，针对性强。学生可通过扫描二维码随时随地观看微视频，从而提高学习质量。

➤ **真题解析**：本书将最新的全国计算机等级考试一级 MS Office 部分真题及其解析融入其中，从而方便学生了解计算机等级考试情况，并及时检测和巩固学习效果。

➤ **其他特色**：语言简练，讲解简洁，图示丰富；融入大量实用技巧；兼顾全国计算机等级一级考试；教学资源丰富等。

本书适用范围

本书可作为各类院校计算机应用基础课程的教材，也可供广大初、中级电脑爱好者自学使用。

■/\ 教学资源下载

本书配有精美的教学课件，并且书中用到的素材和制作的实例都已整理和打包，读者可到北京金企鹅联合出版中心网站（www.bjjqe.com）下载。

■/\ 本书作者团队

本书由王爱红、彭鸿担任主编，吴冠辰、林斌、陈朝俊、胡海翔担任副主编，陈宗敏参与编写。

感谢阅读本书的读者！感谢将本书作为教材的老师！尽管我们在编写本书时已竭尽全力，但书中仍可能会存在问题，欢迎读者批评指正。

编　者

2018 年 8 月

C目录 ontents

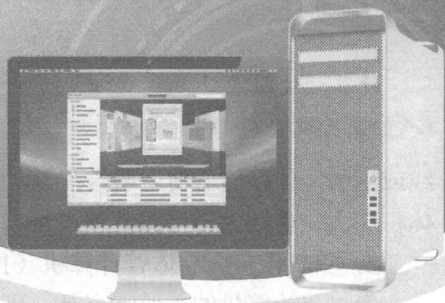

项目一　计算机基础知识

【项目导读】

目前，计算机已成为人们不可缺少的工具，它极大地改变了人们的工作、学习和生活方式，成为信息时代的主要标志。本项目将带领大家了解计算机的一些基础知识，包括计算机的发展和应用领域，计算机系统的组成，计算机中使用的数制和字符编码等，以便对计算机有一个总体的认识。

【学习目标】

➢ 了解计算机的发展及应用领域。
➢ 掌握计算机系统的组成，以及微型计算机的基本结构和各部件的功能。
➢ 了解组装计算机的方法。
➢ 了解计算机中数的表示方法及数据的存储单位。
➢ 了解计算机病毒的基本知识。

任务一　了解计算机的发展及其应用领域

从重达 30 余吨的庞然大物到可随身携带的掌上电脑，计算机的发展究竟经历了怎样的历程？从最初的数值计算到可以利用计算机进行日常娱乐、办公……，计算机究竟为我们的生活带来了什么样的变化？下面将告诉你一个精彩的计算机世界。

相关知识

扫一扫

计算机发展和应用领域

一、计算机技术的发展

世界上第一台电子计算机于 1946 年研制成功，命名为 ENIAC，这标志着第一代计算机的诞生。之后，计算机技术获得了迅猛发展。根据计算机所用电子器件的不同，计算机已历经电子管、晶体管、集成电路、大规模及超大规模集成电路 4 个时代。

1. 第一代——电子管计算机（1946—1958 年）

第一代计算机的主要特点是：硬件方面，逻辑元件使用电子管，主存储器使用汞延迟

线或磁鼓，外存储器使用磁带；软件方面，只能使用机器语言和汇编语言。第一代计算机体积庞大、功耗大、可靠性差、价格昂贵；应用以科学计算为主。

2. 第二代——晶体管计算机（1958—1964 年）

第二代计算机的主要特点是：硬件方面，逻辑元件使用晶体管，主存储器使用磁芯，外存储器使用磁盘；软件技术有了很大的发展，出现了各种高级语言及其编译程序。第二代计算机的体积大大缩小，耗电减少，可靠性提高；应用以科学计算和各种事务处理为主，并开始用于工业控制。

3. 第三代　集成电路计算机（1964—1971 年）

第三代计算机的主要特点是：硬件方面，逻辑元件使用中、小规模集成电路，主存储器使用半导体存储器；软件方面，提出了结构化程序设计思想，出现了分时及实时操作系统。第三代计算机的体积进一步缩小，其运算速度、运算精度、存储容量及可靠性等主要性能指标大为改善；开始应用于文字处理和图形图像处理等领域。

4. 第四代——大规模及超大规模集成电路计算机（自 1971 年开始）

第四代计算机将中央处理器、存储器及各 I/O 接口做在大规模集成电路芯片上，应用已经扩展到各行各业。在第四代计算机发展过程中，最重要的成就之一表现在微处理器的体积不断减小，集成度不断提高，运算速度越来越快，计算机逐渐向微型计算机方向发展，使计算机逐渐走进办公室、学校或普通家庭。图 1-1 为日常使用的个人计算机，如台式机、笔记本电脑等，它们都属于微型计算机。

台式机　　　　　　笔记本电脑　　　　　　一体机　　　　　　平板电脑

图 1-1　微型计算机

💡 **提　示**

说到计算机的发展，就不能不提到美国科学家冯·诺依曼。20 世纪 30 年代中期，冯·诺依曼提出了电子计算机存储程序的理论。直到今天，计算机内部依然采用这种机制，其特点是：计算机由控制器、运算器、存储器、输入设备、输出设备 5 大部分组成。其中，输入设备用来输入原始数据和指令；控制器按用户给出的指令对计算机的其他部件发出各种控制信号；运算器用来对数据进行运算；存储器用来存储数据处理前和处理后的结果；输出设备用来将计算结果输出。

二、计算机应用领域

计算机问世之初，主要用于数值计算，"计算机"也因此得名。但随着计算机技术的发展，它不再局限于数值计算而广泛地应用于数据处理、自动控制、计算机辅助设计、计算机辅助制造、计算机辅助教学、人工智能、多媒体技术、计算机网络等领域。

1. 科学计算（数值计算）

科学计算是计算机最早的应用领域。科学计算所解决的大多是从科学研究和工程技术中所提出的数学问题的计算。这类计算往往公式复杂、难度很大，用一般计算工具或人力难以完成。例如，气象预报需要求解描述大气运动规律的微分方程，发射导弹需要计算导弹弹道曲线方程，这些都需要通过计算机的高速而精确的计算才能完成。

2. 数据处理（信息处理）

数据处理是指利用计算机来收集、加工、检索和管理各种数据，从而使人们获得更多有用的信息，如人事管理、库存管理、财务管理、图书资料管理等。图 1-2 为某公司的信息管理系统。

3. 自动控制

自动控制是指利用计算机对某一过程进行自动操作的行为。它不需要人工干预，能够按人预定的目标和状态进行过程控制，如无人驾驶飞机、导弹和人造卫星等。

4. 计算机辅助系统

计算机辅助系统包括计算机辅助设计（CAD）、计算机辅助制造（CAM）和计算机辅助教学（CAI）等。其中，计算机辅助设计 CAD（Computer Aided Design）是指利用计算机进行工程设计，如飞机设计、船舶设计、建筑设计、机械设计等。图 1-3 为利用计算机设计的建筑模型。

图 1-2 信息管理系统

图 1-3 利用计算机设计的建筑模型

计算机辅助制造 CAM（Computer Aided Manufacturing）是指利用计算机进行生产设备的管理、控制和操作，它对提高产品质量、降低成本和缩短生产周期等起到了积极的作用。

计算机辅助教学 CAI（Computer Assisted Instruction）是指用计算机来辅助完成教学计划或模拟某个实验过程。CAI 不仅能减轻教师的负担，还能激发学生的学习兴趣，提高教学质量。

5. 人工智能

人工智能（Artificial Intelligence，简称 AI）是指让计算机模拟人类的某些智力能力，使其具有人的感知能力，能够看、听，并自动学习知识；具有人的思维能力，能够判断、分析、推理和决策；具体人的行为能力，能够根据外界情况来执行某些任务。

6．多媒体应用

多媒体（Multimedia）是文本、图形、照片、音频、动画和影片等各种媒体的组合物。近些年来，多媒体技术被广泛应用于医疗、教育、商业、军事、出版等领域。图 1-4 为某款香水的多媒体视频截图。

图 1-4　多媒体视频截图

7．计算机网络

计算机网络是现代计算机技术与通信技术高度发展和密切结合的产物，它利用通信设备和线路将地理位置不同、功能独立的多个计算机系统互连起来，实现网络中资源共享和信息传递。例如，全世界最大的计算机网络 Internet（因特网）把整个地球变成了一个小小的村落，人们可以方便地在网上查询信息、下载资源、通信、学习、娱乐和买卖东西等。

真题解析

1．1946 年首台电子数字计算机 ENIAC 问世后，冯·诺依曼（Von Neumann）在研制 EDVAC 计算机时，提出两个重要的改进，它们是（　　）。（2017 年 9 月）

 A．引入 CPU 和内存储器的概念

 B．采用机器语言和十六进制

 C．采用二进制和存储程序控制的概念

 D．采用 ASCII 编码系统

【解析】与 ENIAC 相比，EDVAC 的重大改进主要有两方面：一是把十进制改成二进制，这可以充分发挥电子元件高速运算的优越性；二是把程序和数据一起存储在计算机内，这样就可以使全部运算成为真正的自动过程。正确答案：C。

2．电子计算机最早的应用领域是（　　）。（2017 年 9 月）

 A．数据处理　　　　　　　　　　B．科学计算

 C．工业控制　　　　　　　　　　D．文字处理

【解析】计算机的应用主要分为数值计算和非数值计算两大类。科学计算也称数值计算，主要解决科学研究和工程技术中产生的大量数值计算问题，这是计算机最初的也是最重要的应用领域。正确答案：B。

3. "铁路联网售票系统",按计算机应用的分类,它属于( )。(2017年9月)
　　A. 科学计算　　　　B. 辅助设计　　　C. 实时控制　　　D. 信息处理
【解析】计算机的主要应用领域分为科学计算、信息处理、过程控制、网络通信、人工智能、多媒体、计算机辅助设计和辅助制造等。"铁路联网售票系统"主要属于信息处理方面的应用。正确答案:D。

任务实施——观看"计算机应用领域"视频

观看本书配套教学视频"计算机应用领域"。视频中展示了计算机在多个行业中的应用,目的是让读者对计算机有一个直观的印象。

任务二　了解计算机系统组成

通过"相关知识"了解计算机系统的组成及其主要部件的作用,在"任务实施"中通过观看组装计算机的视频,来直观地认识计算机硬件。

相关知识

一、计算机系统组成概述

现代计算机系统由硬件和软件两大部分组成。硬件是指直观的机器部分,以台式计算机为例,它包括主机、显示器、键盘和鼠标等设备,如图1-5所示;软件是相对于硬件而言的,是指为计算机运行工作服务的各种程序、数据及相关资料。

图1-5　台式计算机外观

计算机硬件和软件相辅相成,缺一不可。没有软件的计算机就像是一具僵硬的躯壳,无法为我们做任何事情;同样,如果没有硬件的支持,软件将无处安身。计算机系统组成如图1-6所示。

中央处理器（CPU） — 运算器
　　　　　　　　　　 — 控制器

主机 — 各种总线（主板和各板卡）
　　 — 主存储器（内存）
　　 — 辅存储器（硬盘、光驱和软驱等）

硬件系统

外设 — 辅存储器（移动硬盘和 U 盘等）
　　 — 输入设备（键盘、鼠标、扫描仪、摄像头和麦克风等）
　　 — 输出设备（显示器、打印机和投影仪等）

计算机系统

系统软件 — 操作系统
　　　　 — 程序设计语言

软件系统

应用软件 — 信息管理软件
　　　　 — 辅助设计软件
　　　　 — 文字处理软件
　　　　 — 图形处理软件
　　　　 — 其他软件

图 1-6　计算机系统组成

二、计算机主机配置

主机是计算机硬件系统的核心。在主机箱的前后面板上通常会配置一些设备接口、按键和指示灯等，如图 1-7 所示。虽然主机箱的外观样式千变万化，但这些设备接口、按键和指示灯的功能基本上大同小异。

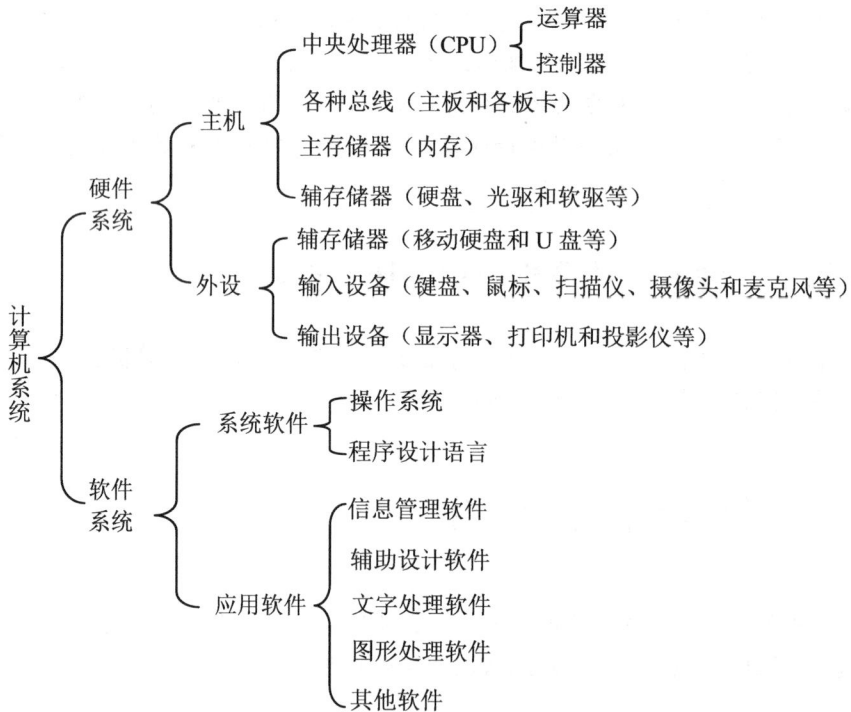

电源接钮
光驱
多合一读卡器
前置USB接口×2
耳麦和话筒接口
hp
hp pavilion

电源接口
电源开关
PS/2键盘接口
主板显示器接口
USB接口×4
音源输入输出接口
PS/2鼠标接口
网络接口
显卡显示器接口

扫一扫

计算机硬件系统

图 1-7　主机前后面板

在主机的内部包含主板、CPU、内存、显卡、电源、硬盘、光驱等部件，它们共同决定了计算机的性能。

1. 主板

主板又称母板，它是一块印刷电路板，是计算机中其他组件的载体，在各组件中起着协调工作的作用，如图 1-8 所示。主板主要由 CPU 插槽、总线及总线扩展槽（如内存插槽、显卡插槽和 PCI 扩展槽）、输入输出（I/O）接口、缓存、电池及各种集成电路等组成。

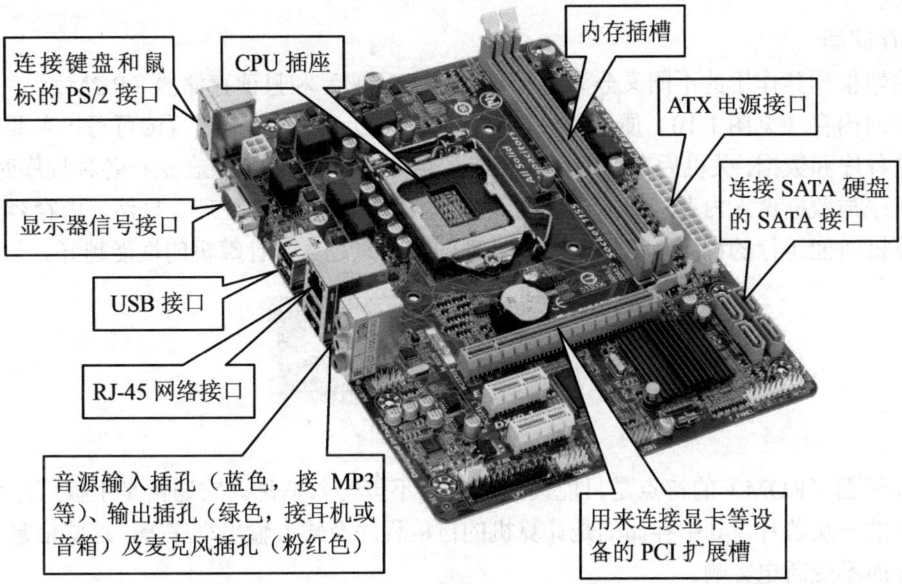

连接键盘和鼠标的 PS/2 接口
CPU 插座
内存插槽
ATX 电源接口
连接 SATA 硬盘的 SATA 接口
显示器信号接口
USB 接口
RJ-45 网络接口
音源输入插孔（蓝色，接 MP3 等）、输出插孔（绿色，接耳机或音箱）及麦克风插孔（粉红色）
用来连接显卡等设备的 PCI 扩展槽

图 1-8 主板

➢ **总线和总线扩展插槽**：总线用于在计算机的各个部件之间传输信息；总线扩展槽用来连接计算机的内存、显卡等部件。总线按传输信息的不同分为数据总线、地址总线和控制总线，分别用来在设备之间传输数据、地址和控制信息。

➢ **输入输出（I/O）接口**：输入输出接口主要用来连接计算机的各种外设，包括 PS/2 接口（用来连接鼠标和键盘）和 USB 接口等。其中，USB 接口是电脑中最常用的接口，可以用来连接键盘、鼠标、打印机、扫描仪、摄像机、数码相机、优盘等设备，具有传输数据速度快，可在开机状态下插拔（即热插拔）设备等优点。

2. CPU

CPU（Central Processing Unit）的中文名称是中央处理器，它由控制器和运算器组成，是计算机的指挥和运算中心，其重要性好比大脑对于人一样，负责整个系统的协调、控制及运算，如图 1-9 所示。CPU 的规格决定了计算机的档次。

CPU 的速度主要取决于主频、核心数和高速缓存容量。主频单位有 MHz 和 GHz，现在都以 GHz 为单位，表示每秒运算的次数。主频越高，计算机运算速度越快。例如，采用酷睿 3.0 GHz 的电脑要快于

图 1-9 CPU

采用酷睿 2.0 GHz 的电脑。

3．存储器

存储器是计算机中用来存储指令和数据的部件。按照存储器和 CPU 的关系，可以将其分为内存储器（也称为主存储器）和外存储器（也称为辅存储器）。它们的主要区别是：内存储器是 CPU 直接读取信息的地方，程序和数据必须先调入内存储器才能由 CPU 处理；内存储器存取数据的速度快，而外存储器相对较慢；内存储器的容量小，而外储存器的容量可以很大。

1）内存储器

内存储器根据其作用的不同又分为随机存储器（RAM）和只读存储器（ROM）。

通常说的内存（见图 1-10）便是随机存储器（RAM），它的特点是可读可写，主要用于临时存储程序和数据，关机后在其中存储的信息会自动消失。计算机在执行各种程序时，首先要把程序与数据调入内存（如从硬盘调入），这样才能由 CPU 处理。显然，内存容量越大，计算机所能运行的程序及在同一时间处理的数据量越大，计算机的性能越好。

图 1-10　内存

只读存储器（ROM）的特点是只能读出信息，不能写入信息。它通常是主板厂家固化在主板上的一块芯片，其中存储的是计算机的自检程序及输入输出程序等，这些信息可以永久保存而不受断电影响。

2）外存储器

外存储器包括硬盘、光盘、U 盘和移动硬盘等，它们是计算机的辅助存储设备，这里先介绍硬盘。

图 1-11　硬盘

硬盘固定在主机箱内，并通过主板的 IDE 或 SATA 接口与主板连接，是计算机最主要的外存储器。计算机中的大多数文件都存储在硬盘中，如图 1-11 所示。如为计算机安装操作系统及应用软件，实际上就是将相关文件"复制"到硬盘。此外，对于一些有价值的图像、文档等，我们也通常将其保存在硬盘中。

硬盘容量较大，因此对于新硬盘，需要先对其进行分区（即将硬盘划分为多个存储空间）才能使用。用户可利用操作系统对硬盘及硬盘中存储的文件进行管理，具体操作请参考项目二的内容。

4．显卡

显卡又称显示卡或显示适配卡，它插在主板的 PCI-E16 扩展槽上，如图 1-12 所示。早期显卡的作用是将 CPU 处理过的输出信息转换成字符、图形和颜色等传送到显示器上显示。现在，显

图 1-12　显卡

图 1-13 声卡

卡已经拥有独立的图形处理功能。此外，一些低档计算机也将显卡集成到了主板上。

5. 声卡

利用声卡可以播放和录制声音。早期的声卡都是独立的，插在主板的 PCI 扩展槽上，如图 1-13 所示。现在由于集成电路技术的发展，很多主板直接集成了声卡的全部功能。

6. 光盘和光驱

光盘用来存储需要备份或移动的数据。常见的光盘分为 CD 和 DVD 两种类型，CD 光盘的容量一般为 650 MB，DVD 光盘的容量一般为 4.7 GB 或更大。

根据其使用特点，光盘又分为只读光盘和刻录光盘两种类型。只读光盘（CD-ROM 和 DVD-ROM）只能从中读取信息而不能写入信息，通常这些信息是厂家预先写入；刻录光盘分一次性写入光盘（CD-R 和 DVD-R）和可擦写光盘（CD-RW 和 DVD-RW），用户可将信息刻录（写入）到此类光盘中，其中可擦写光盘可多次擦除和写入信息。

图 1-14 光驱

光驱又称光盘驱动器，用来读取或写入光盘数据，如图 1-14 所示。光驱一般固定在主机箱内，并通过主板的 IDE 或 SATA 接口与主板连接。

根据功能及所使用的存储介质的不同，光驱可分为 DVD-ROM（能读 CD、DVD 光盘）、DVD-R/RW（能刻录和读 CD、DVD 光盘）等类型。我们将能刻录光盘的光驱称为刻录机。

7. 电源

图 1-15 电源

电源用于为计算机各配件提供电力，如图 1-15 所示。电源质量的好坏将影响计算机运行的稳定性。

三、计算机外设配置

除了主机内的配件外，一台完整的计算机还应包括 3 个基本外设——显示器、鼠标和键盘。此外，为了扩充计算机的功能，用户还可以为计算机配置打印机、音箱、麦克风、摄像头、U 盘等辅助设备。

1. 显示器

显示器是计算机最重要的输出设备，它在屏幕上反映了使用者操作键盘和鼠标的情况，以及程序运行过程和结果等，如图 1-16 所示。

2. 键盘和鼠标

键盘和鼠标主要用于向计算机发出指令和输入信息，是计算机最主要的输入设备，如图 1-17 所示。

图 1-16　显示器

图 1-17　键盘和鼠标

3．打印机

打印机（见图 1-18）可以将用户编排好的文档、表格及图像等内容输出到纸张上。目前，打印机主要分为针式打印机、喷墨打印机和激光打印机三种类型。

图 1-18　打印机

- ➤ **针式打印机**：针式打印机是早期的机械式打印机，打印噪声较大，现在一般只用来打印票据，如银行存折、财务发票、条形码等。

- ➤ **喷墨打印机**：喷墨打印机使用墨盒作为耗材，其优点是打印机价格低，使用成本低（耗材便宜）；缺点是打印速度稍慢，因而适合打印量不大的场合。

- ➤ **激光打印机**：激光打印机使用硒鼓作为耗材，其优点是打印速度快，因而适合打印量较大的场合；缺点是打印机价格高，且使用成本较高（耗材贵）。

4．U 盘和移动硬盘

U 盘也称闪盘，是一种小巧玲珑、易于携带的移动存储设备，如图 1-19 所示。优盘的接口是 USB，使用时无需外接电源，且可在计算机开机状态下插拔和快速读写、删除数据。U 盘还具有防震功能，因此非常方便在不同的计算机之间传输数据。

图 1-19　优盘

图 1-20　移动硬盘

移动硬盘由普通硬盘和硬盘盒组成，如图 1-20 所示。硬盘盒除了起到保护硬盘的作用外，更重要的作用是将硬盘的 SATA 接口（或 IDE 接口）转换成可以热插拔的 USB 或其他标准接口与计算机连接，从而实现移动存储。因为使用普通硬盘作为数据载体，所以移动硬盘具有存储容量大的优点；移动硬盘的缺点是怕震动。

四、计算机软件系统

软件是指为计算机运行工作服务的各种程序、数据及相关资料。软件是计算机的灵魂，是计算机具体功能的体现，要让计算机为我们工作，必须在计算机中安装相应的软件。一台没有安装软件的计算机无法完成任何有实际意义的工作。

扫一扫

计算机软件系统

计算机软件主要分为系统软件和应用软件两大类，下面分别对它们进行介绍。

1. 系统软件

系统软件是管理和控制电脑软、硬件资源的软件，它的功能是使电脑能够正常工作或具备解决某些问题的能力。系统软件包括操作系统、数据库管理系统和各种语言处理程序。

1）操作系统

操作系统是控制和管理电脑软、硬件资源的平台。它在电脑系统中占有特殊的地位，电脑需要安装操作系统才能正常工作。这是因为，一方面，用户需要通过操作系统去操作电脑，合理、有效地利用各种资源，而不必去直接操作电脑的硬件；另一方面，电脑中所有其他软件都建立在操作系统的基础上，并得到它的支持与服务。

常见的操作系统有 Windows，Linux 等。其中，在个人电脑领域，Windows 是最常用的操作系统，包括 Windows XP，Windows 7，Windows 8 和 Windows 10 等版本。

2）数据库管理系统

数据库管理系统是用户建立、使用和维护数据库的软件，简称 DBMS。目前，常用的数据库管理系统有 Visual FoxPro，Sybase，Oracle 和 SQL Server 等。

3）语言处理程序

人们利用电脑来解决具体的问题，是通过一连串的指令来实现的，一串指令的有序集合就是程序。程序设计语言是用来编制各种程序所使用的计算机语言，它包括机器语言、汇编语言及高级语言等。例如，Visual Basic（简称 VB）、C++、C#和 Java 等都是高级语言。

机器语言是可以直接在计算机上执行的程序，而汇编语言和高级语言需要翻译成机器语言后才能在计算机上执行。语言处理程序的作用就是将高级语言或汇编语言编写的程序翻译成计算机能执行的程序，它包括编译程序和解释程序等。

2. 应用软件

应用软件运行在操作系统之上，是为了解决用户的各种实际问题而编制的程序及相关资源的集合，如办公软件 Office、图像处理软件 Photoshop、动画制作软件 Flash、工程绘图软件 AutoCAD、杀毒软件 360、压缩/解压缩软件 WinRAR 等。

真题解析

1. 下列叙述中，正确的是（　　）。（2017 年 9 月）
   A. CPU 能直接读取硬盘上的数据
   B. CPU 能直接存取内存储器中的数据
   C. CPU 由存储器、运算器和控制器组成
   D. CPU 主要用来存储程序和数据

【解析】CPU 不能读取硬盘上的数据，但是能直接访问内存储器；CPU 主要包括运算器和控制器。正确答案：B。

2. 在 CD 光盘上标记有 "CD-RW" 字样，"RW" 标记表明该光盘（　　）。（2017 年 9 月）
   A. 只能写入一次，可以反复读出的一次性写入光盘

B. 可多次擦除型光盘

C. 只能读出，不能写入的只读光盘

D. 其驱动器单倍速为 1350 KB/S 的高密度可读写光盘

【解析】CD 光盘存储容量最大为 650 MB，有只读型光盘 CD-ROM、一次性写入光盘 CD-R 和可擦除型光盘 CD-RW 等。正确答案：B。

3. 在下列设备中，不能作为微机输出设备的是（　　）。（2017 年 9 月）

    A. 打印机　　　　　　　　　　　　B. 显示器

    C. 鼠标　　　　　　　　　　　　　D. 绘图仪

【解析】鼠标是输入设备。正确答案：C。

4. 在所列出的：① 字处理软件，② Linux，③ UNIX，④ 学籍管理系统，⑤ Windows 7 和⑥ Office 2010 这 6 个软件中，属于系统软件的是（　　）。（2017 年 9 月）

    A. ①，②，③　　　　　　　　　　B. ②，③，⑤

    C. ①，②，③，⑤　　　　　　　　D. 全部都不是

【解析】字处理软件、学籍管理系统、Office 2010 属于应用软件。正确答案：B。

5. 一个完整的计算机系统的组成部分，确切说法应该是（　　）。（2017 年 9 月）

    A. 计算机主机、键盘、显示器和软件

    B. 计算机硬件和应用软件

    C. 计算机硬件和系统软件

    D. 计算机硬件和软件

【解析】计算机系统由硬件系统和软件系统两大部分组成。硬件系统主要包括控制器、运算器、存储器、输入设备、输出设备、接口和总线等。软件系统主要包括系统软件和应用软件。正确答案：D。

6. 下列各存储器中，存取速度最快的一种是（　　）。（2017 年 9 月）

    A. U 盘　　　　　B. 内存储器　　　　　C. 光盘　　　　　D. 固定硬盘

【解析】计算机中的存储器按照速度快慢排列依次为：寄存器>高速缓冲存储器（又叫"快存"或 Cache）>内存>外存。其中内存一般分为 RAM（随机存取存储器）和 ROM（只读存储器）。速度越快的，一般造价越高，容量相对更小。正确答案：B。

任务实施——观看"组装计算机"视频

组装计算机的流程如表 1-1 所示，具体操作请观看本书配套教学视频"组装计算机"。有条件的读者可根据视频中的操作自己动手组装计算机。

组装计算机

表 1-1　组装计算机流程

操　作	流　程
安装主机	安装 CPU
	安装内存
	安装主板到机箱
安装主机	安装硬盘
	安装光驱
	安装显卡
	安装声卡/网卡及其他扩展卡
	安装电源，连接电源线及数据线
连接主机与外部设备	连接键盘、鼠标
	连接网络接口
	连接音频接口
	连接显示器
	连接主机及显示器电源
	通电自检

任务三　了解计算机中的数制与字符编码

二进制数是计算机表示信息的基础。下面首先引入数制的概念和转换方法，再介绍数值型数据在计算机内的表示方式和字符（包括英文字符和汉字）在计算机内的表示方式。

相关知识

一、计算机中的数制

数制也称计数制，是用一组固定的符号和统一的规则来表示数值的方法。在日常生活中，我们通常以十进制进行计数。除了十进制计数，还有许多非十进制的计数方法。例如，计时，60 秒为 1 分，60 分为 1 小时，用的是六十进制计数。

计算机能极快地进行运算，其内部并不像人们在实际生活中使用的十进制，而是使用只包含 0 和 1 两个数值的二进制；有时为了书写和表示方便，还会用到八进制数和十六进制数。文字、数字、图形、声音、视频及动画等均是以二进制形式存储在计算机中。

> 一般情况下，我们在数字的后面用特定的字母（下标）表示该数的进制，表示方法为：B 表示二进制；D 表示十进制（D 可省略）；O 表示八进制；H 表示十六进制。例如，二进制数 101120 表示为（101120）$_B$。

二、数制的转换

无论使用哪一种进位计数制，数值的表示都包含两个基本要素：基数和各位的"位权"。

一般而言，r 进制数的基数为 r，可供选用的计数符号有 r 个，分别为 $0\sim(r-1)$，每个数位计满 r 就向其高位进 1，即"逢 r 进一"。

例如，十进制数的基数为 10，可供选用的计数符号有 10 个，分别为 $0\sim9$，每个数位计满 10 就向其高位进 1，即"逢十进一"；二进制的基数为 2，只有 0 和 1 两个符号，计数规则是"逢二进一"；十六进制中，数用 0，1，…，9 和 A，B，…，F（或 a，b，…，f）16 个符号来描述，计数规则是"逢十六进一"。

"位权"又简称"权"，是指一个进位计数制中，各位数字符号所表示的数值等于该数字符号值乘以一个与该数字符号所处位置有关的常数。位权的大小是以基数为底，数字符号所处位置的序号为指数的整数次幂。各数字符号所处位置的序号计法为：以小数点为基准，整数部分自右向左依次为 0，1，…递增，小数部分自左向右依次为 -1，-2，…递减。

例如，将十进制数 385.26 按权展开，为 $3\times10^2+8\times10^1+5\times10^0+2\times10^{-1}+6\times10^{-2}$，即 3 的位权是 10^2，8 的位权是 10^1，5 的位权是 10^0，2 的位权是 10^{-1}，6 的位权是 10^{-2}。

虽然不同进制数之间的转换过程是计算机自动完成的，但我们仍有必要了解不同进制数之间的转换方法。

1. 其他进制转换为十进制

方法是：将其他进制按权位展开，然后各项相加，就得到相应的十进制数。

【例 1-1】$N=(10110.101)_B=(22.625)_D$

按权展开 $N=1\times2^4+0\times2^3+1\times2^2+1\times2^1+0\times2^0+1\times2^{-1}+0\times2^{-2}+1\times2^{-3}$

$=16+0+4+2+0+0.5+0+0.125=(22.625)_D$

【例 1-2】$N=(654.23)_O=(428.296875)_D$

按权展开 $N=6\times8^2+5\times8^1+4\times8^0+2\times8^{-1}+3\times8^{-2}$

$=384+40+4+0.25+0.046875=(428.296875)_D$

【例 1-3】$N=(3A6E.5)_H=(14958.3125)_D$

按权展开 $N=3\times16^3+10\times16^2+6\times16^1+14\times16^0+5\times16^{-1}$

$=12288+2560+96+14+0.3125=(14958.3125)_D$

2. 十进制转二进制

整数部分的转换采用"除 r 取余法"。例如，为了把十进制数转换成相应的二进制数，只要把十进制数不断除以 2，并记下每次所得余数，所有余数按与所得到的相反次序排列即为相应的二进制数。小数部分的转换则采用"乘 r 取整法"，并将所得数按顺序排列。

【例 1-4】$N=(43.625)_D=(101011.101)_B$

将 43.625 的整数部分和小数部分分开处理：

整数部分 　　　　　　　　　　　　 小数部分

取余数 　　　　　　　　　　　　　 取整数

```
2 | 43        1  ↑        0.625×2=1.25     1   ↓
 2 | 21       1            0.25×2=0.5      0
  2 | 10      0            0.5×2=1.0       1
   2 | 5      1
    2 | 2     0
     2 | 1    1
        0
```

结果：$(43.625)_D=(101011.101)_B$

3. 二进制、八进制、十六进制数之间的转换

由于二进制、八进制、十六进制之间存在特殊关系：$8^1=2^3$，$16^1=2^4$，即 1 位八进制数据相当于 3 位二进制数，1 位十六进制数相当于 4 位二进制数，因此转换比较容易，对照表 1-2 进行转换即可。

表 1-2　各种进制数码对照

十进制	二进制	八进制	十六进制	十进制	二进制	八进制	十六进制
0	0	0	0	9	1001	11	9
1	1	1	1	10	1010	12	A
2	1	2	2	11	1011	13	B
3	11	3	3	12	1100	14	C
4	100	4	4	13	1101	15	D
5	101	5	5	14	1110	16	E
6	110	6	6	15	1111	17	F
7	111	7	7	16	10000	20	10
8	1000	10	8	17	10001	21	11

【例 1-5】二进制转换成八进制

$N=(10101011.110101)_B=(253.65)_O$

$(\underline{010}\ \underline{101}\ \underline{011}.\underline{110}\ \underline{101})_B=(253.65)_O$(整数高位补 0)

　2　5　3　6　5

【例 1-6】二进制转换成十六进制

$N=(10101011.110101)_B=(AB.D4)_H$

(1010 1011.1101 0100)$_B$=(AB.D4)$_H$(小数低位补 0)
　A　 B　 D　 4
十六进制与八进制转换成二进制的方法同上。

三、字符编码

无论是数值数据还是非数值数据，计算机内部都会采用不同的编码标准先将这些数据转换成二进制数，再进行下一步运算。例如，当用户输入一个字符时，系统先将用户输入的字符按其编码标准自动转换为相应的二进制形式存入计算机存储单元中，再由系统自动将二进制数值转换成可视的信息显示出来。字符编码标准主要有以下几种。

1. ASCII 码

目前，计算机使用最广泛的字符编码是 ASCII 码（美国标准信息交换码）。ASCII 码包括 32 个通用控制字符、10 个十进制数码、52 个英文大小写字母和 34 个专用符号，共 128（即 2^7）个元素，故需要用七位二进制数 $b_7b_6b_5b_4b_3b_2b_1$ 进行编码，以区分每个字符，如表 1-3 所示。七位 ASCII 码被称为标准 ASCII 码。

表 1-3 中每个字符都对应一个数值，称为该字符的 ASCII 码值。通常使用一个字节（即 8 个二进制位）表示一个 ASCII 码字符，并规定其最高位总是 0。例如，数字"0"的 ASCII 码值为 00110000B，字母"A"的 ASCII 码值为 01000001B。

表 1-3　ASCII 字符编码表

b_4-b_1 ＼ b_7-b_5	000	001	010	011	100	101	110	111
0000	NUL	DLE	SP	0	@	P	`	p
0001	SOH	DC1	!	1	A	Q	a	q
0010	STX	DC2	"	2	B	R	b	r
0011	ETX	DC3	#	3	C	S	c	s
0100	EOT	DC4	$	4	D	T	d	t
0101	ENQ	NAK	%	5	E	U	e	u
0110	ACK	SYN	&	6	F	V	f	v
0111	BEL	ETB	'	7	G	W	g	w
1000	BS	CAN	(	8	H	X	h	x
1001	HT	EM	)	9	I	Y	i	y
1010	LF	SUB	*	:	J	Z	j	z
1011	VT	ESC	+	;	K	[	k	{
1100	FF	FS	,	<	L	\	l	|
1101	CR	GS	-	=	M	]	m	}
1110	SO	RS	.	>	N	^	n	~
1111	SI	US	/	?	O	_	o	Del

2．汉字编码

从汉字编码的角度看，计算机对汉字信息的处理过程实际上是各种汉字编码间的转换过程。这些编码主要包括汉字外码、汉字交换码、汉字机内码和汉字字形码等。

1）汉字外码（输入码）

汉字外码是指从键盘输入汉字时采用的编码方式，主要有以下几种：

（1）数字编码，如区位码。

（2）拼音码，如微软拼音输入法、智能 ABC 输入法、搜狗拼音输入法等。

（3）形码，如五笔字型输入法。

（4）音形码，即具有五笔拼音混合输入功能的输入法，如万能五笔输入法等。

2）汉字交换码（国标码）

汉字交换码是汉字信息处理系统之间或者通信系统之间进行信息交换的汉字代码，简称交换码，它是为方便在各种系统、设备之间进行信息交换而制定的。我国制定颁布了《标准信息交换用汉字编码字符集（基本集）》（GB 2312－80），所以也称为国标码。

国标码中收集了 682 个常用图形符号（如：序号、数字、罗马数字、英文字母、日文假名、俄文字母、汉语注音等）和 6763 个汉字。这些汉字分为两级：第一级包括常用汉字 3755 个，按拼音排序；第二级包括一般汉字 3008 个，按部首排序。

3）汉字机内码

机内码是在计算机内部进行存储、处理的汉字代码。每一个汉字输入计算机后就转换为机内码，然后才能在计算机中处理和传输。

4）汉字字形码

字形码是汉字的输出码。输出汉字时都采用图形方式，无论汉字的笔画多少，每个汉字都可以写在同样大小的方块中。通常用 16×16 点阵来显示汉字。

四、计算机中数据的存储单位

如前所述，计算机中的数据，包括文字、数字、声音、图形图像、视频及动画等，在计算机中都是用二进制形式表示和存储的，其最基本的存储单位是"位"和"字节"。

➢ **位**（bit）：一个二进制位称为比特，用"b"表示，是计算机中存储数据的最小单位。一位可以表示"0"或"1"。

➢ **字节**（byte）：八个二进制位称为字节，通常用"B"表示，它是数据处理和数据存储的基本单位，如一个英文字母占一个字节，一个汉字占两个字节。

此外，计算机中通常用 KB，MB，GB 或 TB 表示存储设备的容量或文件的大小，它们之间的换算关系如下：

1 B=8 bit	1 KB=1024 B　　　　1 MB=1024 KB=1024×1024 B
1 GB=1024 MB=1024×1024×1024 B	1 TB=1024 GB=1024×1024×1024×1024 B

真题解析

1. 假设某台式计算机的内存储器容量为 128 MB，硬盘容量为 10 GB，则硬盘的容量是内存容量的（   ）。（2017 年 9 月）

       A. 40 倍   B. 60 倍   C. 80 倍   D. 100 倍

【解析】根据换算公式：

1 GB=1024 MB，则 10 GB=10240 MB，10240 MB÷128 MB=80。正确答案：C。

2. 下列关于 ASCII 编码的叙述中，正确的是（   ）。（2017 年 9 月）

       A. 一个字符的标准 ASCII 码占一个字节，其最高二进制位总为 1

       B. 所有大写英文字母的 ASCII 码值都小于小写英文字母 "a" 的 ASCII 码值

       C. 所有大写英文字母的 ASCII 码值都大于小写英文字母 "a" 的 ASCII 码值

       D. 标准 ASCII 码表有 256 个不同的字符编码

【解析】国际通用的 ASCII 码有 7 位，且最高位不总为 1；所有大写英文字母的 ASCII 码都小于小写英文字母的 "a" 的 ASCII 码；标准 ASCII 码表有 128 个不同的字符编码。正确答案：B。

3. 十进制数 18 转换成二进制数是（   ）。（2017 年 9 月）

       A. 010101   B. 101000

       C. 010010   D. 001010

【解析】十进制整数转换成二进制整数的方法是 "除二取整法"。将 18 除以 2 得商 9，余 0，排除 A 选项；9 除以 2，得商 4，余 1，排除 B 选项；依次除下去直到商是零为止。以最先除得的余数为最低位，最后除得的余数为最高位，从最高位到最低位依次排列，便得到最后的二进制整数为 10010。正确答案：C。

任务四　了解计算机病毒

计算机在为我们工作、学习和生活带来便利的同时，也面临许多安全威胁，用户稍不留意，计算机就会感染病毒，或被黑客攻击，造成计算机不能正常使用或损失重要的数据。下面学习计算机病毒的概念、特点，以及传播方式和预防方法。

相关知识

一、计算机病毒的概念

计算机病毒是一种人为编制的特殊程序，或普通程序中的一段特殊代码，它的功能是影响计算机的正常运行、毁坏计算机中的数据或窃取用户的账号、密码等。

在大多数情况下，计算机病毒不是独立存在的，而是依附（寄生）在其他计算机文件中。由于它像生物病毒一样，具有传染性、破坏性并能够进行自我复制，因此被称为病毒。

提　示

> 我们经常听说的木马属于远程控制软件。木马传播者利用各种渠道（如邮件附件、恶意网页等）将木马种植在用户计算机中，这样他们便可以从远程控制用户的计算机，盗取用户的账号、密码，以及删除用户计算机中的文件等。

二、计算机病毒的特点

计算机病毒具有以下几个明显的特点：

➤ **破坏性**：计算机病毒发作时，轻则占用系统资源，影响计算机运行速度；严重的甚至会删除、破坏和盗取用户计算机中的重要数据，或损坏计算机硬件等。

➤ **传染性**：传染性是计算机病毒的基本特征。计算机病毒会进行自我繁殖、自我复制，并通过各种渠道，如移动 U 盘、网络等传染计算机。

➤ **隐蔽性**：计算机病毒具有很强的隐蔽性，它通常寄生在正常的程序之中，或使用正常的文件图标来伪装自己，如伪装成图片、文档或注册表文件等，从而使用户不易发觉。但当用户执行病毒寄生的程序，或打开病毒伪装成的文件等时，病毒就会运行，对用户的计算机造成破坏。

➤ **潜伏性**：计算机感染病毒后，病毒一般不会马上发作，而是潜伏在计算机中，继续进行传播而不被发现。当外界条件满足病毒发生的条件时，病毒才开始破坏活动。例如，"愚人节"病毒的发作条件是愚人节，即每年的 4 月 1 日。

三、计算机病毒的传播和预防

计算机病毒主要通过移动存储设备（如移动硬盘、U 盘和光盘）、局域网和 Internet（如网页、邮件附件、从网上下载的文件）等途径传播。因此，要预防计算机病毒，除了要加强计算机自身的防护功能外，还应养成良好的使用计算机和上网习惯。

➤ **慎用移动存储设备或光盘**：对外来的移动存储设备或光盘等要进行病毒检测，确认无毒后再使用。对执行重要工作的计算机最好专机专用，不用外来的存储设备。

➤ **文件来源要可靠**：慎用从 Internet 上下载的文件，因为这些文件可能感染病毒。

➤ **安装操作系统补丁程序**：许多病毒都是利用操作系统的漏洞入侵的，因此，应及时下载相关补丁来修复漏洞。目前，许多安全软件都带有系统漏洞修复功能。

➤ **安装杀毒软件**：利用杀毒软件的病毒防火墙可以防范病毒入侵。当计算机感染病毒后，还可以使用杀毒软件查杀病毒。

➤ **安装网络防火墙**：网络防火墙能防范木马窃取计算机中的数据，以及防范黑客攻击。

➤ **养成良好的上网习惯**：不要打开来历不明的电子邮件附件，不要浏览来历不明的网页，不要从不知名的站点下载软件。使用 QQ 等聊天工具聊天时，不要轻易接收别人发来的文件，不要轻易打开聊天窗口中的网址等。

真题解析

1. 计算机病毒是指"能够侵入计算机系统并在计算机系统中潜伏、传播，破坏系统正常工作的一种具有繁殖能力的（   ）。"（2017年9月）

A. 流行性感冒病毒　　　　　　　B. 特殊小程序

C. 特殊微生物　　　　　　　　　D. 源程序

【解析】计算机病毒是指编制或者在计算机程序中插入的"破坏计算机功能或者破坏数据，影响计算机使用并且能够自我复制的一组计算机指令或者程序代码"。正确答案：B。

2. 下列关于计算机病毒的叙述中，错误的是（   ）。（2017年9月）

A. 计算机病毒具有潜伏性

B. 计算机病毒具有传染性

C. 感染过计算机病毒的计算机具有对该病毒的免疫性

D. 计算机病毒是一个特殊的寄生程序

【解析】计算机病毒的特点有寄生性、破坏性、传染性、潜伏性、隐蔽性。正确答案：C。

项目总结

本项目主要学习了计算机的一些基础知识。学完本项目内容后，读者应了解计算机的发展历史和应用领域，了解计算机系统的组成，了解计算机中的数制、字符编码和数据在计算机中的存储单位，了解计算机病毒的概念、特点和预防方法。

项目考核

一、选择题

1. 第一台电子计算机ENIAC诞生于（   ）年。

A. 1946　　　　B. 1958　　　　C. 1964　　　　D. 1978

2. 第四代计算机所采用的主要逻辑元件是（   ）。

A. 电子管　　　　　　　　　　　B. 晶体管

C. 集成电路　　　　　　　　　　D. 大规模和超大规模集成电路

3. 计算机的指挥中心是（　　）。

A．运算器　　　　B．控制器　　　　C．存储器　　　　D．I/O设备

4. （　　）是计算机应用中最早的领域。

A．科学计算　　　B．自动控制　　　C．数据处理　　　D．CAD/CAI

5. 下列不属于辅存储器的是（　　）。

A．硬盘　　　　　B．软盘　　　　　C．光盘　　　　　D．内存条

6. 打印机属于（　　）。

A．输入设备　　　B．输出设备　　　C．存储设备　　　D．显示设备

7. 下列哪款软件不属于应用软件（　　）。

A．Office　　　　B．Flash　　　　C．Photoshop　　　D．Visual FoxPro

8. 计算机中的数据，包括文字、数字、图形图像、声音、视频及动画等，在计算机中都是用（　　）形式表示和存储的。

A．二进制　　　　B．十进制　　　　C．八进制　　　　D．十六进制

9. （　　）是计算机病毒的基本特征。

A．破坏性　　　　B．传染性　　　　C．隐蔽性　　　　D．潜伏性

二、简答题

1. 计算机系统由什么组成？计算机主机内有哪些部件？常用的计算机外设有哪些？
2. 目前常用的操作系统有哪些？
3. 硬盘和内存的区别是什么？它们各有什么性能指标？
4. CPU 在计算机中的作用是什么？它主要有什么性能指标？
5. 将十进制数 256 转换成二进制数，结果是什么？
6. 将二进制数$(11010)_2$转换成十进制数，结果是什么？
7. 计算机病毒是什么？它有什么特点？
8. 一个 50 MB 的文件，若将存储单位换成 KB，约为多少 KB？

项目二 使用 Windows 7 系统

【项目导读】

学习计算机首先要学习操作系统的使用。Windows 是目前使用最广泛的一种操作系统，它以图形化的界面让计算机操作变得直观和容易。Windows 操作系统包括多个版本，其中 Windows 7 以运行稳定、界面美观、功能强大和操作简单等特点受到众多用户的青睐，下面就来学习它的使用方法。

【学习目标】

➢ 了解 Windows 操作系统的版本。
➢ 掌握 Windows 7 的基本操作。
➢ 掌握管理文件和文件夹的方法。
➢ 掌握系统管理和应用，如设置系统，管理用户账户，安装和卸载应用程序等。
➢ 掌握管理和维护磁盘的方法。

任务一 Windows 7 使用基础

在具体学习 Windows 7 的基本操作前，先了解 Windows 操作系统的版本和安装 Windows 7 的方法，掌握启动和关闭 Windows 7 的操作。

相关知识

一、Windows 的版本

Windows 操作系统由美国微软公司开发，分为多个版本，目前使用较为广泛的有 Windows XP，Windows 2003，Windows 7 和 Windows 8 等。

➢ Windows XP：这是 Windows 7 之前最常用的个人计算机操作系统，其界面友好，对计算机配置的要求低。目前，Windows XP 正逐渐被 Windows 7 和 Windows 8 取代。
➢ Windows 7/8：Windows 7 是在 Windows XP 之后开发的个人计算机操作系统，相比 Windows XP，它具有界面更加华丽、操作更加容易、运行速度更快和更稳定，以及支持的软硬件更多、功能更加强大等特点。Windows 8 是 Windows 7 的升级版，它的使用界面和功能与 Windows 7 相似。

➤ Windows 2000/2003/2008：这几个版本的 Windows 为网络操作系统，它们主要用来管理网络和扮演网络服务器的角色，个人计算机一般很少安装。

二、安装 Windows 7

如果您的计算机中还没有安装 Windows 7，或 Windows 7 运行不稳定，需要将其安装或重装在计算机中。

要安装 Windows 7，首先需要准备一张 Windows 7 安装光盘，然后执行以下安装流程。（具体安装步骤请观看本书配套教学视频"安装 Windows 7"）

步骤 1▶ 通过 BIOS 将计算机设置为光驱启动。

步骤 2▶ 将 Windows 7 安装光盘放入光驱，按 Ctrl+Alt+Del 组合键重启计算机。

安装 Windows 7

步骤 3▶ 系统自动收集安装信息，出现安装画面，根据提示进行几个简单的选择和输入，即可将 Windows 7 安装在计算机中（安装时间随计算机性能的不同而有所差异）。

任务实施

一、启动 Windows 7

正确启动 Windows 7 的操作步骤如下：

步骤 1▶ 打开显示器的电源，然后按一下主机电源开关。

步骤 2▶ 计算机首先对基本设备进行检查（称为自检），并显示相应的信息（包括主板型号、CPU 型号、内存容量和规格等）。

步骤 3▶ 稍等片刻，便会显示 Windows 7 的用户登录界面。将鼠标指针移动到要登录的用户上方并单击鼠标左键，如图 2-1 所示。

图 2-1　单击要登录的用户

步骤 4▶ 弹出该用户的登录界面，使用键盘在密码框中输入登录密码，然后用鼠标左键单击右侧的箭头按钮，登录 Windows 7，如图 2-2 所示。

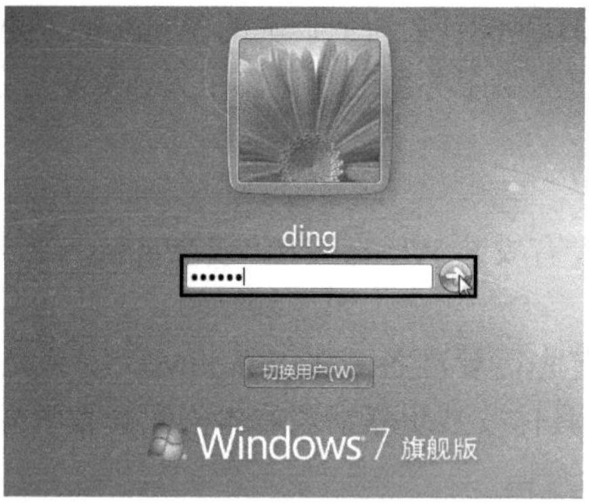
ding
切换用户(W)
Windows 7 旗舰版

图 2-2　输入登录密码并确认

提 示

如果只为 Windows 7 创建了一个用户账户，且没有为该账户设置登录密码，则启动时将直接显示 Windows 7 的桌面，不会出现此登录界面。关于创建和设置用户账户的方法，请参考后面内容。

步骤 5▶ 登录 Windows 7 后，展示在我们面前的画面便是它的桌面，它主要由桌面图标、任务栏、桌面区几个部分组成，如图 2-3 所示。作为一个视窗化的操作系统，Windows 7 的所有操作都从桌面开始，在桌面进行。

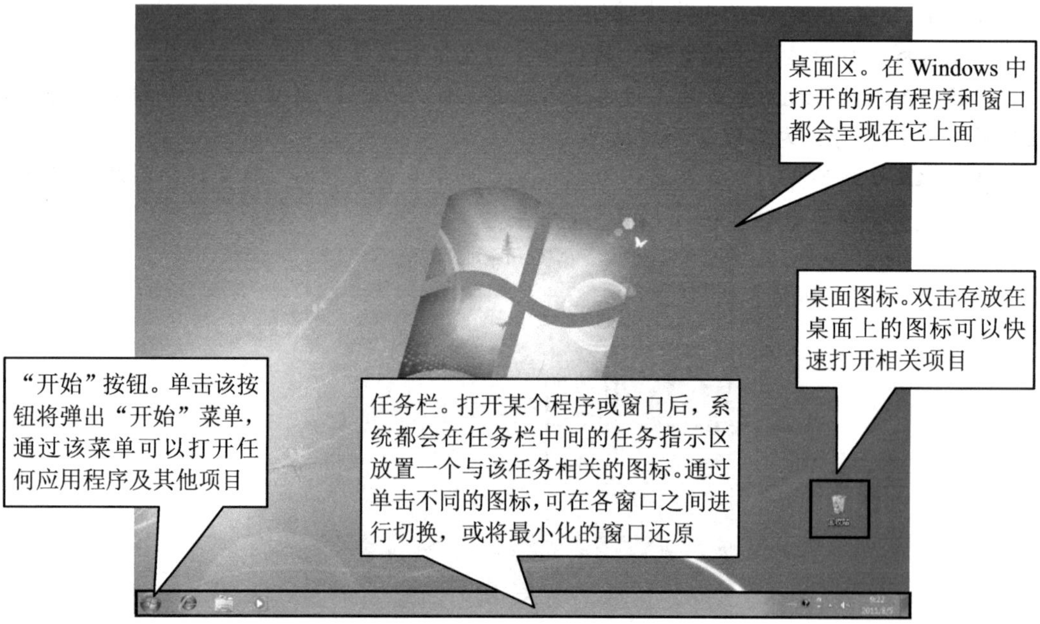
桌面区。在 Windows 中打开的所有程序和窗口都会呈现在它上面
桌面图标。双击存放在桌面上的图标可以快速打开相关项目
“开始”按钮。单击该按钮将弹出“开始”菜单，通过该菜单可以打开任何应用程序及其他项目
任务栏。打开某个程序或窗口后，系统都会在任务栏中间的任务指示区放置一个与该任务相关的图标。通过单击不同的图标，可在各窗口之间进行切换，或将最小化的窗口还原

图 2-3　Windows 7 桌面

二、关闭 Windows 7

Windows 7 是一个庞大的操作系统，启动时会装载许多文件，因此，必须使用正确的方法来关闭它，否则有可能导致系统损坏。正确关闭 Windows 7 的操作步骤如下：

步骤1▶ 关闭所有打开的应用程序。如果有文档没保存，需要先将其保存。

步骤2▶ 将鼠标指针移至屏幕左下角的"开始"按钮上并单击鼠标左键，弹出"开始"菜单，然后将鼠标指针移至"关机"按钮上并单击鼠标左键，如图 2-4 所示。

步骤3▶ 稍等一会，等显示器屏幕黑屏后，按下显示器电源开关，关闭显示器。

图 2-4　关闭 Windows 7

步骤4▶ 如果长时间不使用计算机，需要切断计算机主机和显示器的电源。

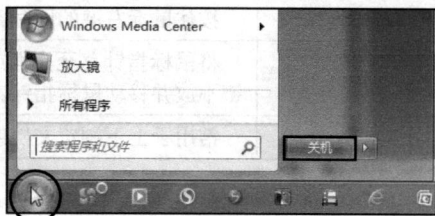

任务二　Windows 7 基本操作

首先通过"相关知识"了解鼠标基本操作，熟悉键盘按键，认识 Windows 7 的"开始"菜单、窗口、对话框和任务栏，它们是使用计算机时最常接触的对象，然后在"任务实施"中启动"记事本"程序，输入一篇中文，保存和关闭记事本文档。

相关知识

一、鼠标基本操作

登录 Windows 7 后，轻轻移动鼠标体，会发现 Windows 桌面上有一个箭头图标随着鼠标体的移动而移动，该图标称为鼠标指针，用于指示要操作的对象或位置。在 Windows 系列操作系统中，常用的鼠标操作如表 2-1 所示。

表 2-1　鼠标相关操作的说明

操　作	说　明
移动鼠标指针	在鼠标垫上移动鼠标，此时鼠标指针将随之移动
单击	即"左击"，将鼠标指针移到要操作的对象上，快速按一下鼠标左键并快速释放（松开鼠标左键），主要用于选择对象或打开超链接等
右击	将鼠标指针移至某个对象上并快速单击鼠标右键，主要用于打开快捷菜单
双击	在某个对象上快速双击鼠标左键，主要用于打开文件或文件夹

（续表）

操 作	说 明
左键拖动	在某个对象上按住鼠标左键不放并移动，到达目标位置后释放鼠标左键。此操作通常用来改变窗口大小，以及移动和复制对象等
右键拖动	按住鼠标右键的同时并拖动鼠标，该操作主要用来复制或移动对象等
拖放	将鼠标指针移至桌面或程序窗口空白处（而不是某个对象上），然后按住鼠标左键不放并移动鼠标指针。该操作通常用来选择一组对象
转动鼠标滚轮	常用于上下浏览文档或网页内容，或在某些图像处理软件中改变显示比例

二、熟悉键盘按键

在操作计算机时，键盘是使用比较多的工具，各种文字、数据等都需要通过键盘输入到计算机中。此外，在 Windows 系统中，键盘还可以代替鼠标快速地执行一些命令。

键盘一般包括 26 个英文字母键、10 个数字键、12 个功能键（F1～F12）、方向键以及其他的一些功能键。所有按键分为 5 个区：主键盘区、功能键区、编辑键区、辅助键区和键盘指示灯，如图 2-5 所示。

图 2-5 键盘的组成

1. 主键盘区

主键盘区是键盘的主要使用区，包括字符键和控制键两大类。字符键包括英文字母键、数字键、标点符号键 3 类，按下它们可以输入键面上的字符；控制键主要用于辅助执行某些特定操作。下面介绍一些常用控制键的作用。

➢ **制表键 Tab**：编辑文档时，按一下该键可使光标向右或向左移动一个制表的距离。

➢ **大写锁定键 Caps Lock**：用于控制大小写字母的输入。默认情况下，敲字母键将输入小写英文字母；按一下 Caps Lock 键，键盘左上角的 Caps Lock 指示灯变亮，此时敲字母键将输入大写英文字母；再次按一下该键可返回小写字母输入状态。

➢ **换挡键 Shift**：主要用于与其他字符键组合，输入键面上有两种字符的上档字符。例如，要输入"！"号，应在按住 Shift 键的同时敲 键。

➢ **组合控制键 Ctrl 和 Alt**：这两个键只能配合其他键一起使用才有意义。

➢ **空格键**：编辑文档时，敲一下该键输入一个空格，同时光标右移一个字符。

➢ **Win 键** ⊞：标有 Windows 图标的键，任何时候按下该键都将弹出"开始"菜单。

➢ **快捷键** ▤：相当于单击鼠标右键，因此，按下该键将弹出快捷菜单。

➢ **回车键 Enter**：主要用于结束当前的输入行或命令行，或接受某种操作结果。

➢ **退格键 BackSpace**：编辑文档时，按一下该键光标向左退一格，并删除原来位置上的对象。

2．功能键区

功能键位于键盘的最上方，主要用于完成一些特殊的任务和工作。

➢ **F1～F12 键**：这 12 个功能键在不同的程序中有各自不同的作用。例如，在大多数程序中，按一下 F1 键都可打开帮助窗口。

➢ **Esc 键**：该键为取消键，用于放弃当前的操作或退出当前程序。

3．编辑键区

编辑键区的按键主要在编辑文档时使用。例如，按一下←键将光标左移一个字符；按一下↓键将光标下移一行；按一下 Delete 键删除当前光标所在位置后的一个对象，通常为字符。

4．小键盘区

它位于键盘的右下角，也叫数字键区，主要用于快速输入数字。该键盘区的 Num Lock 键用于控制数字键上下档的切换。当 NumLock 指示灯亮时，表示可输入数字；按一下 Num Lock 键，指示灯灭，此时只能使用下档键；再次按一下该键，可返回数字输入状态。

三、认识 Windows 7 的视窗元素

Windows 是一个视窗化的操作系统，使用 Windows 系统，其实就是操作各种窗口、菜单和对话框等视窗元素。下面就来认识一下 Windows 7 的这些视窗元素。

Windows 7 的视窗元素

1．"开始"菜单

利用"开始"菜单可以打开计算机中大多数应用程序和系统管理窗口，单击任务栏左侧的"开始"按钮 即可打开"开始"菜单，它主要由 5 个部分组成，如图 2-6 所示。

2．窗口

在 Windows 7 中启动程序或打开文件夹时，会在屏幕上划定一个矩形区域，这便是窗口。操作应用程序大多是通过窗口中的菜单、工具按钮、工作区或打开的对话框等来进行的。例如，单击"开始"菜单中的"文档"项目，打开"文档"窗口，如图 2-7 所示。不同类型的窗口，其组成元素也不同，图 2-7 列出了窗口的一些典型组成。

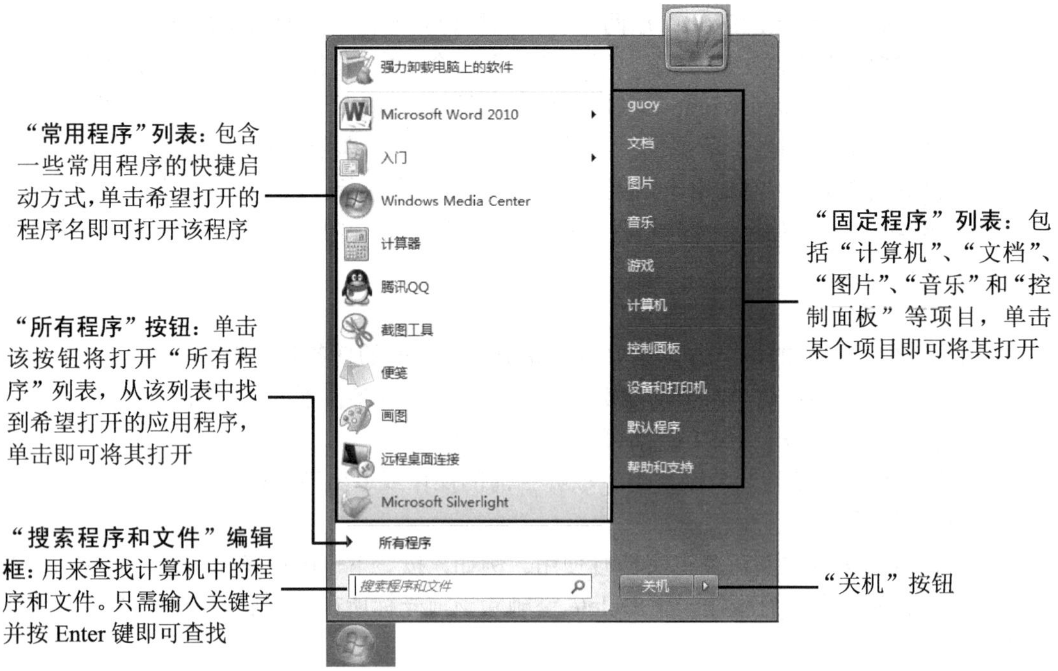

“常用程序”列表：包含一些常用程序的快捷启动方式，单击希望打开的程序名即可打开该程序
“所有程序”按钮：单击该按钮将打开“所有程序”列表，从该列表中找到希望打开的应用程序，单击即可将其打开
“搜索程序和文件”编辑框：用来查找计算机中的程序和文件。只需输入关键字并按 Enter 键即可查找
“固定程序”列表：包括“计算机”、“文档”、“图片”、“音乐”和“控制面板”等项目，单击某个项目即可将其打开
“关机”按钮
强力卸载电脑上的软件
Microsoft Word 2010
入门
Windows Media Center
计算器
腾讯QQ
截图工具
便笺
画图
远程桌面连接
Microsoft Silverlight
所有程序
搜索程序和文件
guoy
文档
图片
音乐
游戏
计算机
控制面板
设备和打印机
默认程序
帮助和支持
关机

图 2-6　Windows 7 的“开始”菜单

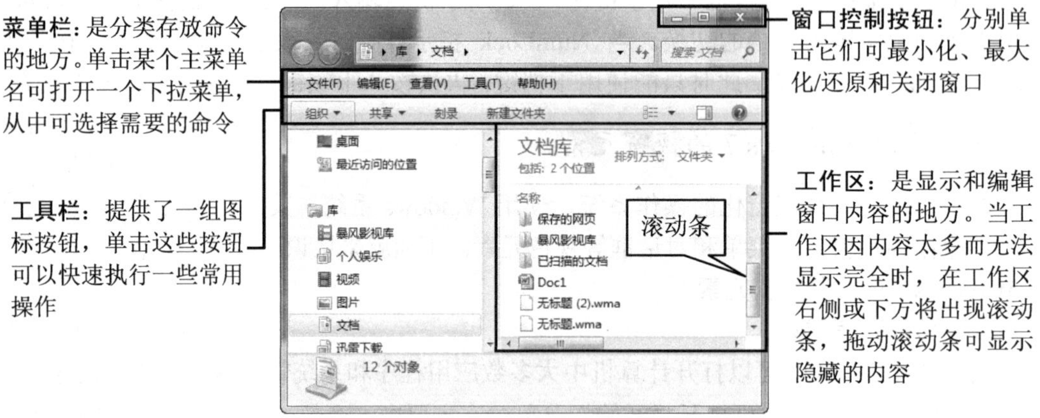

菜单栏：是分类存放命令的地方。单击某个主菜单名可打开一个下拉菜单，从中可选择需要的命令
工具栏：提供了一组图标按钮，单击这些按钮可以快速执行一些常用操作
窗口控制按钮：分别单击它们可最小化、最大化/还原和关闭窗口
工作区：是显示和编辑窗口内容的地方。当工作区因内容太多而无法显示完全时，在工作区右侧或下方将出现滚动条，拖动滚动条可显示隐藏的内容
滚动条
文件(F) 编辑(E) 查看(V) 工具(T) 帮助(H)
组织 共享 刻录 新建文件夹
文档库
包括: 2 个位置
排列方式: 文件夹
名称
保存的网页
暴风影视库
已扫描的文档
Doc1
无标题 (2).wma
无标题.wma
桌面
最近访问的位置
库
暴风影视库
个人娱乐
视频
图片
文档
迅雷下载
12 个对象

图 2-7　“文档”窗口

3．对话框

对话框是一种特殊的窗口，用于提供一些参数选项供用户设置。不同的对话框，其组成元素也不相同。例如，图 2-8 所示的对话框包含了标题栏、选项卡、复选框、列表框、下拉列表框和按钮等组成元素。

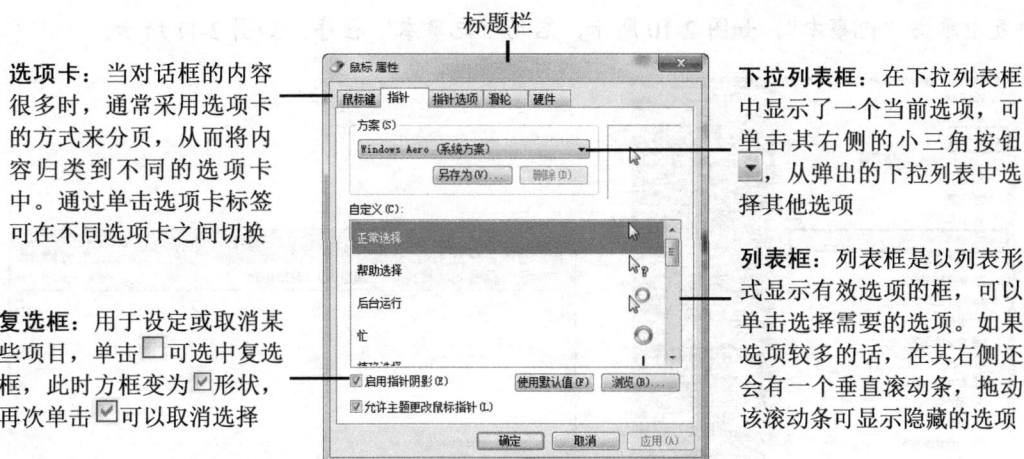

选项卡：当对话框的内容很多时，通常采用选项卡的方式来分页，从而将内容归类到不同的选项卡中。通过单击选项卡标签可在不同选项卡之间切换

标题栏

下拉列表框：在下拉列表框中显示了一个当前选项，可单击其右侧的小三角按钮，从弹出的下拉列表中选择其他选项

复选框：用于设定或取消某些项目，单击□可选中复选框，此时方框变为☑形状，再次单击☑可以取消选择

列表框：列表框是以列表形式显示有效选项的框，可以单击选择需要的选项。如果选项较多的话，在其右侧还会有一个垂直滚动条，拖动该滚动条可显示隐藏的选项

图 2-8　对话框

提 示

在对话框中有许多按钮，单击这些按钮可以打开某个对话框或执行相关操作。几乎所有对话框中都有"确定"、"取消"和"应用"按钮。其中，单击"确定"按钮可使对话框中所做的设置生效并关闭对话框；单击"应用"按钮可使设置生效而不关闭对话框；单击"取消"按钮将取消操作并关闭对话框。

4．任务栏

Windows 7 的任务栏主要由 5 部分组成，各组成部分的作用如图 2-9 所示。

"开始"按钮

任务图标：用户每执行一项任务，系统都会在任务栏中间的区域放置一个与该任务相关的图标。单击不同图标，可在各种任务之间切换

通知区：显示了当前时间、声音调节、一些在后台运行的应用程序等图标。单击、双击或右击通知区中的图标可分别执行不同的操作

锁定的图标：可以将一些常用项目的启动图标锁定到任务栏中，单击图标即可打开相应的项目

"显示桌面"按钮：单击该按钮可快速显示桌面

图 2-9　任务栏

任务实施

一、启动"记事本"程序

利用"开始"菜单启动"记事本"程序，具体操作步骤如下：

步骤 1▶ 单击"开始"按钮，在打开的"开始"菜单底部单击"所有程序"选项，展开"所有程序"列表。

步骤 2▶ 单击要打开的程序所在的位置，本例为"附件"，然后在展开的"附件"

列表中单击"记事本"，如图 2-10 所示，启动"记事本"程序，如图 2-11 所示。

图 2-10　开始菜单的"附件"列表

图 2-11　启动"记事本"程序

二、在"记事本"中输入中文

使用汉字输入法在"记事本"程序中输入诗歌《天净沙　秋思》，操作步骤如下：

步骤 1▶　单击屏幕右下角语言栏上的▦按钮，在打开的输入列表中选择一种输入法，如"搜狗拼音输入法"（这是一种通过拼音输入汉字的中文输入法），如图 2-12 所示。

步骤 2▶　选择输入法后将显示此输入法提示条，其各按钮的作用如图 2-13 所示。

图 2-12　选择所需输入法

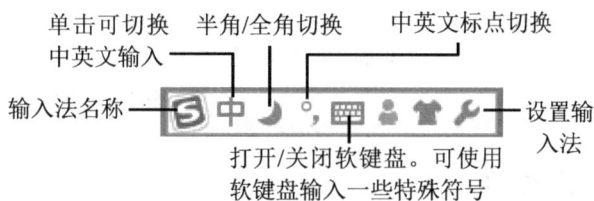

图 2-13　输入法提示条上各按钮的作用

步骤 3▶　输入单字或词组的拼音，将显示一个输入窗口，如图 2-14 所示。输入窗口上面的一排是输入的拼音，下面一排是根据输入的拼音列出的候选字。要输入某候选字或词，可敲其左侧数字代表的按键。如果所需候选字位于第一个，可直接敲空格键将其输入；如果所需候选字不在输入窗口中，可按+或-键前后翻页，显示其他候选字。

步骤 4▶ 在"记事本"中输入图 2-15 所示的诗歌内容。输入完毕，保持"记事本"窗口的打开状态，我们将在下一小节对该窗口进行操作。

大多数拼音输入法都具有简拼输入功能，可以通过输入汉字的声母或声母的首字母来输入，从而提高输入效率。例如，输入"tjs"，也可得到"天净沙"

tian'jing'sha   🔧 工具箱(分号)

1.天净沙   2.田径   3.恬静   4.天井   5.天京 ◀▶

图 2-14 输入窗口

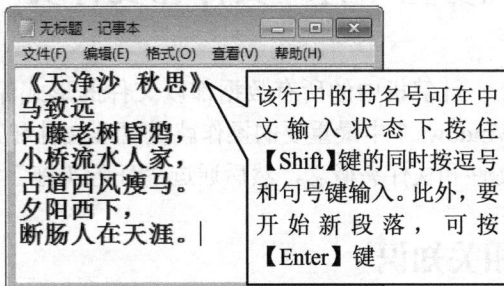

无标题 - 记事本
文件(F) 编辑(E) 格式(O) 查看(V) 帮助(H)

《天净沙 秋思》
马致远
古藤老树昏鸦，
小桥流水人家，
古道西风瘦马。
夕阳西下，
断肠人在天涯。|

该行中的书名号可在中文输入状态下按住【Shift】键的同时按逗号和句号键输入。此外，要开始新段落，可按【Enter】键

图 2-15 输入的诗歌内容

三、保存记事本文档并关闭窗口

通过保存记事本文档并关闭，来了解窗口、窗口菜单和对话框操作。

步骤 1▶ 单击"记事本"程序窗口菜单栏中的"文件"主菜单，在弹出的下拉菜单中单击"保存"菜单项，如图 2-16 所示。

步骤 2▶ 弹出"另存为"对话框，在"文件名"编辑框中输入"天净沙"，单击"保存"按钮，将文档保存在默认的"文档"文件夹中，如图 2-17 所示。

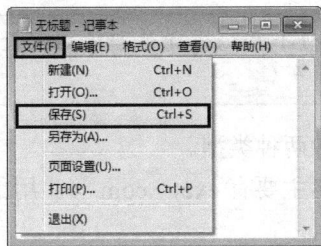

图 2-16 "文件"下拉菜单

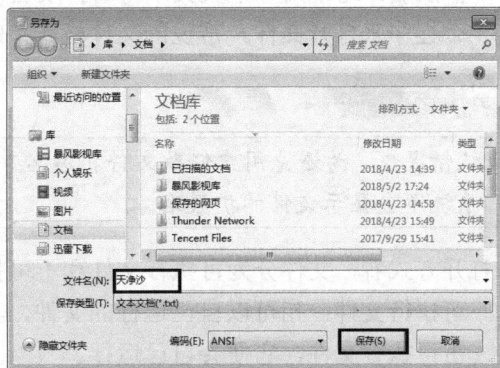

图 2-17 保存记事本文档

步骤 3▶ 单击"记事本"程序窗口右上角的"最小化"按钮▭以最小化窗口，然后单击任务栏中的记事本图标，将最小化的窗口还原。

步骤 4▶ 单击"记事本"程序窗口右上角的"关闭"按钮✕以关闭窗口。

任务三　管理文件和文件夹

　　计算机中的所有数据都以文件的形式保存，而文件夹用来分类存储文件，因此，在 Windows 7 中最重要的操作就是管理文件和文件夹。下面首先通过"相关知识"简单讲解文件和文件夹概念，然后通过"任务实施"掌握管理文件和文件夹的各种操作。

相关知识

一、认识文件

　　文件是数据在计算机中的组织形式。计算机中的任何程序和数据都是以文件的形式保存在计算机的外存储器（如硬盘、光盘和 U 盘等）中的。Windows 7 中的任何文件都是用图标和文件名来标识的，其中文件名由主文件名和扩展名两部分组成，中间由"."分隔。

> 　　**主文件名**：最多可以由 255 个英文字符或 127 个汉字组成，或者混合使用字符、汉字、数字甚至空格。但是，文件名中不能含有"\"，"/"，":"，"<"，">"，"?"，"*"，"""和"|"字符。

> 　　**扩展名**：通常为 3 个英文字符。扩展名决定了文件的类型，也决定了可以使用什么程序来打开文件。常说的文件格式指的就是文件的扩展名。

提　示

　　默认情况下，为避免用户修改文件扩展名导致文件打不开，在资源管理器中查看文件时，系统不会显示文件的扩展名。

　　从打开方式看，文件分为可执行文件和不可执行文件两种类型。

> 　　**可执行文件**：指可以自己运行的文件，其扩展名主要有.exe，.com 等。用鼠标双击可执行文件，它便会自己运行。

> 　　**不可执行文件**：指不能自己运行，而需要借助特定程序打开或使用的文件。例如，双击 txt 文档，系统将调用"记事本"程序打开它。不可执行文件有许多类型，如文档文件、图像文件、视频文件等。每一种类型又可根据文件扩展名细分为多种类型。大多数文件都属于不可执行文件。

二、认识文件夹

　　文件夹是存放文件的场所。在 Windows 7 中，文件夹由一个黄色的小夹子图标和名称组成，如图 2-18 所示。为了方便管理文件，用户可以创建不同的文件夹，将文件分门别类地存放在文件夹内。在文件夹中除了包含文件之外也还可以包含其他文件夹。

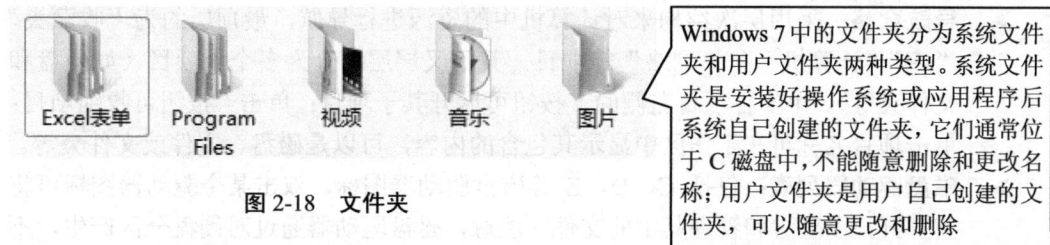

Windows 7中的文件夹分为系统文件夹和用户文件夹两种类型。系统文件夹是安装好操作系统或应用程序后系统自己创建的文件夹，它们通常位于 C 磁盘中，不能随意删除和更改名称；用户文件夹是用户自己创建的文件夹，可以随意更改和删除

图 2-18 文件夹

三、认识资源管理器

在 Windows 7 中，资源管理器是管理计算机中文件、文件夹等资源的最重要工具。单击"开始"菜单中的"计算机"、"文档"等图标，或双击桌面上的"计算机"、"网络"等图标，都可打开资源管理器。图 2-19 为双击"计算机"图标打开的资源管理器。

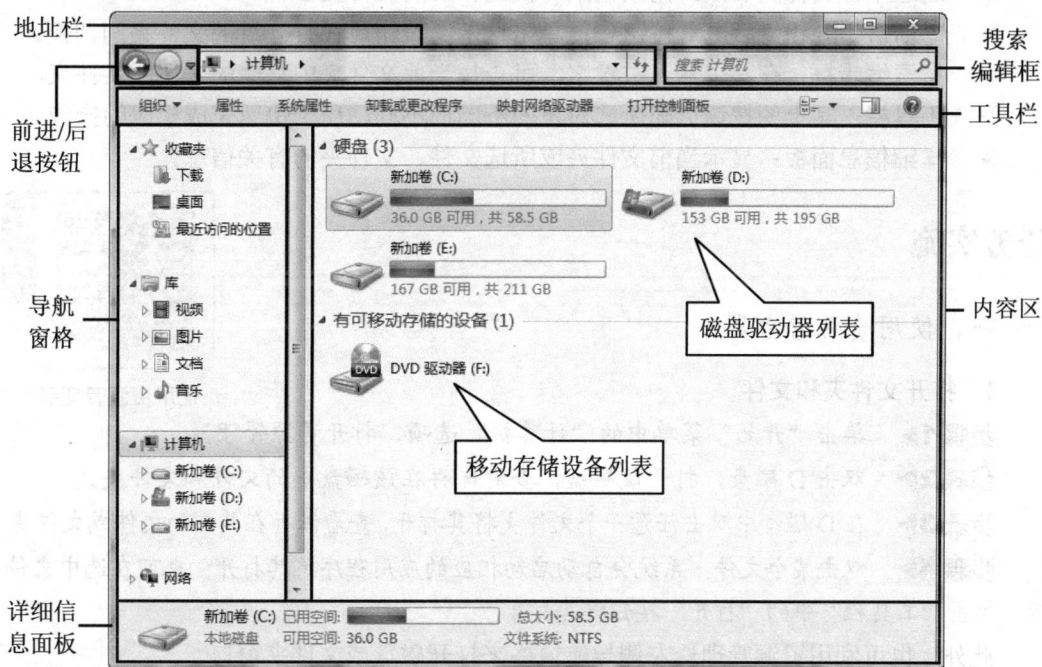

图 2-19 资源管理器

可以看到，资源管理器主要由导航窗格、地址栏、搜索编辑框、工具栏、磁盘驱动器列表、移动存储设备列表和详细信息面板等元素组成。

> **提 示**
>
> 利用不同方式打开的资源管理器，其内容区中显示的内容可能不同，但窗口组成元素是相同的。有时候我们也根据资源管理器中显示的内容将资源管理器称为"计算机"窗口、"文档"窗口、"网络"窗口或"×××"文件夹窗口等。

> ➢ **导航窗格**：采用层次结构来对计算机中的资源进行导航，最顶层的为"收藏夹""库""计算机"和"网络"等项目，其下又层层细分为多个子项目（如磁盘和文件夹等）。单击各项目左侧的 ▷ 按钮可展开其子项目；单击 ◢ 按钮可收缩项目；单击项目名称可在工作区中显示其包含的内容，可以是磁盘、文件或文件夹等。

> ➢ **磁盘驱动器列表**：包括 C，D，E 等磁盘驱动器图标，双击某个驱动器图标可将其打开，以查看和管理其中的文件。注意，磁盘驱动器通过对硬盘分区产生，不同的计算机分区情况可能不同，磁盘驱动器的数量也不同。

> ➢ **移动存储设备列表**：包括光驱、U 盘等的图标。当将光盘插入光驱，或将 U 盘插入 USB 接口后，双击相应的图标可查看和管理其中的文件。

> ➢ **地址栏**：显示当前文件夹的路径，也可通过输入路径的方式来打开文件夹，还可通过单击文件夹名或三角按钮来切换到相应的文件夹中。

> ➢ **"前进" ⊙ 和"后退"按钮 ⊙**：单击这两个按钮可在打开过的文件夹间切换。

> ➢ **搜索编辑框**：在其中输入关键字，可查找当前文件夹中存储的文件或文件夹。

> ➢ **工具栏**：其上的按钮会随所选对象的不同而不同，用于快速完成相应的操作。

> ➢ **详细信息面板**：显示当前文件夹或所选文件、文件夹的有关信息。

任务实施

一、使用资源管理器

1．打开文件夹和文件

步骤 1▶ 单击"开始"菜单中的"计算机"选项，打开资源管理器。

步骤 2▶ 双击 D 磁盘，打开该磁盘，查看保存在该磁盘中的文件和文件夹。

步骤 3▶ 在 D 磁盘中双击任意一个文件夹将其打开，查看保存在其中的文件或文件夹。

步骤 4▶ 双击某个文件，系统会自动启动相应的应用程序将其打开；也可在选中文件后，单击"工具栏"中的"打开"按钮将其打开。

此外，也可利用资源管理器左侧导航窗格来打开磁盘或文件夹窗口。

2．改变图标的显示方式

Windows 7 是一个图形化的操作系统，其中驱动器、文件和文件夹等对象都是以图标的方式显示的。为了方便查看文件夹中的内容，可以对图标的显示方式进行调整。为此，可单击工具栏中的"更改您的视图"按钮 ⊞▼ 右侧的"更多选项"三角按钮，在展开的列表中单击一种显示方式，如"详细信息"，以详细信息方式显示图标，如图 2-20 所示。

3．改变图标的排序方式

为了方便查看和比较文件，还可改变图标的排序方式。具体操作步骤如下：

步骤 1▶ 右击资源管理器内容区空白处，弹出一个快捷菜单。

步骤 2▶ 将鼠标指针移至"排序方式"，显示其子菜单项，然后单击选择一种排序方式，如"名称"，从而以名称为依据对图标进行排序，如图 2-21 所示。

使用资源管理器

图 2-20 设置图标显示方式　　　　图 2-21 设置图标排序方式

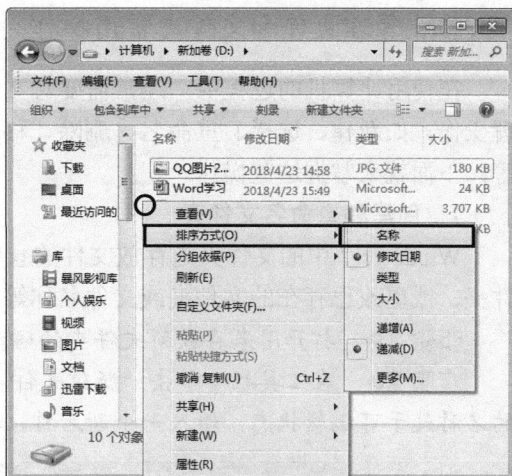

步骤3▶ 继续在"排序方式"子菜单中选择图标是以"递减"还是"递增"方式排列。

4．分组显示文件夹内容

要对文件夹中的内容进行分组显示，可在鼠标右击弹出的快捷菜单中选择"分组依据"中的某子菜单项，如选择"类型"，如图 2-22 所示，效果如图 2-23 所示。

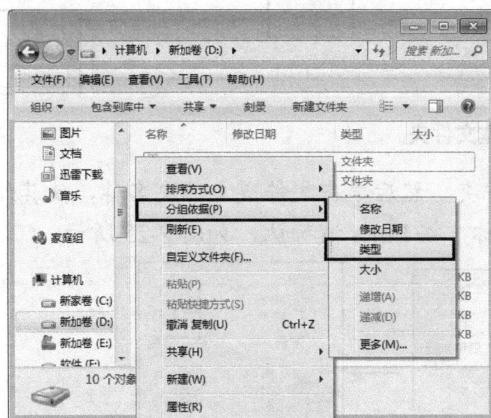

图 2-22 分组显示文件夹内容　　　　图 2-23 分组显示文件夹内容的效果

提　示

要取消分组，可在鼠标右击弹出的快捷菜单中选择"分组依据">"无"菜单项。在 Windows 7 中，单击鼠标右键弹出的快捷菜单会随操作环境或单击位置的不同而不同，用户可利用快捷菜单中的命令快速执行一些常用操作。

二、管理文件和文件夹常用操作

在使用计算机的过程中，经常需要对文件或文件夹进行各种管理操作，如新建、选择、重命名、删除、移动或复制文件和文件夹等，下面就来掌握这些操作。

管理文件和文件夹

1. 创建和重命名文件夹

Windows 7 中的文件夹是存放文件的仓库，为了分类存放文件，有时候需要创建新文件夹，或更改已存在的文件夹或文件名称等。具体操作步骤如下：

步骤1▶ 打开用来存放新文件夹的磁盘驱动器或文件夹窗口。

步骤2▶ 在工具栏中单击"新建文件夹"按钮，此时将新建一个文件夹，且文件夹的名称处于可编辑状态，输入一个新名称，按 Enter 键确认，如图 2-24 所示。

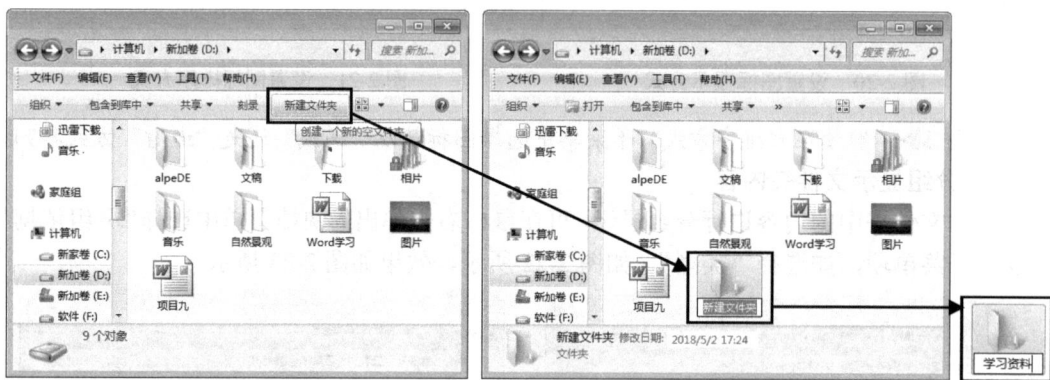

图 2-24　新建文件夹

步骤3▶ 单击选中要重命名的文件或文件夹，然后单击文件或文件夹名称，使其处于可编辑状态，接着输入文件或文件夹的新名称，按 Enter 键确认，如图 2-25 所示。

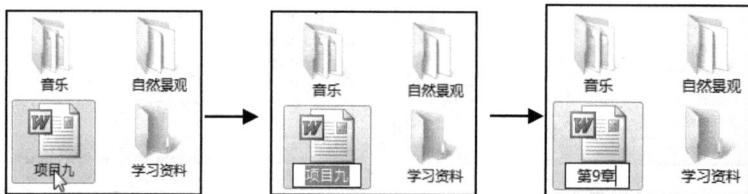

图 2-25　重命名文件

要新建文件夹，也可右击窗口空白处，在弹出的快捷菜单中选择"新建">"文件夹"菜单项；要重命名的文件或文件夹，也可右击要重命名的文件或文件夹，从弹出的快捷菜单中选择"重命名"菜单项，然后输入文件或文件夹的新名称。

> 命名文件和文件夹时，要注意在同一个文件夹中不能有两个名称相同的文件或文件夹。此外，不要对系统中自带的文件或文件夹，以及安装应用程序时所创建的文件或文件夹重命名，以免引起系统或应用程序运行错误。

2. 选择文件或文件夹

在对文件或文件夹进行移动、复制、重命名等操作时，都需要先选择文件或文件夹。下面是选择文件和文件夹的几种方法。

选择单个文件或文件夹。直接单击该文件或文件夹即可，选中的文件或文件夹将高亮显示。

同时选择不连续的多个文件或文件夹。首先单击要选择的第 1 个文件或文件夹，然后按住 Ctrl 键，依次单击要选择的其他文件或文件夹，如图 2-26 所示。

同时选择连续的多个文件或文件夹。单击选中第一个文件或文件夹后，按住 Shift 键单击其他文件或文件夹，则两个文件或文件夹之间的对象均被选中。

使用鼠标拖放选择。按住鼠标左键不放，拖出一个矩形选框，释放鼠标后，选框内的所有文件或文件夹都会被选中，如图 2-27 所示。

图 2-26　选择不连续的多个文件或文件夹　　图 2-27　使用拖放方式选择多个文件或文件夹

选择当前窗口中的所有文件和文件夹。单击工具栏中的"组织"按钮，在弹出的下拉列表中单击"全选"选项，或者直接按 Ctrl+A 组合键。

3. 移动与复制文件或文件夹

移动是指将所选文件或文件夹移动到指定位置，在原来的位置不保留被移动的文件或文件夹，而复制会在原来的位置保留被移动的文件或文件夹。移动与复制是管理文件时经常使用的操作，用户应牢牢掌握。

下面首先介绍复制文件或文件夹的具体操作步骤。

步骤 1▶ 打开要复制的文件或文件夹所在的磁盘驱动器或文件夹窗口。

步骤 2▶ 选中需要复制的文件或文件夹，然后单击工具栏中的"组织"按钮，在展开的列表中单击"复制"选项，如图 2-28 所示，或者在选中对象后按 Ctrl+C 组合键。

步骤3▶ 打开想要复制到的目标磁盘驱动器或文件夹窗口，然后单击工具栏中的"组织"按钮，在展开的列表中单击"粘贴"选项，如图2-29所示，或者按Ctrl+V组合键。

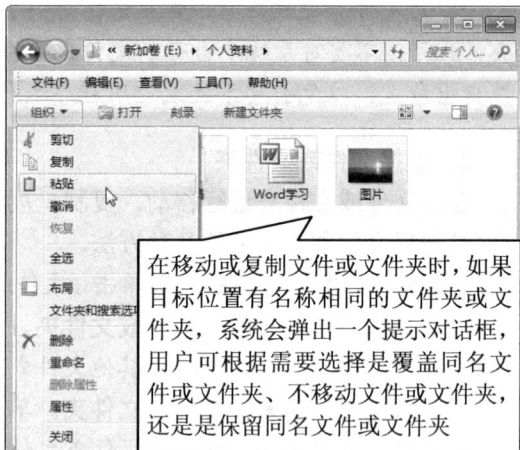

在移动或复制文件或文件夹时，如果目标位置有名称相同的文件夹或文件夹，系统会弹出一个提示对话框，用户可根据需要选择是覆盖同名文件或文件夹、不移动文件或文件夹，还是保留同名文件或文件夹

图 2-28　选择要复制的对象并执行"复制"命令　　图 2-29　在目标文件夹窗口中执行"粘贴"命令

步骤4▶ 如果要复制的文件较大的话，此时将出现一个复制进度对话框，视文件大小等待一段时间后，选定的文件或文件夹即可被复制到当前文件夹中。

如果希望移动文件或文件夹，只需要将上述步骤2的操作改为选择"组织"＞"剪切"选项，或者按Ctrl+X组合键；步骤3的操作不变。

提　示

除了利用"组织"按钮列表中的选项或快捷键来执行"复制"、"剪切"和"粘贴"命令外，也可通过右击对象，在弹出的快捷菜单中选择相应菜单项来执行这几个命令。

4．删除文件或文件夹

对于不再需要的文件或文件夹，可以将其删除以腾出磁盘空间。具体操作步骤如下：

步骤1▶ 选中要删除的文件或文件夹，按Delete键。

步骤2▶ 弹出删除文件提示对话框，单击"是"按钮，如图2-30所示，即可将所选文件或文件夹放入回收站中，也即删除文件。

若希望从回收站中恢复被误删除的文件或文件夹，可双击桌面上的"回收站"图标，打开"回收站"窗口，选中误删除的文件或文件夹，单击工具栏中的"还原此项目"选项，将该文件或文件夹恢复到原来的位置，如图2-31所示。

回收站中的文件仍然会占用磁盘空间，因此，用户应定期检查回收站，如果确认没有需要保留的内容，应及时予以清空。为此，可在回收站窗口中单击"清空回收站"选项。

图 2-30　删除文件

图 2-31　还原删除的文件

提　示

删除大文件时，可将其不经过回收站而直接从硬盘中删除。方法是：选中要删除的文件或文件夹，按 Shift+Delete 组合键，然后在打开提示框中确认即可。

5. 查找文件或文件夹

使用计算机时常会发生找不到某个文件或文件夹的情况，此时可借助 Windows 7 的搜索功能进行查找。具体操作步骤如下：

步骤 1▶ 打开资源管理器，在窗口的右上角搜索编辑框中输入要查找的文件或文件夹名称（如果记不清文件或文件夹全名，可只输入部分名称）。

步骤 2▶ 此时系统自动开始搜索，等待一段时间即可显示搜索的结果，如图 2-32 所示。

步骤 3▶ 对于搜到的文件或文件夹，用户可对其进行复制、移动或打开等操作。

设置合适的搜索范围很重要，由于现在的硬盘容量都很大，若把所有硬盘搜索

图 2-32　搜索文件

一遍将会耗费很长的时间。若能确定文件存放的大致文件夹，可首先在步骤 1 中直接打开该文件夹窗口，然后再进行搜索。

另外，在输入文件名时还可使用通配符。常用的通配符有星号（*）和问号（？）两种。其中，"*"代表一个或多个任意字符，"？"只代表一个字符。例如，*.*表示所有文件和文件夹；*.jpg 表示扩展名为.jpg 的所有文件；?ss.doc 表示扩展名为.doc，文件名为 3 位，且必须是以 ss 为文件名结尾的所有文件。

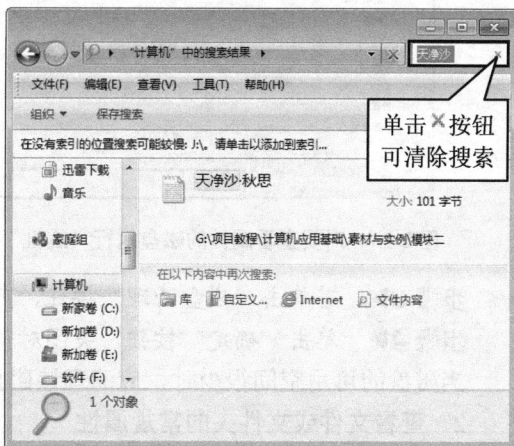

三、查看对象信息和属性

查看对象信息和属性

如果希望查看磁盘驱动器、文件夹或文件等对象的简单信息，只需将图标的显示方式设置为"详细信息"；或选中要查看信息的对象，在窗口底部的"详细信息"面板中进行查看。如果希望了解对象的更多属性，可利用以下方法查看。

1. 查看磁盘驱动器的常规属性

磁盘驱动器是计算机中最常用的外存储设备，通过查看磁盘驱动器的具体信息，可以了解磁盘空间的使用情况，以及清除磁盘中的垃圾文件等。具体操作步骤如下：

步骤 1▶ 在"计算机"窗口中用鼠标右击要查看属性的磁盘驱动器，从弹出的快捷菜单中单击"属性"菜单项，如图 2-33 所示。

步骤 2▶ 在弹出的磁盘属性对话框的"常规"选项卡中查看该磁盘的文件系统类型、总容量、已用空间和可用空间，如图 2-34 所示。

图 2-33 对要查看属性的磁盘执行"属性"命令

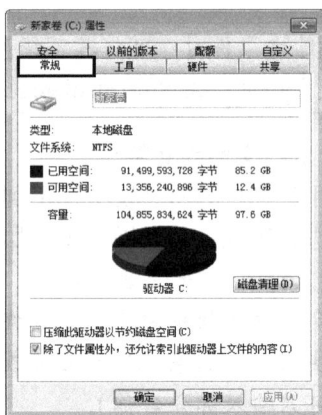

图 2-34 查看磁盘属性

步骤 3▶ 若单击"磁盘清理"按钮，可清除该磁盘中的垃圾文件。

步骤 4▶ 单击"确定"按钮，关闭对话框。

当磁盘的可用空间很少时，应清理该磁盘或删除磁盘中不用的文件或文件夹。

2. 查看文件或文件夹的常规属性

要查看文件或文件夹的详细信息和常规属性，可按以下步骤进行操作：

步骤 1▶ 选中要查看属性的文件或文件夹，用鼠标右击所选对象，从弹出的快捷菜单中单击"属性"菜单项。

步骤 2▶ 在弹出的属性对话框的"常规"选项卡中查看所选文件或文件夹的大小、占用空间、创建时间等信息，还可查看和设置对象属性，如图 2-35 所示。最后单击"确定"按钮。

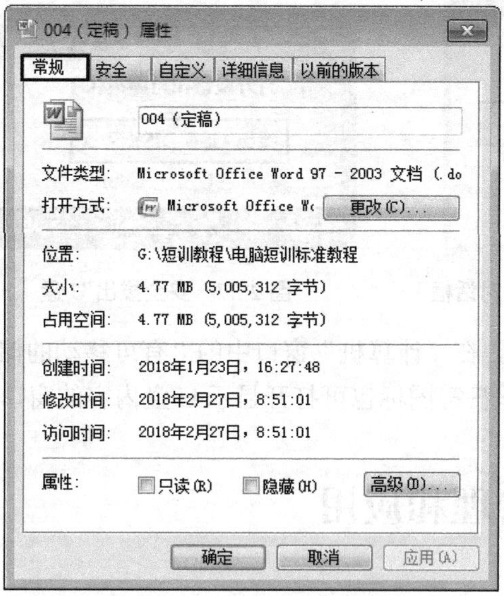

图 2-35 文件属性对话框

文件或文件夹有只读和隐藏两种属性。将文件属性设置为"只读"后（勾选"只读"复选框），将不能更改文件内容，但可删除文件；将文件或文件夹属性设置为"隐藏"后，其将不会显示在资源管理器中。

提 示

> 要显示隐藏的文件或文件夹，可在资源管理器中单击"组织"按钮，在弹出的列表中选择"文件夹和搜索选项"选项，打开"文件夹和搜索选项"对话框，然后在"查看"选项卡中选中"显示所有文件和文件夹"单选按钮。

四、使用 U 盘

U 盘是计算机用户经常使用的一种移动储存设备，其使用方法如下：

步骤 1 把 U 盘插到计算机的任意一个 USB 接口中，系统会自动探测到 U 盘，探测结束后，系统会弹出一个"自动播放"对话框，单击"打开文件夹以查看文件"选项，如图 2-36 所示，将打开显示 U 盘内容的资源管理器窗口。

步骤 2 像操作本地磁盘中的文件一样对 U 盘中的文件进行操作，如打开文件、删除文件，或在本地磁盘和 U 盘之间复制和移动文件等。

步骤 3 U 盘使用完毕后要取出 U 盘，应首先从计算机中删除该设备。为此，可单击任务栏提示区可移动存储设备标志 ，在弹出的菜单中单击"弹出……"，如图 2-37 所示，当弹出"安全地移除硬件"的提示框时，即可将 U 盘从主机箱上拔下。

图 2-36　"自动播放"对话框 　　　图 2-37　安全拔出 U 盘

其他移动存储设备，如数码相机和手机的闪存卡，它们的使用方法与 U 盘相同。

此外，插入 U 盘后，在"计算机"窗口中的"有可移动的储存设备"列表中会出现 U 盘盘符图标，双击该盘符图标也可打开显示 U 盘内容的窗口。

任务四　系统管理和应用

用户在使用计算机时，经常需要对系统进行设置和管理，以及安装和卸载应用程序等。下面首先通过"相关知识"简单讲解设置系统的门户——控制面板，然后通过"任务实施"上机学习设置 Windows 7 外观和用户账户，以及安装和卸载应用程序等的方法。

相关知识

一、认识控制面板

Windows 7 允许用户根据自己使用习惯定制工作环境，以及管理计算机中的软、硬件资源。控制面板是进行这些操作的门户，利用它可以设置屏幕显示效果，修改系统日期和时间，添加和删除程序，查看系统软、硬件信息和优化系统，以及配置网络等。

选择"开始">"控制面板"菜单，打开"控制面板"窗口，如图 2-38 所示。可以看到，各系统设置工具被分门别类地放置在"控制面板"窗口中。使用这些工具的流程如下：

步骤 1▶ 首先判断要使用的工具属于哪个类别，然后单击相应的类别。

步骤 2▶ 在出现的界面中显示相应类别下的具体设置工具，单击要使用的工具。

步骤 3▶ 在弹出的工具设置界面中进行操作，完成设置。

步骤 4▶ 单击"控制面板"窗口左上角的"后退"和"前进"按钮，可在显示过的界面之间切换。最后单击"控制面板"窗口右上角的"关闭"按钮，关闭窗口。

此外，也可以单击"控制面板"窗口右上角"查看方式"右侧的三角按钮，从弹出的下拉列表中选择"大图标"或"小图标"，以同时显示所有设置工具，如图 2-39 所示。

图 2-38 按"分类"方式显示的控制面板

图 2-39 按"小图标"方式显示的控制面板

二、认识应用软件

应用软件运行在操作系统之上，是为了解决用户的各种实际问题而编制的程序及相关资源的集合。虽然 Windows 7 系统默认提供了一些应用程序帮助用户完成某些操作，如"记事本"、"写字板"和"画图"等程序，但这些程序无法完全满足用户的实际需要。为了扩展计算机的功能，用户必须为计算机安装相应的应用软件。

例如，要使用计算机进行办公，需要安装 Office 办公软件；要解压缩文件，需要安装 WinRAR 或其他解压缩软件；要保护计算机的安全，需要安装 360 或其他安全软件。

任务实施

一、个性化 Windows 7

Windows 7 提供了强大的外观和个性化设置功能，用户可通过单击控制面板"外观和个性化"分类中的相应选项来进行设置。例如，更换桌面主题，设置桌面图标，更换桌面背景，设置屏幕保护程序，设置屏幕分辨率，添加桌面小工具等。

1．更换桌面主题

桌面主题是桌面总体风格的集合，通过改变桌面主题，可以同时改变桌面图标、背景图像和窗口等项目的外观。具体操作步骤如下：

步骤 1▶ 如图 2-38 所示的"控制面板"窗口中单击"外观和个性化"类别。

步骤 2▶ 弹出控制面板的"外观和个性化"界面，如图 2-40 所示。单击"个性化"类别下方的"更改主题"选项。

步骤 3▶ 弹出控制面板的"个性化"设置界面，如图 2-41 所示。在主题列表中单击需要应用的主题，系统将自动应用该主题。

图 2-40 控制面板的"外观和个性化"界面

图 2-41 控制面板的"个性化"设置界面

2. 更换桌面背景

将桌面背景更换成自己喜爱的图片，具体操作步骤如下：

步骤 1▶ 在如图 2-41 所示的控制面板的"个性化"界面中，单击底部的"桌面背景"选项。

步骤 2▶ 弹出控制面板的"桌面背景"界面，在图片列表中单击选择需要设置为桌面背景的图片。若要将多张图片设置为桌面背景，可按住 Ctrl 键依次单击图片，选中的图片左上角会显示一个勾选标记，如图 2-42 所示。（要取消某张图片的选择，可按住 Ctrl 键单击该图片；单击列表框上方的"全部清除"按钮，可清除所有图片的选择；单击"全选"按钮，可全选图片）

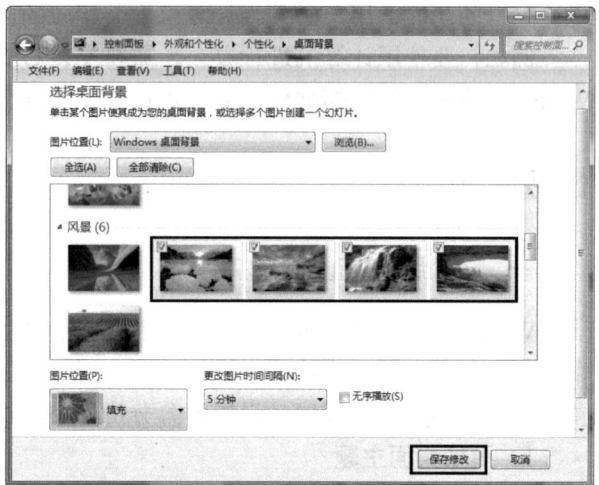

图 2-42 更改桌面背景

步骤 3▶ 单击"更改图片时间间隔"下拉列表框右侧的三角按钮，从弹出的下拉列表中选择各张图片的切换时间。

步骤 4▶ 单击"保存修改"按钮，应用设置并返回控制面板的"个性化"界面。

要使用其他图片（如自己的相片）作为桌面背景，可在"图片位置"下拉列表框中选择图片所在的位置，然后在图片列表中选择图片。还可单击"图片位置"下拉列表框右侧的"浏览"按钮，在弹出"浏览文件夹"对话框中选择图片位置，单击"确定"按钮。

3．添加桌面图标

如果用户的桌面上没有显示"计算机"、"网络"、"用户的文件"、"控制面板"等常用图标，可使用以下操作步骤将它们添加到桌面上：

步骤1▶　在如图 2-41 所示的控制面板的"个性化"界面中，单击左上角的"更改桌面图标"选项。

步骤2▶　弹出"桌面图标设置"对话框，在"桌面图标"设置区单击选中要添加的桌面图标名称（使其左侧的复选框中出现一个√），单击"确定"按钮，如图 2-43 所示。

4．设置屏幕保护程序

计算机显示静态图像的时间过长会灼伤屏幕，降低显示器的使用寿命。设置屏幕保护程序的目的

图 2-43　添加桌面图标

就是为了避免这种不良影响，还可以在屏幕上看到精美的画面。操作步骤如下：

步骤1▶　在如图 2-41 所示的控制面板的"个性化"界面中，单击右下角的"屏幕保护程序"选项。

步骤2▶　弹出"屏幕保护程序设置"对话框，如图 2-44 所示。在"屏幕保护程序"下拉列表中选择一种屏幕保护程序。

图 2-44　设置屏幕保护程序

步骤3▶　在"等待"数值框中输入计算机空闲多长时间后启动屏幕保护程序。

步骤4▶　单击"确定"按钮。

当在设定时间内不对计算机进行操作（移动鼠标或按键盘上的按键）时，系统将进入屏幕保护程序。要回到操作界面，只需移动一下鼠标或按键盘上的任意键即可。

5．调整屏幕分辨率

在刚安装操作系统或更换显示器时，为了使显示器的显示效果更好，一般需要在 Windows 7 中调整屏幕分辨率。具体操作步骤如下：

步骤 1▶ 单击控制面板"个性化"界面左上角的"后退"按钮⬅，返回控制面板的"外观和个性化"界面，单击"显示"类别下方的"调整屏幕分辨率"。

步骤 2▶ 弹出控制面板的"屏幕分辨率"界面，在"分辨率"下拉列表中选择一种分辨率，单击"确定"按钮，如图 2-45 所示。

图 2-45 调整屏幕分辨率

在屏幕大小不变的情况下，分辨率的大小决定了屏幕显示内容的多少。但分辨率并不是越大越好，而是取决于显示器的支持，具体可参考显示器使用手册。

提 示

用户可根据需要，在控制面板的"外观和个性化"界面中对 Windows 7 进行更多个性化和外观设置。例如，单击"桌面小工具"类别，在弹出的小工具库中双击某个小工具，可将其添加到桌面上。

二、创建和管理用户账户

Windows 7 提供了多用户操作环境。当多人使用一台计算机时，可以分别为每个人创建一个用户账户。这样，每个人都可以用自己的账号和密码登录系统，拥有独立的桌面、收藏夹、"我的文档"文件夹等，从而使用户之间互不受影响。

1．创建用户账户

步骤 1▶ 打开"控制面板"窗口，单击"用户账户和家庭安全"类别下的"添加或删除用户账户"选项，如图 2-46 所示。

步骤 2▶ 弹出"管理账户"界面，单击"创建一个新账户"选项，如图 2-47 所示。

图 2-46　"控制面板"窗口　　　　　图 2-47　"管理账户"界面

步骤 3▶ 弹出"创建新账户"界面，如图 2-48 所示。在"该名称将显示在欢迎屏幕和「开始」菜单上"编辑框中输入新账户的名称，在下方选择账户类型，如单击选中"管理员"单选按钮。

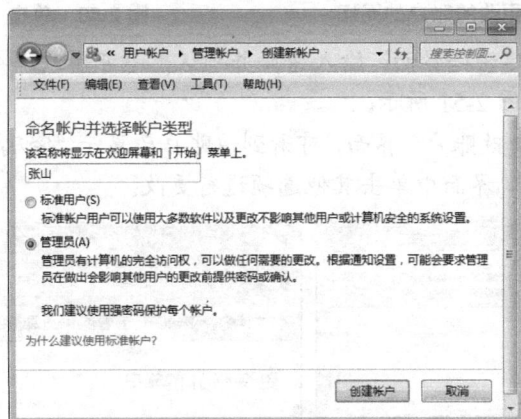

图 2-48　创建用户账户

步骤 4▶ 单击"创建账户"按钮，完成新账户的创建，并自动返回"管理账户"界面，在该界面中将看到新创建的账户。

提　示

　　不同类型的账户对 Windows 7 的使用权限不同。其中，管理员对 Windows 7 拥有最大使用权利，如可以安装所有程序，修改系统所有设置，访问计算机中的所有文件，创建、更改和删除其他账户等；标准用户在使用 Windows 7 时将受到某些限制，如不能更改大多数系统设置，只能修改自己的账户名称和密码等。

2. 更改用户账户

我们可以对现有账户的名称、显示图片、类别和登录密码等进行更改。由于新建账户时没有设置密码保护，因此一般需要对新建账户设置密码。具体操作步骤如下：

步骤 1▶ 在"管理账户"界面中，单击需要更改的用户账户图标，如图 2-49 所示。

步骤 2▶ 弹出"更改账户"界面，单击"创建密码"选项，如图 2-50 所示。

图 2-49 单击要更改的账户的图标

图 2-50 单击"创建密码"选项

步骤 3▶ 弹出创建密码界面，输入密码并确认，还可输入一个密码提示，然后单击"创建密码"按钮，如图 2-51 所示。

步骤 4▶ 回到"更改账户"界面，可看到该账户已显示"密码保护"提示，如图 2-52 所示。可在"更改账户"界面中单击其他选项进行更改。

图 2-51 创建密码

图 2-52 更改账户的其他属性

提 示

当某个用户完成自己的工作，需要将计算机交给另一个人使用时，可以通过注销或切换用户账户实现：在"开始"菜单的右下角单击"关机"右侧的三角按钮，从弹出的列表中单击"注销"选项（参见图 2-53），注销当前用户并返回登录界面，然后在登录界面中单击要登录的账户，输入密码并按 Enter 键登录 Windows 7；若在列表中单击"切换用户"选项，可在不关闭当前打开的程序的情况下返回登录界面。

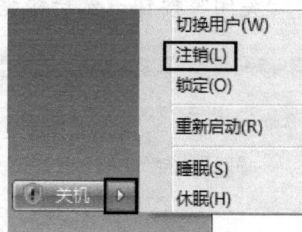

切换用户(W)
注销(L)
锁定(O)
重新启动(R)
睡眠(S)
休眠(H)

关机

图 2-53　注销用户账户

三、安装应用程序

应用程序必须安装（而不是复制）到 Windows 7 中才能使用。一般软件都配置了自动安装程序，将安装光盘放入光驱，系统会自动运行它的安装程序，根据提示进行操作即可。如果软件安装程序没有自动运行，则需要在存放软件的文件夹中找到 Setup.exe 或 Install.exe（也可能是软件名称）等安装程序图标，双击它便可进行安装操作。

扫一扫

安装应用程序

以安装办公软件 Office 2010 为例，说明应用程序的安装步骤。

步骤 1▶ 将 Office 2010 安装光盘放入光驱，Office 安装程序会自动运行。若 Office 2010 的安装文件储存在硬盘中，可找到并双击 Setup.exe 文件，运行 Office 2010 的安装程序，如图 2-54 所示。

步骤 2▶ 稍微等待一会儿，弹出安装对话框，选中"我接受此协议的条款"复选框，单击"继续"按钮，如图 2-55 所示。

图 2-54　双击安装程序

图 2-55　阅读许可协议

步骤3▶ 在打开的界面中单击"立即安装"按钮，如图 2-56 所示。

步骤4▶ 开始安装 Office 2010 并显示安装进度，如图 2-57 所示。安装完毕后，单击"关闭"按钮，然后根据提示重新启动计算机，Office 2010 安装成功。

图 2-56　开始安装　　　　　　　图 2-57　显示安装进度

四、卸载应用程序

在计算机中安装过多的应用程序不仅占据大量硬盘空间，还会影响系统的运行速度，所以对于不使用的应用程序，应该将其卸载。具体操作步骤如下：

步骤1▶ 打开"控制面板"窗口，单击"程序"类别，如图 2-58 所示。

步骤2▶ 弹出控制面板的"程序"界面，单击"程序和功能"类别下方的"卸载程序"选项，如图 2-59 所示。

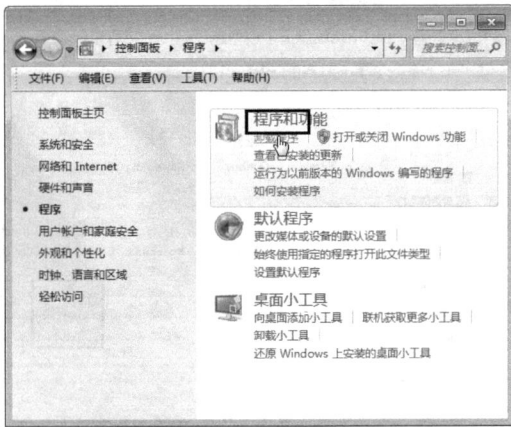

图 2-58　单击"程序"类别　　　　图 2-59　单击"卸载程序"选项

步骤3▶ 弹出"程序和功能"界面，在程序列表中单击选择要卸载的应用程序，单击列表上方的"卸载"按钮，如图 2-60 所示。

步骤 4▶ 弹出提示对话框，单击"是"按钮，如图 2-61 所示，然后根据提示操作卸载该程序。

此外，某些程序也可在"开始"菜单中选择应用程序的卸载命令卸载程序。

图 2-60　卸载程序

图 2-61　确认卸载程序

五、添加或删除 Windows 7 组件

Windows 7 自身带了很多应用程序，如画图、计算器以及一些小游戏等。对于一些无用的程序，可以将其删掉；对于希望使用的一些程序，则可以将其添加。操作步骤如下：

步骤 1▶ 在前图 2-59 所示的"程序"界面中单击"打开或关闭 Windows 功能"选项。

步骤 2▶ 弹出"Windows 功能"对话框，如图 2-62 所示。在"组件"列表中勾选要添加的组件，取消勾选要删除的组件。

步骤 3▶ 单击"确定"按钮。

在"组件"列表框中列出了 Windows 7 自带的所有可用的组件，如果某组件复选框已被勾选，表

图 2-62　添加或删除 Windows 7 组件

示该组件已被添加，否则表示未被添加。某些组件还带有子组件，对于这类组件，可单击组件左侧的"+"显示其子组件，然后进行添加或删除。

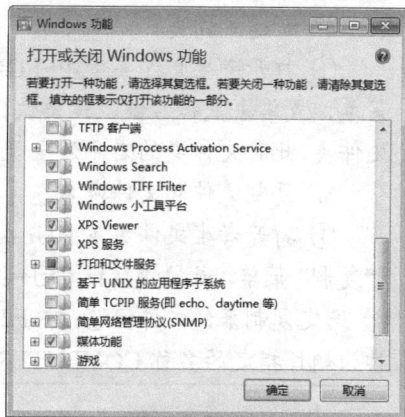

真题解析一

（注：以下基本操作题为 2017 年 9 月全国计算机等级考试一级 MS Office 真题）

1. 将考生文件夹下的 CENTER 文件夹中的文件 DENGJI.BAK 重命名为 KAO.BAK。

2. 将考生文件夹下的 ZOOM 文件夹中的文件 HEGAD.EXE 删除。

3. 将考生文件夹下的 FOOTHAO 文件夹中的文件 BAOJIAN.C 的只读和隐藏属性取消。

4. 在考生文件夹下的 PEFORM 文件夹中新建一个文件夹 SHERT。

5. 将考生文件夹下的 HULAG 文件夹中的文件 HERBS.FOR 复制到同一文件夹中，并命名为 COMPUTER.FOR。

【解析】

1. 文件命名

① 打开考生文件夹下的 CENTER 文件夹，选定 DENGJI.BAK 文件；② 按 F2 键，此时文件的名字处呈现蓝色可编辑状态，编辑名称为题目指定的名称 KAO.BAK。

2. 删除文件

① 打开考生文件夹下的 ZOOM 文件夹，选定 HEGAD.EXE 文件；② 按 Delete 键，弹出确认对话框；③ 单击"是"按钮，将文件删除到回收站。

3. 设置文件属性

① 打开考生文件夹下的 FOOTHAO 文件夹，选定 BAOJIAN.C 文件；② 选择"文件" > "属性"菜单，或单击鼠标右键，弹出快捷菜单，选择"属性"项，即可打开"属性"对话框；③ 在"属性"对话框中取消勾选"只读"和"隐藏"复选框，单击"确定"按钮。

4. 新建文件夹

① 打开考生文件夹下 PEFORM 文件夹；② 选择"文件" > "新建" > "文件夹"菜单，或单击鼠标右键，弹出快捷菜单，选择"新建" > "文件夹"项，即可生成新的文件夹，此时文件夹的名字处呈现蓝色可编辑状态。编辑名称为题目指定的名称 SHERT。

5. 复制文件和文件命名

① 打开考生文件夹下 HULAG 文件夹，选定 HERBS.FOR 文件；② 选择"编辑" > "复制"菜单，或按快捷键 Ctrl+C；③ 选择"编辑" > "粘贴"菜单，或按快捷键 Ctrl+V；④ 选定复制来的文件；⑤ 按 F2 键，此时文件的名字处呈现蓝色可编辑状态，编辑名称为题目指定的名称 COMPUTER.FOR。

真题解析二

（注：以下基本操作题为 2017 年 3 月全国计算机等级考试一级 MS Office 真题）

1. 将考生文件夹下的 KEEN 文件夹设置成隐藏属性。

2. 将考生文件夹下的 QEEN 文件夹移动到考生文件夹下的 NEAR 文件夹中，并改名为 SUNE。

3. 将考生文件夹下的 DEER\DAIR 文件夹中的文件 TOUR.PAS 复制到考生文件夹下的 CRY\SUMMER 文件夹中。

4. 将考生文件夹下的 CREAM 文件夹中的 SOUP 文件夹删除。

5. 在考生文件夹下建立一个名为 TESE 的文件夹。

【解析】

1. 设置文件夹属性

① 选定考生文件夹下的 KEEN 文件夹；② 选择"文件">"属性"菜单，或单击鼠标右键，弹出快捷菜单，选择"属性"项，打开"属性"对话框；③ 在"属性"对话框中勾选"隐藏"复选框，单击"确定"按钮。

2. 移动文件夹和文件夹命名

① 选定考生文件夹下的 QEEN 文件夹；② 选择"编辑">"剪切"菜单，或按快捷键 Ctrl+X；③ 打开考生文件夹下 NEAK 文件夹；④ 选择"编辑">"粘贴"菜单，或按快捷键 Ctrl+V；⑤ 选定移动来的文件夹；⑥ 按 F2 键，此时文件夹的名字处呈现蓝色可编辑状态，编辑名称为题目指定的名称 SUNE。

3. 复制文件

① 打开考生文件夹下的 DEER\DAIR 文件夹，选定 TOUR.PAS 文件；② 选择"编辑">"复制"菜单，或按快捷键 Ctrl+C；③ 打开考生文件夹下的 CRY\SUMMER 文件夹；④ 选择"编辑">"粘贴"菜单，或按快捷键 Ctrl+V。

4. 删除文件夹

① 打开考生文件夹下的 CREAM 文件夹，选定 SOUP 文件夹；② 按 Delete 键，弹出确认对话框；③ 单击"是"按钮，将文件夹删除到回收站。

5. 新建文件夹

① 打开考生文件夹；② 选择"文件">"新建">"文件夹"菜单，或单击鼠标右键，弹出快捷菜单，选择"新建">"文件夹"项，即可生成新的文件夹，此时文件夹的名字处呈现蓝色可编辑状态，编辑名称为题目指定的名称 TESE。

项目总结

本项目主要学习了 Windows 7 操作系统的使用方法，包括系统启动、关闭和鼠标基本操作，管理文件和文件夹，使用控制面板设置计算机，安装和卸载应用程序等。通过本项目的学习，读者除了应掌握 Windows 7 系统的相关应用外，还应体会到，使用 Windows 系统其实就是操作各种窗口、菜单和对话框的过程。

Windows 7 中的菜单分为"开始"菜单、窗口菜单和快捷菜单几种类型。其中，利用"开始"菜单可以打开各种应用程序以及其他项目；利用应用程序或文件夹窗口菜单可执行相关命令；单击鼠标右键弹出的菜单被称为快捷菜单，右击的对象或区域不同，快捷菜单中包含的命令也会随之变化，从而方便用户对相关对象进行快捷操作。

要执行窗口菜单中的命令，一般是在菜单栏中单击主菜单名，打开其下拉菜单，然后将鼠标指针移至需要的命令（菜单项）上方并单击。需要注意的是，若下拉菜单中的菜单项右侧有一个黑色三角符号"▶"，表示该菜单项下还有子菜单，此时将鼠标指针移至该菜单项上方，可显示其包含的子菜单。对于快捷菜单也是如此。

在本书中，我们将执行某项菜单命令的操作约定俗成地统一为：选择"×××">"×××">"……"菜单。

项目实训

1. 启动"写字板"程序，任意输入几行汉字，然后将文档以默认名称和路径保存。

2. 在 D 盘中新建一个"我的学习"文件夹，将前面保存的文档移动到该文件夹中，并重命名为"学习文档"，然后查看该文档的大小。

3. 以自己的名字为账户名，新建一个"标准用户"账户，并为该账户设置登录密码，然后利用该账户登录系统。

4. 安装一个应用程序，如 WinRAR 解压缩软件，然后利用"开始"菜单启动该程序。

项目考核

一、选择题

1. 文件名由主文件名和扩展名两部分组成，中间由（　　）分隔。
   A. ,　　　　　　B. .　　　　　　C. 。　　　　　　D. `

2. 在 Windows 7 中，"任务栏"的作用之一是（　　）。
   A. 显示系统的所有功能　　　　B. 只显示当前活动窗口名
   C. 只显示正在后台工作的窗口名　　D. 实现窗口之间的切换

3. 选择单个文件或文件夹时，通常使用鼠标的（　　）操作。
   A. 单击　　　　　　　　　　　B. 双击
   C. 右击　　　　　　　　　　　D. 拖动

4. 通过 Windows 7 的"开始"菜单不可以打开（　　）。
   A. "控制面板"窗口　　　　　　B. 应用程序
   C. "计算机"窗口　　　　　　　D. BIOS设置程序

5. （　　）账户对计算机的操作权限最大。
   A. 管理员　　　　　　　　　　B. 标准用户
   C. 来宾账户　　　　　　　　　D. 所有类型账户的权限相同

二、简答题

1．单击"开始"按钮，将弹出一个什么菜单？利用它可以做什么？

2．当在桌面上打开多个窗口时，若要在不同的窗口之间切换，该如何操作？

3．要选择某个文件夹中连续的多个文件，该如何操作？若要选择全部文件，又该如何操作？

4．假设在桌面上有两个名称分别为"DSC1"和"DSC2"的相片文件，若要将它们移到 D 盘根目录下的"相片"文件夹中，并重命名为"旅游 1"、"旅游 2"，该如何操作？

5．如果要在 D 盘根目录下新建一个名称为"相片"的文件夹，该如何操作？

6．假设在公司计算机的 E 盘中有一个"合同"文档，您需要使用 U 盘将它拷贝到家里电脑 D 盘根目录下的"公司文档"文件夹（拷贝前还没有该文件夹）中，该如何操作？

7．如果要将 D 盘根目录下"相片"文件夹中的"旅游 1"相片设置为桌面背景，该如何操作？

项目三　使用 Word 2010 制作文档

【项目导读】

　　Office 2010 是微软公司推出的一款广受欢迎的计算机办公组合套件。它主要包括文字处理软件 Word 2010、电子表格制作软件 Excel 2010 以及演示文稿（PPT）制作软件 PowerPoint 2010 等。

　　在本项目中，我们将学习 Word 2010 的使用方法，利用它可以轻松地制作各种形式的文档，如报告、论文、简历、杂志和图书等，满足日常办公的需要。

【学习目标】

➢ 掌握 Word 2010 文档的基本操作。

➢ 掌握设置文档字符格式、段落格式，以及设置边框和底纹等操作。

➢ 掌握设置文档页面和打印文档的操作。

➢ 掌握在文档中创建和编辑表格的操作。

➢ 掌握图文混排的操作，如在文档中插入和编辑图形、图像、文本框和艺术字等。

➢ 掌握 Word 2010 高级排版技巧，如设置页眉和页脚，使用样式、分栏、邮件合并功能等。

任务一　创建协议书文档——Word 2010 使用基础

　　在本任务中，首先通过"相关知识"掌握启动和退出 Word 2010 的方法，并熟悉其工作界面，然后通过"任务实施"学习新建、保存、打开和关闭文档等操作。

相关知识

一、启动和退出 Word 2010

1. 启动 Word 2010

启动 Word 2010 的方法很多，下面介绍其中几种最常用的方法。

Word 2010 使用基础

> 单击"开始"按钮，再依次单击"所有程序">
> "Microsoft Office">"Microsoft Word 2010"，
> 如图 3-1 所示。

> 如果桌面上有 Word 2010 的快捷图标，可双击
> 它启动程序。

> 在资源管理器中双击某个 Word 文档，可启动
> Word 2010 程序并打开该文档。

2. 退出 Word 2010

退出 Word 2010 的常用方法如下：

> 单击界面左上角的"文件"选项卡标签，在展开
> 的界面中单击左下方的"退出"项。

> 单击程序窗口右上角的"关闭"按钮。

若同时打开了多个文档，使用第 1 种方法退出 Word
2010 时，将关闭所有打开的文档并退出 Word 2010；使用第
2 种方法退出时，将只关闭当前文档窗口，其他文档窗口
依然处于正常工作状态。

图 3-1 启动 Word 2010

二、熟悉 Word 2010 工作界面

启动 Word 2010 后，显示在我们面前的是它的工作界面，如图 3-2 所示，其中包括快
速访问工具栏、标题栏、功能区、编辑区和状态栏等组成元素。

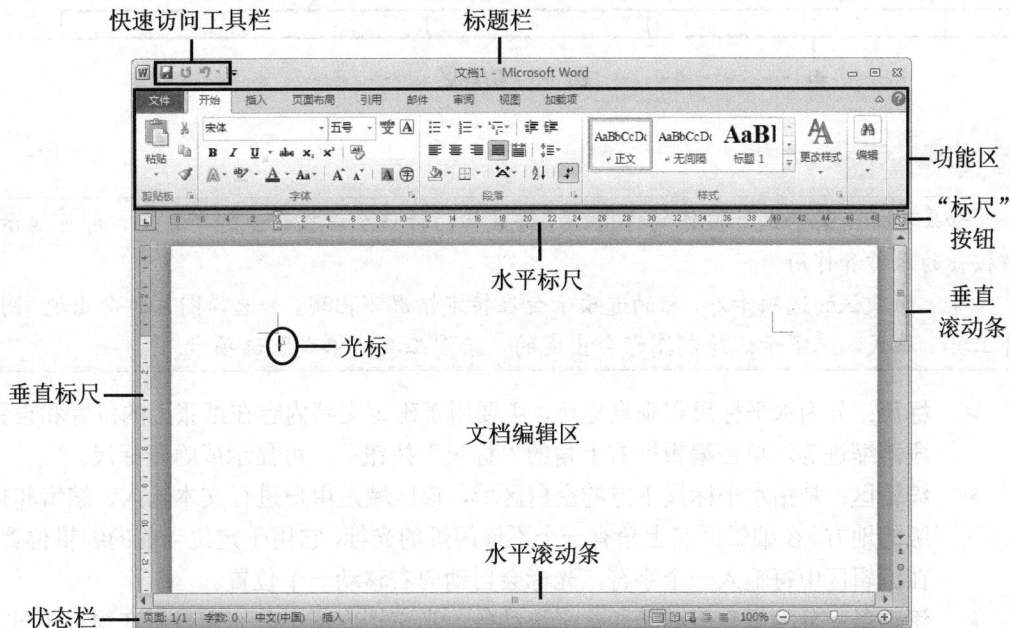

图 3-2 Word 2010 的工作界面

57

➢ **快速访问工具栏**：用于放置一些使用频率较高的工具。默认情况下，该工具栏包含了"保存"🖫、"撤销"🔄和"重复"🔄按钮。

提 示

如果需要，用户也可以自定义快速访问工具栏，其方法是：单击该工具栏右侧的"自定义快速访问工具栏"三角按钮▾，在展开的列表中选择要向其中添加或删除的命令（要删除已添加的命令，只需重复选择该命令）。

➢ **标题栏**：标题栏位于窗口的最上方，其中显示了当前编辑的文档名、程序名和一些窗口控制按钮。其中单击标题栏右侧的 3 个窗口控制按钮 ─ ▢ ✕，可将程序窗口最小化、还原或最大化、关闭。

➢ **功能区**：功能区用选项卡的方式分类存放着编排文档时所需要的工具。单击功能区中的选项卡标签可切换到不同的选项卡，从而显示不同的工具；在每一个选项卡中，工具又被分类放置在不同的组中，如图 3-3 所示。某些组的右下角有一个"对话框启动器"按钮▣，单击可打开相关对话框。例如，单击"字体"组右下角的"对话框启动器"按钮▣，可打开"字体"对话框。

选项卡标签

组　　　　　　　　　　图 3-3　功能区

提 示

如果不知道某个工具按钮的作用，可将鼠标指针移至该按钮上停留片刻，即可显示该按钮的名称和作用。

除上面默认的选项卡外，有的选项卡会在特定情况下出现，如选择图片时会出现"图片工具　格式"选项卡；绘制图形会出现的"绘图工具　格式"选项卡。

➢ **标尺**：分为水平标尺和垂直标尺，主要用于确定文档内容在纸张上的位置和设置段落缩进等。单击编辑区右上角的"标尺"按钮▣，可显示或隐藏标尺。

➢ **编辑区**：是指水平标尺下方的空白区域，该区域是用户进行文本输入、编辑和排版的地方。在编辑区左上角有一个不停闪烁的光标，它用于定位当前的编辑位置。在编辑区中每输入一个字符，光标会自动向右移动一个位置。

➢ **滚动条**：分为垂直滚动条和水平滚动条。当文档内容不能完全显示在窗口中时，可通过拖动文档编辑区下方的水平滚动条或右侧的垂直滚动条查看隐藏的内容。

> **状态栏**：位于 Word 文档窗口底部，其左侧显示了当前文档的状态和相关信息，右侧显示的是视图模式切换按钮和视图显示比例调整工具。

任务实施

一、新建文档

每次启动 Word 2010 时，它都会自动创建一个空白文档，并以"文档 1"命名，此时即可在该文档中输入文本。如果还需要新建其他文档，可执行以下操作步骤：

步骤 1▶ 单击"文件"选项卡标签，在打开的选项卡中选择左侧窗格的"新建"项。

步骤 2▶ 在右侧单击选择要创建的文档类型，如"空白文档"，单击"创建"按钮，如图 3-4 所示。

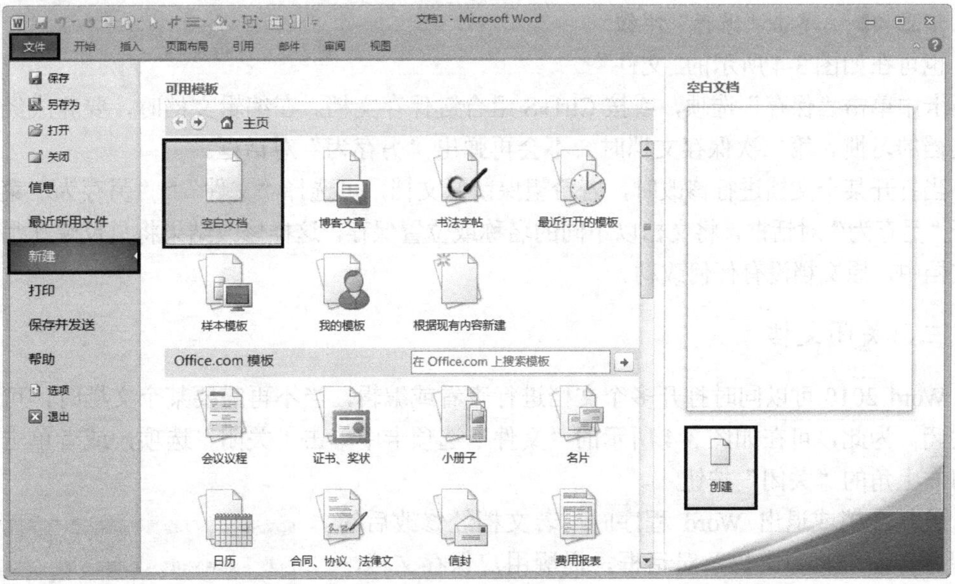

图 3-4　新建文档

按 Ctrl+N 组合键，也可快速新建一个空白文档。

此外，Word 2010 提供了各种类型的文档模板，利用它们可以快速创建带有相应格式和内容的文档。要应用模板创建文档，可在图 3-4 所示的界面中选择一种模板类型，然后在打开的模板列表中选择想要使用的模板，最后单击"创建"按钮。

二、保存文档

在新建文档或修改了文档时，都需要对文档进行保存操作，否则文档只是存放在计算机内存中，一旦断电或关闭计算机，文档或修改的信息就会丢失。保存文档的操作步骤如下：

步骤1▶ 单击快速访问工具栏中的"保存"按钮💾，弹出"另存为"对话框，如图 3-5 所示。

步骤2▶ 在对话框左侧的窗格中选择用来保存文档的磁盘驱动器和文件夹。若希望新建一个文件夹来保存文档，可选择新文件夹的位置，如 D 盘，然后单击"新建文件夹"按钮，接着输入新文件夹名称并双击将其打开。

步骤3▶ 在"文件名"编辑框中输入文档名。

步骤4▶ 单击"保存"按钮。

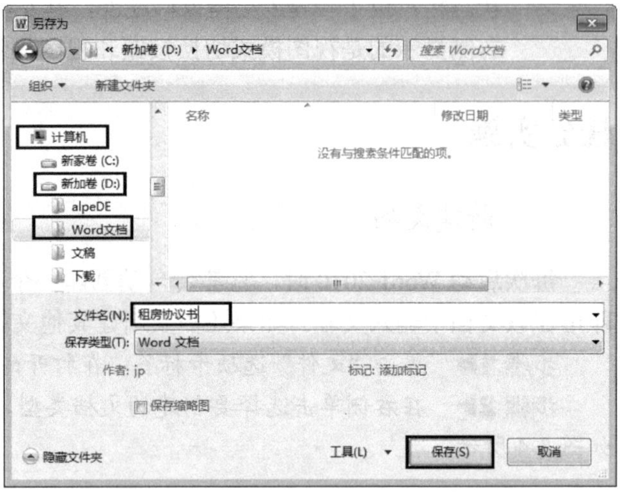

也可在如图 3-4 所示的"文件"

图 3-5 保存文档

选项卡中单击"保存"选项，或按 Ctrl+S 组合键保存文档。在编辑文档时，要养成经常保存文档的习惯。第二次保存文档时，不会再弹出"另存为"对话框。

当打开某个文档进行修改时，若希望保留原文档，可选择"文件">"另存为"菜单，打开"另存为"对话框，将文档以不同的名称或位置保存，这样修改结果将只反映在另存后的文档中，原文档没有任何改动。

三、关闭文档

Word 2010 可以同时打开多个文档进行查看或编辑，当不再需要某个文档时，可以将其关闭。为此，可在如图 3-4 所示的"文件"选项卡中单击"关闭"选项，或者单击程序窗口右上角的"关闭"按钮🗙。

关闭文档或退出 Word 程序时，若文档经修改后尚未保存，系统将弹出提示对话框，提醒用户保存文档，如图 3-6 所示。单击"保存"按钮，表示保存文档；单击"不保存"按钮，表示不保存文档；单击"取消"按钮，表示取消关闭文档的操作，返回正常的文档编辑状态。

图 3-6 提示对话框

四、打开文档

如果要打开现有文档进行查看或编辑，可执行以下操作步骤：

步骤1▶ 单击"文件"选项卡标签，在打开的"文件"选项卡中单击"打开"选项，弹出"打开"对话框，如图 3-7 所示。

步骤2▶ 在对话框左侧的窗格中选择保存文档的磁盘驱动器或文件夹。

步骤3▶ 在对话框中间的列表中选择要打开的文档，然后单击"打开"按钮。

也可按 Ctrl+O 组合键打开"打开"对话框。

如果要同时打开多个文档，可参考项目二介绍的选择文件的方法，在"打开"对话框中同时选中多个文档。注意：当误选了某个文档时，可按住 Ctrl 键单击该文档，以取消其选择。

如果要打开最近打开过的文档，可在"文件"选项卡中单击"最近所用文件"选项，在打开的界面中单击所需的文档名称即可，如图 3-8 所示。

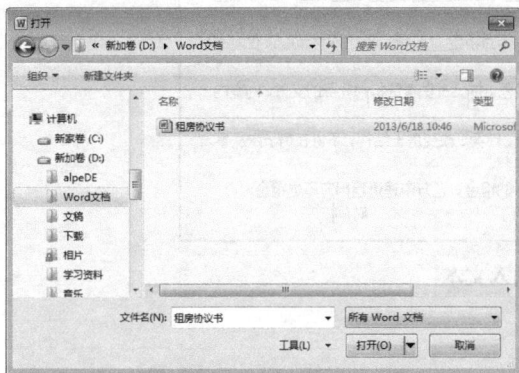

图 3-7　打开文档　　　　　　　　图 3-8　打开最近打开过的文档

任务二　输入协议书内容——文本输入和编辑

通过输入协议书内容并编辑，来学习在 Word 文档中输入和编辑文本，以及在不同的视图模式中查看文档的方法。

相关知识

> **输入文本**：选择一种输入法后，便可以在 Word 文档中输入文本；对于键盘中没有的一些特殊符号，可以利用 Word 2010 的插入符号功能进行输入。在输入文本过程中或输入完毕后，还可以修改、增添或删除文本。
> **编辑文本**：编辑文本的操作包括选择、复制、移动、删除、查找和替换文本等。
> **视图模式**：Word 2010 提供了几种不同的视图模式，方便用户编排和查看文档。

任务实施

一、输入文本和特殊符号

在《房屋租赁协议书》文档中输入文本的具体操作步骤如下：

步骤 1▶　选择一种中文输入法。

输入文本和特殊符号

61

步骤2▶ 使用键盘输入文本，该文本将自动出现在光标所在位置。本任务输入的文本效果如图3-9所示。

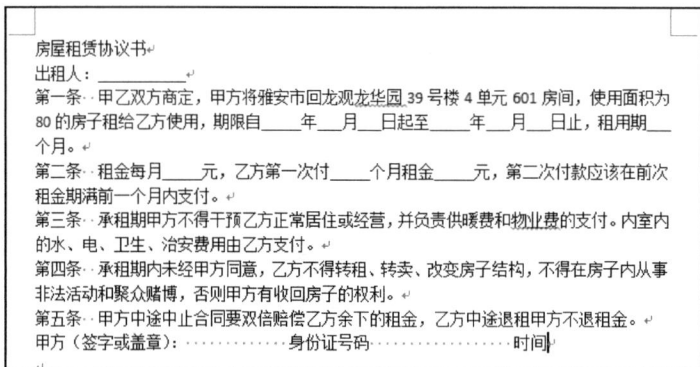

图3-9 输入文本

提 示

输入文本的一些常用技巧如下：

如果希望开始一个新的段落，需要按 Enter 键，此时将在段落末尾产生一个段落标记↵。如果希望将文本在某位置处强制换行而不开始新段落，可在该位置单击将光标置于该处并按Shift+Enter键（俗称"软回车"）。

如果希望输入空格，可按空格键。

如果希望输入下划线，可在英文输入状态下，按住Shift键的同时按-键。

步骤3▶ 如果要在文档中输入一些键盘上没有的特殊符号，可单击鼠标将光标置于要插入符号的位置，如"面积为80"后面，如图3-10所示。

图3-10 移动光标位置

步骤4▶ 单击功能区"插入"选项卡标签，切换到该选项卡，然后单击"符号"组中的"符号"按钮，在展开的列表中单击需要的符号；若列表中没有需要的符号，则单击"其他符号"选项，如图3-11所示。

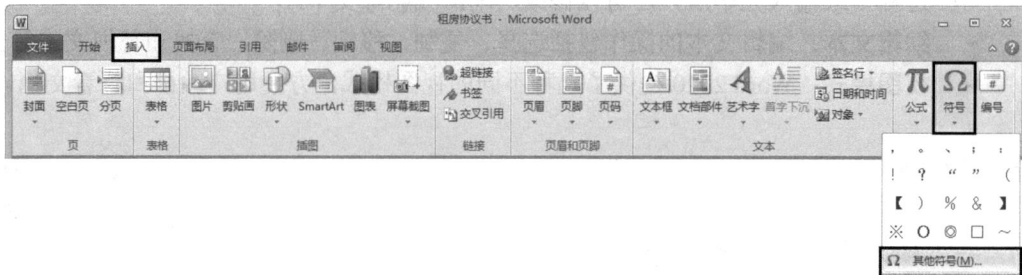

图3-11 功能区的"插入"选项卡

步骤 5▶ 弹出"符号"对话框,在"字体"下拉列表框中选择字体,在"子集"下拉列表中选择符号类型,然后单击需要插入的符号,单击"插入"按钮,如图 3-12 所示。

步骤 6▶ 单击"取消"按钮,关闭对话框。

图 3-12 插入特殊符号

二、移动光标

输入和编辑文档时,在文档编辑区始终有一闪烁的竖线,称为光标。光标用来定位要在文档中输入或插入的文字、符号和图像等内容的位置。因此,在文档中输入或插入各种内容前,首先要将光标移动到需要的位置。

要移动光标,只需移动鼠标"Ⅰ"形指针到文档中的所需位置,然后单击即可。如果内容较长,需要通过拖动垂直滚动条,或滚动鼠标滚轮,将要编辑的内容显示在文档窗口中,然后再在所需位置单击鼠标,将光标移至此处。

三、增补、删除与改写文本

完成文档内容的输入后,还可根据需要对文档内容进行增补、删除或改写。下面继续在"房屋租赁协议书"文档中进行操作。

步骤 1▶ 要在文档中增补内容,可将光标移至此处,然后输入内容,如图 3-13 所示。

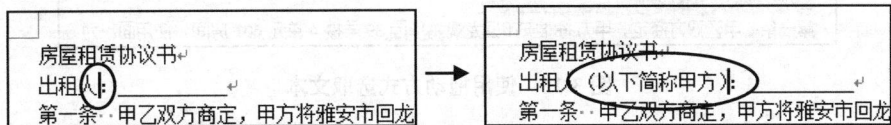

图 3-13 增补内容

步骤 2▶ 若要删除文档中不再需要的内容,可首先将光标放置在该位置,然后按 Delete 键删除光标右侧的字符(按 Backspace 键可删除光标左侧的字符),如图 3-14 所示。如果要删除的内容较多,可在选定要删除的内容后,再执行删除操作。

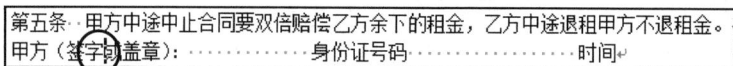

图 3-14　删除内容

步骤 3▶　要改写文本，可将光标定位在要改写的位置，如图 3-15（a）所示，然后单击状态栏中的"插入"按钮或者按 Insert 键，此时该按钮变为"改写"，表示进入"改写"模式，如图 3-15（b）所示。在这种情况下，新键入的字符将替代现有的字符，如图 3-15（c）所示。

第五条··甲方中途中止合同要双倍赔偿乙方余下的租金，乙方中途退租甲方不退租金。
甲方（签字和盖章）：·············身份证号码·············时间

（a）

（b）

第五条··甲方中途中止合同要双倍赔偿乙方余下的租金，乙方中途退租甲方不退租金。
甲方（签字、盖章）：·············身份证号码·············时间

（c）

图 3-15　改写内容

步骤 4▶　要重新回到插入模式，可单击状态栏中的"改写"按钮或者再次按 Insert 键。

四、选取文本

对文本进行复制、移动或设置格式等操作时，一般都需要先选中要操作的文本。下面是选择文本的几种方法。

使用拖动方式选取任意文本。这是选择少量文本的一种常用方法。将光标置于要选定文本的开始处，按住鼠标左键不放，拖动鼠标至要选定文本的末端，释放鼠标，被选择的文本呈蓝色底纹显示，如图 3-16 所示。要取消选取，可在文档内任意位置单击。

图 3-16　使用拖动方式选取文本

选取区域跨度较大的文本。当要选择的文本区域跨度较大时，使用拖拽法选择文本将十分不方便，此时可以在要选择的文本区域的开始位置单击鼠标左键，然后按住 Shift 键的同时在文本结束处单击鼠标左键。

同时选取不连续的多处文本。选取一处文本后，按住 Ctrl 键选取下一处文本。

选取一个句子。按住 Ctrl 键，同时在要选取的句子中的任意位置单击鼠标。

利用选定栏选取文本。选定栏是指页面左边界到文档内容左边界之间的空白区域，将鼠标指针放在此处时，鼠标指针将变为"⬦"形状，此时单击鼠标左键可选定鼠标指针右侧的行，如图 3-17 所示；若按住鼠标左键并拖动，可选择连续的多行；若双击鼠标左键，可选定鼠标指针右侧的一个段落。

房屋租赁协议书↵
出租人（以下简称甲方）：_____↵
第一条··甲乙双方商定，甲方将雅安市回龙观龙华园 39 号楼 4 单元 601 房间，使用面积为 80 ㎡ 的房子租给乙方使用，期限自____年___月___日起至____年___月___日止，租用期

图 3-17 利用选定栏选取文本

选取整篇文档。按 Ctrl+A 组合键，或按住 Ctrl 键在选定栏单击鼠标。

五、移动与复制文本

移动与复制是编辑文档最常用的操作之一。例如，对重复出现的文本，不必一次次地重复输入；对放置不当的文本，可以快速将其移到满意的位置。移动和复制文本的方法有两种：一种是使用鼠标拖动；另一种是使用"剪切"、"复制"和"粘贴"命令。

移动和复制文本

使用鼠标拖动移动文本。若是短距离移动文本，使用该方法效率要高一些。首先选中要移动的文本，将鼠标指针移至选定文本上方，此时鼠标指针变为"⬦"形状。按住鼠标左键并拖动，此时鼠标指针变为"⬦"形状，且在其附近出现一条竖虚线，它表明了文本的新位置；继续按住鼠标左键并拖动，将竖虚线移至目标位置，如图 3-18（a）所示，然后松开鼠标左键，即可将文本移到该处，如图 3-18（b）所示。

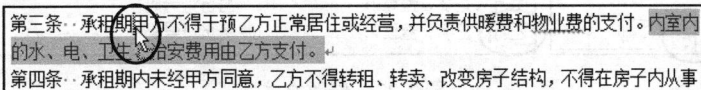

第三条··承租期内甲方不得干预乙方正常居住或经营，并负责供暖费和物业费的支付。内室内的水、电、卫生、治安费用由乙方支付。↵
第四条··承租期内未经甲方同意，乙方不得转租、转卖、改变房子结构，不得在房子内从事

（a）

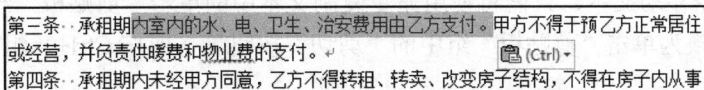

第三条··承租期内室内的水、电、卫生、治安费用由乙方支付。甲方不得干预乙方正常居住或经营，并负责供暖费和物业费的支付。↵
第四条··承租期内未经甲方同意，乙方不得转租、转卖、改变房子结构，不得在房子内从事

（b）

图 3-18 用鼠标拖动法移动文本

使用鼠标拖动复制文本。若在拖动时按住 Ctrl 键，鼠标指针变为"⬦"形状，此时可将所选文本复制到新位置。例如，将光标移至"出租人（以下简称甲方）：_____"右侧，按 Enter 键插入一个空段落，然后选中该文本，按住 Ctrl 键的同时将其拖到空段落中，最后依次释放鼠标左键和 Ctrl 键，如图 3-19 所示。

图 3-19　选择并复制文本

使用命令复制文本。该方法适用于将文本复制到该篇文档的其他页面或另一篇文档中。首先选中要复制的文本，单击功能区"开始"选项卡上"剪贴板"组中的"复制"按钮，或者按 Ctrl+C 组合键，如图 3-20 所示。将光标移到目标位置，单击"剪贴板"组中的"粘贴"按钮，或者按 Ctrl+V 组合键，即可将文本复制到新位置，效果如图 3-21所示。最后将前面复制过来的文本修改成如图 3-22 所示的样式，并保存文档。

图 3-20　选择文本并执行"复制"命令

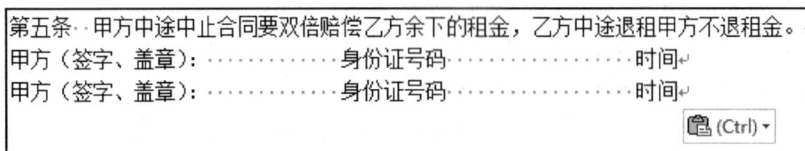

图 3-21　粘贴文本

图 3-22　修改文本

要利用命令移动文本，只需将使用命令复制文本中的单击"剪贴板"组中的"复制"按钮操作换为单击"剪贴板"组中的"剪切"按钮（或按 Ctrl+X 组合键），其余的操作不变。

提　示

移动或复制文本后，在目标文本处将出现一个粘贴标记，单击该标记，在弹出的列表中可选择移动或复制过来文本是保留原格式，还是使用目标位置处的格式等。

六、文本的查找与替换

利用 Word 2010 提供的查找与替换功能，不仅可以在文档中迅速查找到相关内容，还可以将查找到的内容替换成其他内容，从而使得文档修改工作变得十分迅速和高效。

1. 查找文本

查找文本的具体操作步骤如下：

步骤1▶　将光标放置在要开始查找的位置，如移动至文档的
开始位置。

步骤2▶　单击"开始"选项卡"编辑"组中的"查找"按钮，
打开"导航"任务窗格，在窗格上方的编辑框中输入要查找的内容，如"租金"，如图 3-23
所示。

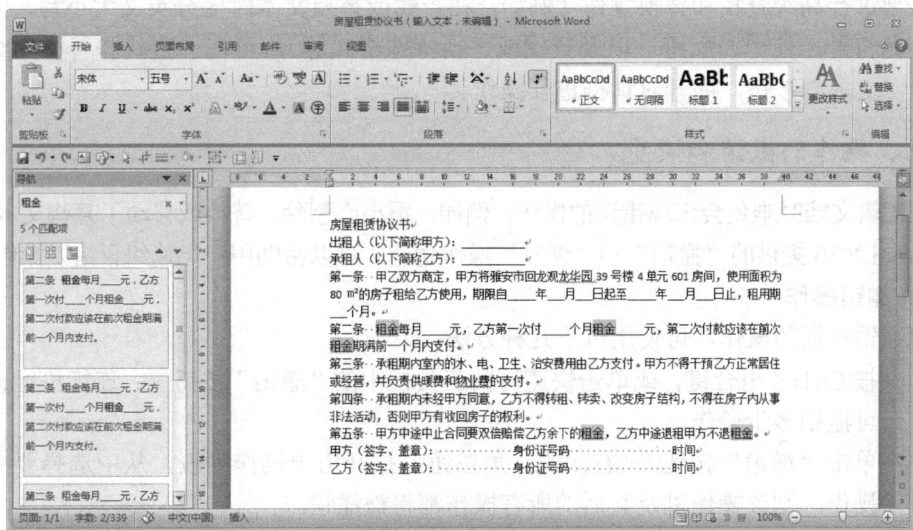

图 3-23　查找文档内容

步骤3▶　此时文档中将以橙色底纹突出显示查找到的内容，"导航"任务窗格中则显
示要查找的文本所在的标题。

步骤4▶　在"导航"任务窗格中单击"下一处搜索结果"按钮▼，可从上到下定位搜
索结果；单击"上一处搜索结果"按钮▲，则可从下到上定位搜索结果。

步骤5▶　单击"导航"任务窗格右上角的"关闭"按钮✕，关闭窗格。

2. 替换文本

在编辑文档时，有时需要将文档中的某一内容统一替换成其他内容，此时可以使用
Word 的"替换"功能进行操作，以加快修改文档的速度。下面将《房屋租赁协议书》中
的文本"房子"替换为"房屋"，具体操作
步骤如下：

步骤1▶　单击"开始"选项卡上"编
辑"组中的"替换"按钮，打开"查找和
替换"对话框的"替换"选项卡，如图 3-24
所示。

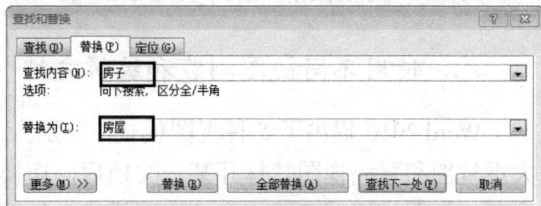

图 3-24　替换文本

步骤2▶ 在"查找内容"编辑框中输入需要替换的内容，如"房子"，在"替换为"编辑框中输入替换为的内容，如"房屋"。

步骤3▶ 单击"替换"按钮，逐个替换查找到的内容。

步骤4▶ 替换完毕，在弹出的提示对话框中单击"确定"按钮，再在"查找和替换"对话框中单击"取消"按钮，关闭对话框。

若不需要替换查找到的文本，可单击"查找下一处"按钮跳过该文本并继续查找。此外，单击"全部替换"按钮，可一次性替换文档中所有符合查找条件的内容。

若要进行高级查找和替换操作（例如，在查找或替换文本时区分英文大小写，区分全角和半角符号，使用通配符，以及查找或替换特殊格式等），可在"查找和替换"对话框中单击"更多"按钮，展开对话框进行操作。

七、操作的撤销和恢复

在编辑文档时难免会出现错误的操作，例如，不小心删除、替换或移动了某些文本内容，利用 Word 2010 提供的"撤销"和"恢复"操作功能，可以帮助用户迅速纠正错误操作。

1．撤销操作

要撤销错误的操作，可使用以下几种方法：

➢ 按 Ctrl+Z 组合键，或单击快速访问工具栏中的"撤销"按钮 ；连续执行该命令可撤销多步操作。

➢ 单击"撤销"按钮 右侧的三角按钮，打开历史操作列表，从中选择要撤销的操作，则该操作以及其后的所有操作都将被撤销。

2．恢复操作

如果进行了错误的撤销操作，可以利用恢复功能将其恢复，方法如下：

➢ 按 Ctrl+Y 组合键，或单击快速访问工具栏中的"恢复"按钮 可恢复上一次撤销的操作；重复执行该命令可恢复多步被撤销的操作。

➢ 在快速访问工具栏中单击"恢复"按钮 右侧的三角按钮，打开恢复列表，从中选择要恢复的操作，则该操作以及其后的所有操作都将被恢复。

💡 提 示

只有在执行了撤销操作后恢复选项才生效。另外，若在执行了撤销操作后又执行了其他操作，则被撤销的操作将无法恢复。

八、使用不同视图浏览和编辑文档

Word 2010 提供了 5 种视图模式，分别为：页面视图、阅读版式视图、Web 版式视图、大纲视图和草稿视图。打开某一文档后，切换到"视图"选项卡，在"文档视图"组中单击某一视图按钮即可切换到该视图模式，如图 3-25 所示。

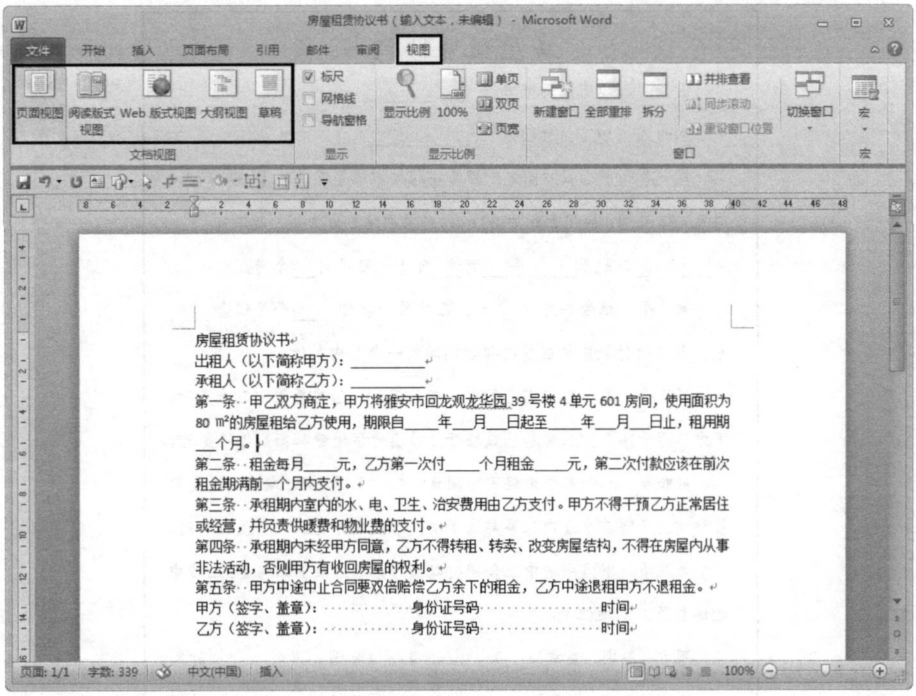

图 3-25　切换文档视图

➢ **页面视图**：是 Word 2010 默认的视图模式，也是编排文档时最常用的视图模式。在该视图模式下，文档内容显示效果与打印效果几乎完全一样。

➢ **阅读版式视图**：该视图模式下将隐藏 Word 程序窗口的功能区和状态栏等组成元素，只显示文档正文区域中的所有信息，从而便于用户阅读文档内容。

➢ **Web 版式视图**：可以像查看网页一样查看文档。

➢ **大纲视图**：在编排长文档时，标题的级别往往较多，此时可利用大纲视图模式层次分明地显示各级标题，还可快速改变各标题的级别。

➢ **草稿模式**：在该视图模式中不会显示文档中的某些元素，如图形、页眉和页脚等，从而加快长文档的显示速度，方便用户快速查看和编辑文档中的文本。

任务三　编排协议书文档——设置文档基本格式

通过编排上一任务中已输入内容的《房屋租赁协议书》文档，学习设置文档字符和段落格式的方法。编排好的文档效果如图 3-26 所示。

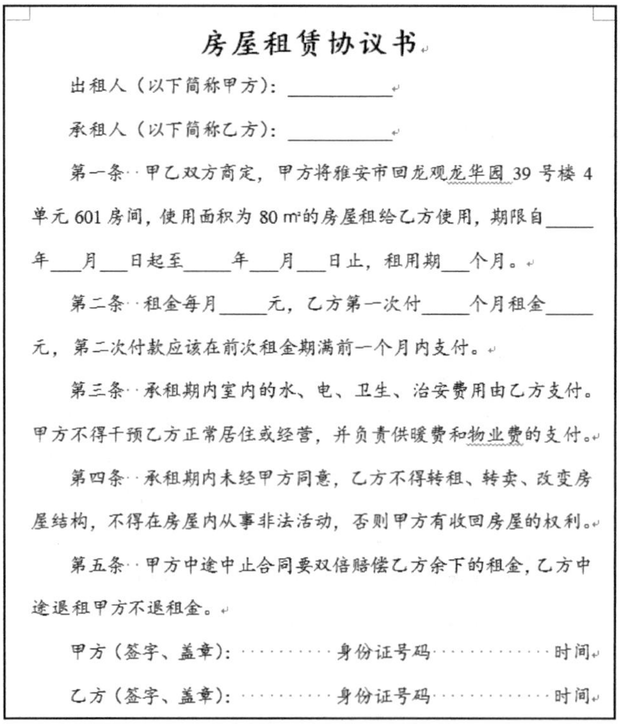

房屋租赁协议书

出租人（以下简称甲方）：__________

承租人（以下简称乙方）：__________

第一条　甲乙双方商定，甲方将雅安市回龙观龙华园 39 号楼 4 单元 601 房间，使用面积为 80 m²的房屋租给乙方使用，期限自____年___月___日起至____年___月___日止，租用期___个月。

第二条　租金每月____元，乙方第一次付____个月租金____元，第二次付款应该在前次租金期满前一个月内支付。

第三条　承租期内室内的水、电、卫生、治安费用由乙方支付。甲方不得干预乙方正常居住或经营，并负责供暖费和物业费的支付。

第四条　承租期内未经甲方同意，乙方不得转租、转卖、改变房屋结构，不得在房屋内从事非法活动，否则甲方有收回房屋的权利。

第五条　甲方中途中止合同要双倍赔偿乙方余下的租金，乙方中途退租甲方不退租金。

甲方（签字、盖章）：··········身份证号码·············时间

乙方（签字、盖章）：··········身份证号码·············时间

图 3-26　任务完成效果

相关知识

- **字符格式**：字符格式是指文本的字体、字号、字形、下划线和字体颜色等。为了使文档版面美观，增加文档的可读性，突出标题和重点等，经常需要为文档的指定文本设置字符格式。在 Word 2010 中，可使用“开始”选项卡“字体”组中的相应按钮或“字体”对话框设置字符格式。
- **段落格式**：段落是以回车符“↵”为结束标记的内容。段落的格式设置主要包括段落的对齐方式、段落缩进、段落间距及行间距等。在 Word 2010 中，可使用“开始”选项卡“段落”组中的相应按钮或“段落”对话框设置段落格式。

任务实施

一、设置字符格式

设置字体、字号和字形是编排文档过程中最常见的操作。其中字体决定了文字的外观，字号决定了文字的大小，而字形是指是否将文字设置为加粗或倾斜。下面利用两种方法设置《房屋租赁协议书》文档中标题和正文的字体、字号和字形。具体操作步骤如下：

步骤1▶ 选择要设置字符格式的标题文本"房屋租赁协议书"。

步骤2▶ 在"开始"选项卡"字体"组的"字体"下拉列表框 宋体 中选择所需字体，如"楷体"；在"字号"下拉列表框 五号 中选择字号，如"二号"；单击"加粗"按钮 B ，将所选文本设置为加粗效果，如图 3-27 所示。

图 3-27　使用"字体"组设置字符格式

步骤3▶ 选择全部正文文本，如图 3-28 所示，单击"开始"选项卡上"字体"组右下角的对话框启动器按钮 。

步骤4▶ 弹出"字体"对话框，在"中文字体"下拉列表框中选择"楷体"；在"西文字体"下拉列表框中选择"Times New Roman"；在"字号"列表框中单击选择"四号"，如图 3-29 所示。

步骤5▶ 在对话框下方的"预览"框中预览设置效果，然后单击"确定"按钮。

图 3-28　选择文本

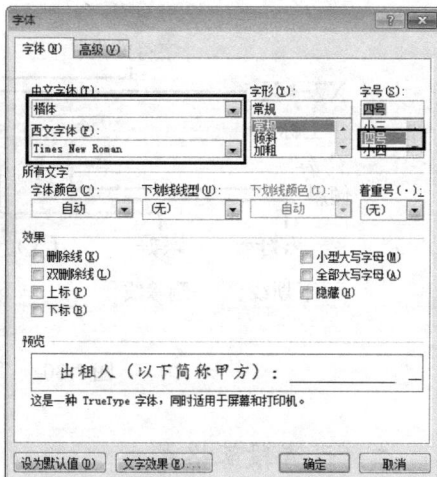

图 3-29　设置字体

提 示

　　用户可以选择的字体取决于 Windows 中安装的字体。Windows 7 中本身附带了一些字体，其中汉字字体有宋体、黑体、楷体等，西文字体有 Times New Roman（常用于正文）、Arial（常用于标题）等。要使用其他字体，必须单独安装。目前使用较多的汉字字体库有方正、汉仪和文鼎等，用户可通过 Internet 下载或购买字体库光盘的方式来获取这些字体，然后将它们复制到系统盘的 "Windows\Fonts" 文件夹中。

　　在 Word 中字号的表示方法有两种：一种以"号"为单位，如初号、一号、二号等，数值越大，文字越小；另一种以"磅"为单位，如 6.5，10，10.5 等，数值越大，文字也越大。

　　对于一些标题文字或需要特别强调的文字，可以将字形设置为加粗或倾斜。

　　大多数书刊、公文的正文使用的汉字字体均为宋体，字号为五号、小四或四号等。

　　Word 2010 "开始"选项卡"字体"组中其他常用按钮的作用如图 3-30 所示。设置时，一般直接单击相应按钮即可；但也有的设置项需要单击按钮右侧的三角按钮，从弹出的下拉列表中选择需要的选项。例如，设置字体颜色时，需要单击"字体颜色"按钮 $\underline{A}$ 右侧的小三角按钮，从弹出的颜色列表中选择需要的颜色。

　　利用"字体"对话框"所有文字"设置区也可设置字体颜色、下划线和着重号效果，只需在相应的下拉列表中进行选择即可；利用"效果"设置区可设置字符的删除线、阴影、上标和下标等效果，只需选中相应的复选框即可。

　　此外，若将"字体"对话框切换到"高级"选项卡，则还可设置字符在宽度方向上的缩放百分比，以及字符之间的距离，字符的上下位置等效果。

图 3-30　"字体"组中各按钮的意义

二、设置段落格式

　　段落的格式设置主要包括段落的对齐方式、段落缩进、段落间距以及行间距等。若要设置某个段落的格式，需将光标置于该段落中；若要同时设置多个段落的格式，可同时选中这些段落。设置

设置段落格式

《房屋租赁协议书》文档的段落格式的步骤如下：

步骤 1▶ 将光标置于需要改变段落对齐方式的段落中，如标题文本段落，单击"开始"选项卡上"段落"组中的对齐方式按钮，如"居中" ，如图 3-31 所示。 这几个对齐按钮的作用分别是将段落沿页面左端、居中、右端和两端和分散对齐，默认为两端对齐。

图 3-31　设置段落对齐方式

步骤 2▶ 同时选中除标题外的多个段落，单击"开始"选项卡"段落"组右下角的对话框启动器按钮，打开"段落"对话框，如图 3-32 所示。

步骤 3▶ 在"缩进"设置区设置缩进方式。例如，在"特殊格式"下拉列表框中选择"首行缩进"，然后在右侧输入磅值为"2字符"，即首行缩进两个字符。

步骤 4▶ 在"间距"设置区设置段落间距和行距。这里将段前间距设为 0 行，行距设为"多倍行距"，"设置值"为 1.25。

步骤 5▶ 设置完毕，单击"确定"按钮，效果如图 3-33 所示。

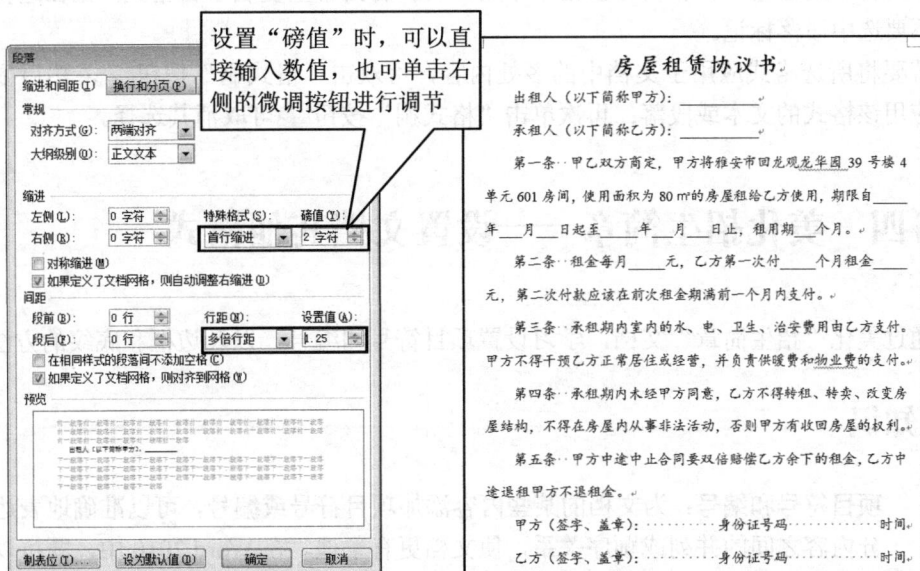

图 3-32　设置段落格式

图 3-33　设置段落格式效果

步骤 6▶ 到此，《房屋租赁协议书》便制作好了，按 Ctrl+S 组合键保存文档。

段落的缩进主要包括首行缩进、左缩进、右缩进和悬挂缩进。按中文的书写习惯，一般需要在每个段落的首行缩进 2 个字符；左缩进和右缩进是指在某些段落的左侧或右侧留出一定的空位；悬挂缩进是指将段落除首行外的其他行向内缩进，用户可在"段落"对话框的"特殊格式"下拉列表框中选择"悬挂缩进"选项，然后设置缩进值。

除了利用"段落"对话框设置段落缩进外，通过拖动标尺上的相关滑块也可设置段落缩进，如图 3-34 所示。如果文档窗口中没有显示标尺，可在功能区的"视图"选项卡的"显示"组中选择"标尺"复选框，即可在文档窗口中显示标尺。

图 3-34　利用标尺设置段落缩进

三、复制格式

在 Word 2010 中，用户可利用格式刷复制段落或字符格式，具体操作步骤如下：

步骤 1▶　选中要复制格式的源段落文本，单击"开始"选项卡"剪贴板"组中的"格式刷"按钮，此时鼠标指针变为"形状。

步骤 2▶　使用拖动方式选中希望应用源段落格式的目标段落，即可完成格式复制。

若只希望复制段落格式（而不复制字符格式），则只需将光标插入源段落中，然后选择"格式刷"按钮，再在目标段落中单击即可；若只希望复制字符格式，则在选择文本时，不要选中段落标记。

若要将所选格式应用于文档中的多处内容，可双击"格式刷"按钮，然后依次选择要应用该格式的文本或段落；再次单击"格式刷"按钮可取消其选择。

任务四　美化招生简章——设置文档其他格式

通过美化"招生简章"文档，学习设置项目符号和编号，以及边框和底纹的方法。

相关知识

➢　**项目符号和编号**：为文档的某些内容添加项目符号或编号，可以准确地表达各部分内容之间的并列或顺序关系，使文档更有条理。在 Word 2010 中，既可以使用系统预设的项目符号和编号，也可自定义项目符号和编号。

➢　**边框和底纹**：边框和底纹是美化文档的重要方式之一，在 Word 2010 中不但可以为选择的文本添加边框和底纹，还可以为段落和页面添加边框和底纹。

任务实施

一、设置项目符号和编号

1. 设置项目符号

为文档中的段落设置项目符号的具体操作步骤如下：

设置项目符号和编号

步骤 1▶ 打开本书配套素材"素材与实例">"项目三">"2018 年招生简章"文档。

步骤 2▶ 选中要添加项目符号的段落，如"开班方式"下的段落，如图 3-35 所示。

步骤 3▶ 单击"开始"选项卡"段落"组"项目符号"按钮 ≔ 右侧的三角按钮，在展开的列表中选择一种项目符号，即可为所需段落添加该项目符号，如图 3-36 所示。

步骤 4▶ 若项目符号列表中没有符合需要的项目符号，可单击列表底部的"定义新项目符号"选项，弹出"定义新项目符号"对话框，如图 3-37 所示。

开班方式

零起点班、就业班等自由选择。

28 人小班授课，确保教学质量。

每月至少有5～6个班可供选择。

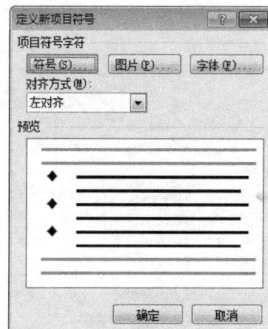

图 3-35 选择要添加项目符号的段落   图 3-36 选择项目符号   图 3-37 定义新项目符号

步骤 5▶ 单击"符号"按钮，弹出"符号"对话框，选择要作为项目符号的符号，单击"确定"按钮，如图 3-38 所示。

步骤 6▶ 返回"定义新项目符号"对话框，单击"确定"按钮，效果如图 3-39 所示。

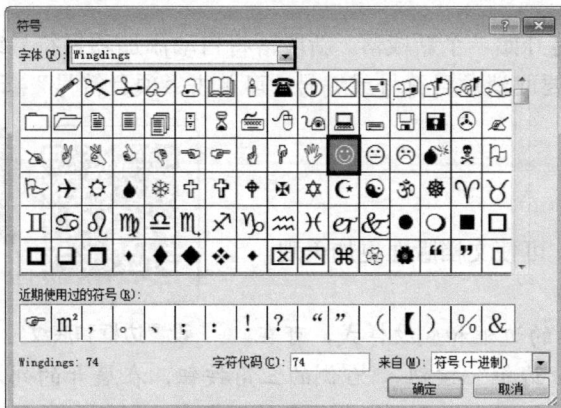

图 3-38 选择符号

开班方式

☺ 零起点班、就业班等自由选择。

☺ 28 人小班授课，确保教学质量。

☺ 每月至少有5～6个班可供选择。

图 3-39 添加项目符号效果

若在"定义新项目符号"对话框单击"图片"按钮，可选择图片作为项目符号；单击"字体"按钮，可在打开的对话框中设置符号的字体、字号和颜色等。

2．设置项目编号

为文档中的段落设置编号的具体操作步骤如下：

步骤 1▶ 选中要添加编号的段落，如"招生对象"下的段落，如图 3-40 右上图所示。

步骤 2▶ 单击"开始"选项卡"段落"组"编号"按钮 右侧的三角按钮，在展开的列表中选择一种编号样式，即可为所选段落添加编号，如图 3-40（a）和（b）所示。

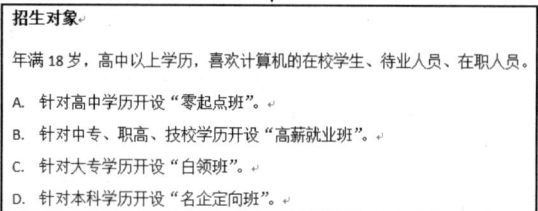

（a）   （b）

图 3-40 为所需段落添加编号

若编号列表中没有符合需要的编号，也可单击"定义新编号格式"选项，在打开的对话框中自定义编号样式。

如果从设置了项目符号或编号的段落开始一个新段落，新段落将自动添加项目符号或编号（各段落之间将进行连续编号）。若要取消项目符号或编号，可单击"项目符号" 或编号 按钮，取消其选中状态。

二、设置边框和底纹

为选定文字或段落设置边框和底纹，可使文档版面更加美观，具体操作步骤如下：

步骤 1▶ 要对文本或段落设置简单的边框和底纹样式，可在 选中要设置的对象后单击"段落"组中"边框"按钮 右侧的三角按钮，在展开的列表中选择所需边框类型；单击"底纹"按钮右侧的三角 ，在展开的列表中选择一种底纹颜色，如图 3-41 所示。

设置边框和底纹

提 示

使用该方式设置边框时，若选中是字符（不选中段落标记），则设置的是字符边框；若选中的是段落（连段落标记一起选中），则设置的是段落边框。图 3-41 为设置段落边框。设置底纹时，则无论选中的是字符还是段落，设置的都是字符底纹。

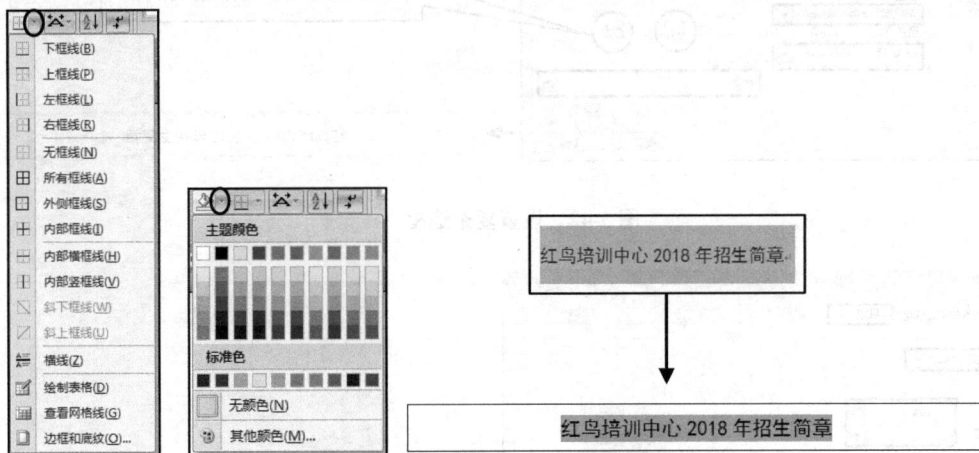

图 3-41 使用快捷方式设置边框和底纹

步骤 2▶ 保持文本的选中状态，分别在"边框"和"底纹"下拉列表中选择"无边框"和"无颜色"选项，取消设置的边框和底纹。

步骤 3▶ 若要对边框和底纹进行更为复杂的设置，可通过"边框和底纹"对话框来实现。为此，可选取要设置边框和底纹的文字，然后单击"开始"选项卡"段落"组中的"边框"按钮右侧的三角按钮，在展开的列表中选择"边框和底纹"项，打开"边框和底纹"对话框。

步骤 4▶ 在"边框和底纹"对话框"边框"选项卡的"设置"区选择边框类型，在"样式"、"颜色"和"宽度"设置区分别选择边框样式、颜色和线性，然后在"预览"设置区单击相应的按钮来添加或取消上、下、左、右边框，在"应用于"下拉列表中选择边框是应用于段落还是文本，这里选择"段落"，单击"确定"按钮，如图 3-42 所示。

步骤 5▶ 要设置复杂底纹，可将"边框和底纹"对话框切换到"底纹"选项卡，在"填充"下拉列表中选择底纹颜色，还可在"图案"下拉列表中选择一种底纹图案样式，在"颜色"下拉列表中选择图案颜色，接着在"应用于"下拉列表中选择底纹的应用对象，这里选择"段落"，单击"确定"按钮，如图 3-43 所示。

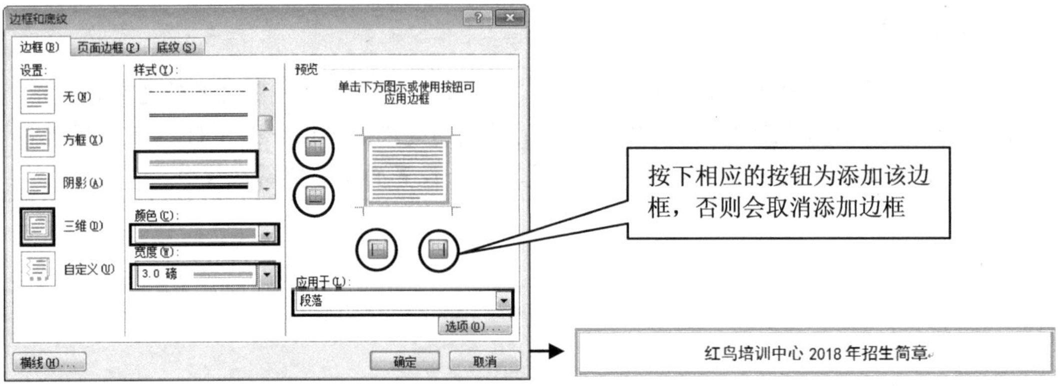

图 3-42 设置复杂边框

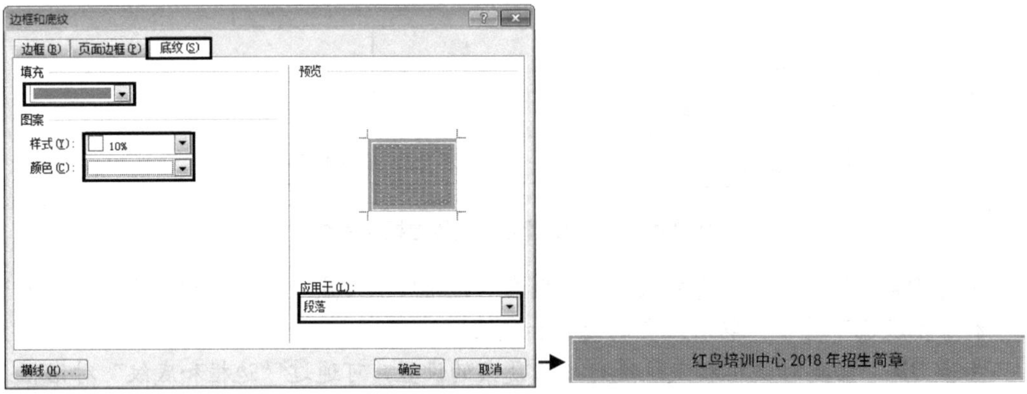

图 3-43 设置复杂底纹

任务五 打印协议书文档——设置文档页面和打印

通过设置《房屋租赁协议书》文档的页面并打印，让读者掌握设置文档页边距和纸张规格，以及打印文档的方法。

相关知识

> **设置文档页面**：包括设置文档的纸张大小、纸张方向和页边距等。可利用功能区"页面布局"选项卡中的"页面设置"组或"页面设置"对话框进行设置。

> **打印文档**：制作好文档后，在功能区的"文件"选项卡中选择"打印"选项，然后进行一些简单的设置即可将文档打印出来。

任务实施

一、设置文档页面

默认情况下，Word 文档使用的是 A4 幅面纸张，纸张方向为"纵向"，我们可根据需要改变纸张的大小、方向和页边距等。具体操作步骤如下：

步骤 1▶ 单击功能区"页面布局"选项卡"页面设置"组中的"页边距"按钮，在展开的列表中选择一种页边距样式；若列表中的页边距样式不能满足需要，单击列表底部的"自定义页边距"选项，如图 3-44 所示。

步骤 2▶ 弹出"页面设置"对话框的"页边距"选项卡，在"页边距"设置区的"上"、"下"、"左"、"右"编辑框中指定文档内容区与页面边界之间的距离；在"方向"设置区中选择页面方向（一般保持默认的纵向）；在"应用于"下拉列表中选择所设边距的应用范围，一般选择"整篇文档"，如图 3-45 所示。

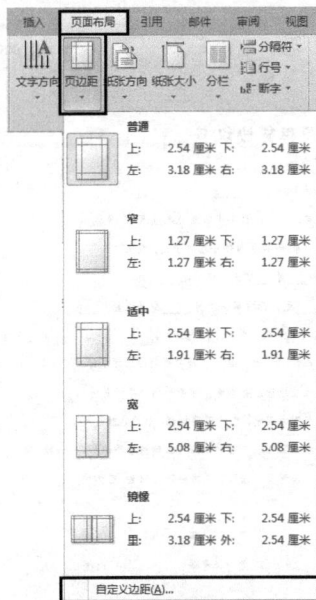

图 3-44　选择系统提供的页边距样式　　　　图 3-45　自定义页边距和选择纸张方向

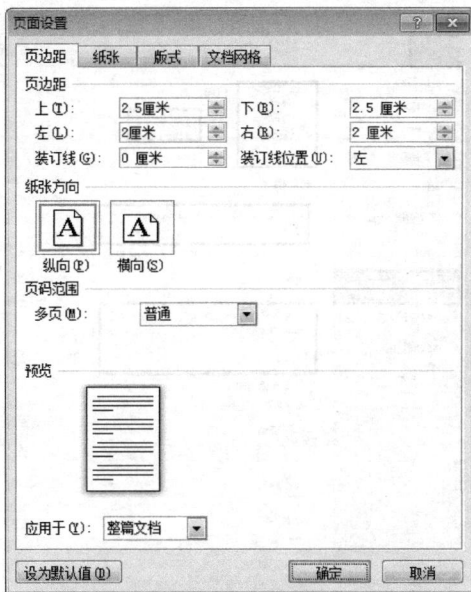

步骤 3▶ 单击"纸张"选项卡标签切换到该选项卡，然后在"纸张大小"下拉列表中选择纸张大小，如图 3-46 所示。设置好后，单击"确定"按钮。

读者也可在功能区"页面设置"的"纸张方向"按钮列表中选择纸张方向；在"纸张大小"按钮列表中选择纸张大小。

为打开"页面设置"对话框，也可单击"页面设置"组右下角的对话框启动器按钮图。

二、预览和打印文档

文档编辑完成后便可以将其打印出来。为防止出错，一般在打印文档之前，都会先预览一下打印效果，以便及时改正错误。

预览和打印文档

步骤1▶ 单击功能区中的"文件"选项卡标签，在打开的界面中单击"打印"选项，弹出文档的打印和打印预览界面，如图 3-47 所示。

图 3-46　设置纸张大小

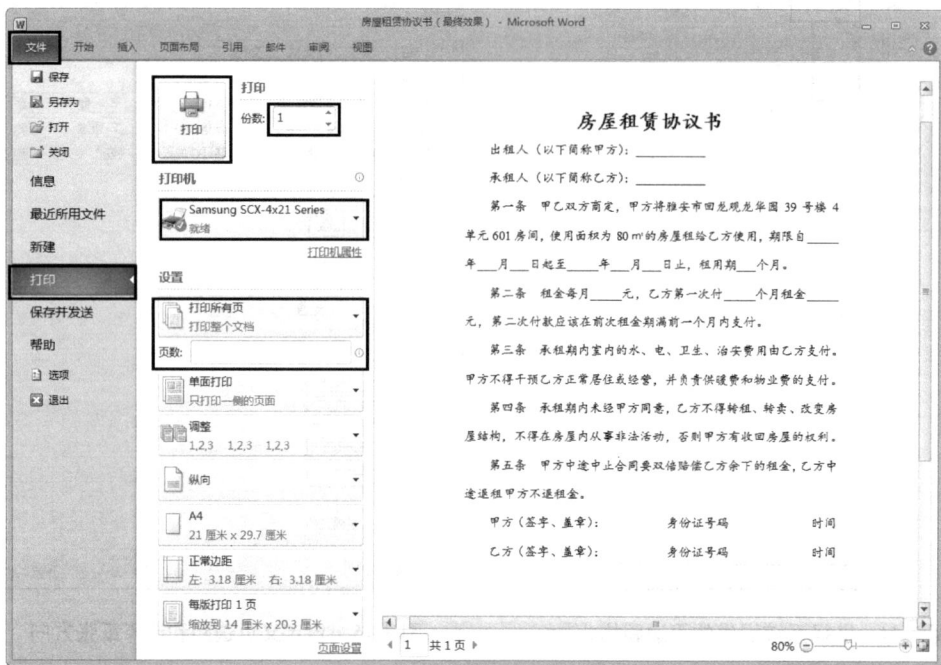

图 3-47　预览和打印文档

步骤2▶ 在界面的右侧预览打印效果。如果文档有多页，单击界面下方的"上一页"按钮◀和"下一页"按钮▶，可查看前一页或下一页的预览效果。在这两个按钮之间的编辑框中输入页码数字，然后按 Enter 键，可快速查看该页的预览效果。

步骤3▶ 在界面的中间设置打印选项。首先在"份数"编辑框中输入打印份数。

步骤 4▶　在"打印机"下拉列表框中选择要使用的打印机名称。如果当前只有一台可用打印机，则不必进行此操作。

步骤 5▶　在"打印所有页"下拉列表框中选择要打印的文档页面内容。

➢ 若只需打印光标所在页，可选择"打印当前页面"选项。

➢ 若要打印全部页面，则可保持默认的"打印所有页"选项。

➢ 若要打印指定页，可选择"打印自定义范围"选项，然后在其下方的"页数"编辑框中输入页码范围。例如，输入 3-6 表示打印第 3 页至第 6 页的内容；输入"3，6，10"表示只打印第 3 页、第 6 页和第 10 页。

➢ 如果选中文档中的部分内容，在"打印所有页"下拉列表中选择"打印所选内容"项，将只打印选中的内容。

步骤 6▶　设置完毕，单击"打印"按钮🖶即可按设置打印文档。

任务六　制作个人简历表——表格创建与编辑

本任务通过制作如图 3-48 所示的个人简历表，学习在文档中创建、编辑和美化表格，在表格中输入文本并设置文本格式等操作。

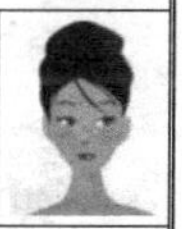

相关知识

表格是由水平的行和垂直的列组成的，行与列交叉形成的方框称为单元格。我们可以在单元格中添加文字和图像等对象。表格在文档处理中占有十分重要的地位。在日常办公中常常需要制作各式各样的表格，如日程表、课程表、报名表和个人简历表等。

任务实施

一、创建表格

可以根据所创建表格需要的行、列数来创建表格，然后通过合并、拆分单元格，设置表格行高或列宽等操作来对表格进行调整。

步骤 1▶　新建一 Word 文档，并以"个人简历"为名进行保存。

图 3-48　个人简历表

步骤2▶ 单击"插入"选项卡上"表格"组中的"表格"按钮，在展开的列表中选择"插入表格"选项，如图 3-49 所示。

步骤3▶ 弹出"插入表格"对话框，在"列数"和"行数"编辑框中输入行、列数，单击"确定"按钮，如图 3-50 所示，即可按照设置创建一个表格，效果如图 3-51 所示。

扫一扫

创建表格

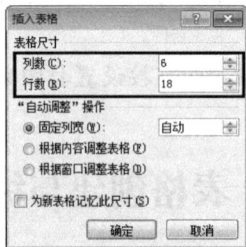

图 3-49 "表格"按钮列表　　图 3-50 插入表格　　　　　　图 3-51 插入表格效果

> **固定列宽：**选择该选项后，可在后面的编辑框中指定表格的列宽。
> **根据内容调整表格：**表格各列列宽随输入的内容自动调整。
> **根据窗口调整表格：**表格宽度与文档正文宽度一致。

若要创建简单表格，可在打开"表格"按钮列表后，直接在网格中移动鼠标指针来确定表格的行、列数，然后单击鼠标即可，如图 3-52 所示。

若在"表格"按钮列表中选择"绘制表格"选项，鼠标指针将变为笔形"✐"，此时可自由绘制表格：在文档编辑区按住鼠标左键拖动，到合适位置后释放鼠标，绘制出一个矩形作为表格外边框，然后按住鼠标左键在矩形框内水平或竖直拖动，绘制表格的行线或列线，如图 3-53 所示。若要结束表格绘制，可按 Esc 键。

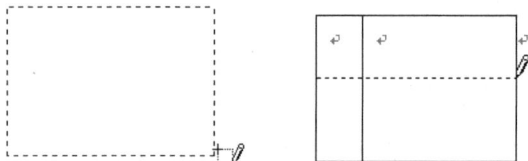

图 3-52 快速创建表格　　　　　　　　图 3-53 绘制表格

二、选择表格和单元格

若要对表格进行编辑操作，首先需要选中要修改的单元格、行、列或整个表格。为此，Word 2010 提供了多种选择方法，如表 3-1 所示。

编辑表格

表 3-1 选择表格、行、列与单元格的方法

选择对象	操作方法
选择整个表格	将鼠标指针移至表格上方，此时表格左上角将显示"⊞"控制柄，单击该控制柄即可选中整个表格
选择行	将鼠标指针移至所选行左边界的外侧，待指针变成"◪"形状后单击鼠标左键，如图 3-54 所示；如果此时按住鼠标左键上下拖动，可选中多行
选择列	将鼠标指针移至所选列的顶端，待指针变成"↓"形状后单击鼠标左键，如图 3-55 所示；如果此时按住鼠标左键并左右拖动，可选中多列
选择单个单元格	将鼠标指针移至单元格左边框，待指针变成"◪"形状后单击鼠标左键可选中该单元格，如图 3-56 所示；若此时双击可选中该单元格所在的一整行
选择连续的单元格区域	方法 1：在所选单元格区域的第 1 个单元格中单击，然后按住 Shift 键的同时单击所选单元格区域的最后一个单元格 方法 2：将鼠标指针移至所选单元格区域的第 1 个单元格中，按住鼠标左键不放向其他单元格拖动，则鼠标指针经过的单元格均被选中
选择不连续的单元格或单元格区域	按住 Ctrl 键，然后使用上述方法依次选择单元格或单元格区域

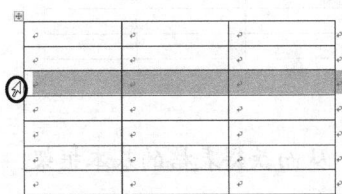
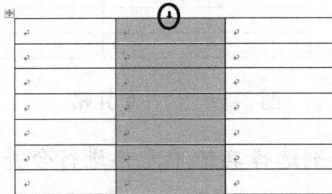
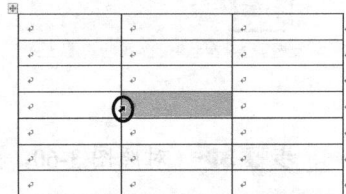

图 3-54 选择行　　　　图 3-55 选择列　　　　图 3-56 选择单元格

三、编辑表格

为满足用户在实际工作中的需要，Word 提供了多种方法来修改已创建的表格。例如，插入行、列或单元格，删除多余的行、列或单元格，合并或拆分单元格，以及调整单元格的行高和列宽等。

创建好表格后，将光标放置在表格的任意一个单元格中，在 Word 2010 的功能区中将出现"表格工具 设计"和"表格工具 布局"选项卡，对表格的大多数编辑和美化操作都是利用这两个选项卡来实现的，如图 3-57 和图 3-58 所示。

图 3-57　"表格工具 设计"选项卡

图 3-58　"表格工具 布局"选项卡

通过编辑表格来制作简历表的框架。

步骤 1▶　选中表格第 1 行。

步骤 2▶　在功能区中切换到"表格工具 布局"选项卡，单击"合并"组中的"合并单元格"按钮，将所选单元格合并，如图 3-59 所示。

图 3-59　合并单元格

步骤 3▶　对照图 3-60，分别选择其他单元格进行合并，从而获得表格的基本框架。

图 3-60　合并其他单元格

提　示

　　也可利用删除表格线的方式来合并单元格，方法是单击选择"表格工具 设计"选项卡"绘图边框"组中的"擦除"按钮，然后在要删除的行线或列线上单击；要取消"擦除"按钮的选取，可按【Esc】键或再次单击该按钮。此外，选择"绘制表格"按钮，则还可在表格中拖动鼠标来绘制行线或列线，从而拆分单元格。

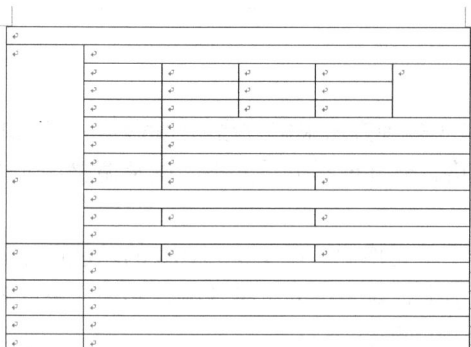

步骤 4▶ 接下来设置表格行高。设置行高最简单的方法是将光标移至表格的行分界线处，待光标变为"÷"形状后按住鼠标左键上下拖动，如图 3-61 所示。

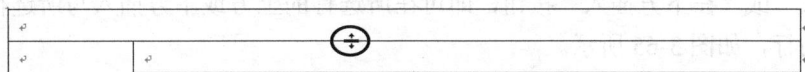

图 3-61 利用拖动方法调整行高

步骤 5▶ 要精确调整行高，可首先光标置于该行任意单元格中，或同时选中要调整行高的多行，然后在"表格工具 布局"选项卡"单元格大小"组中的"高度"编辑框中输入行高值，按 Enter 键确认。例如，将第 1 行的行高设为 1.3 厘米，如图 3-62 所示。

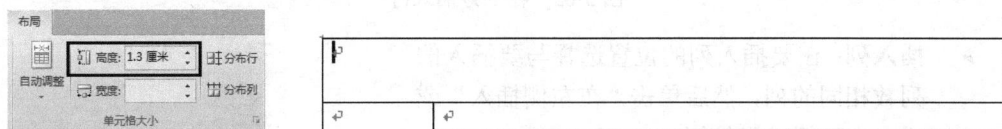

图 3-62 精确调整行高

步骤 6▶ 选中除第 1 行之外的所有行，然后在"单元格大小"组中的"高度"编辑框中输入 1，将这些行的高度全部设置为 1.0 厘米。

步骤 7▶ 调整列宽。同时选中第 3 行、第 4 行和第 5 行的第 2 列单元格，将光标移至所选列右分界线处，待光标变为"╫"形状后按住鼠标左键并向左拖动，调整所选单元格列宽，如图 3-63 所示。

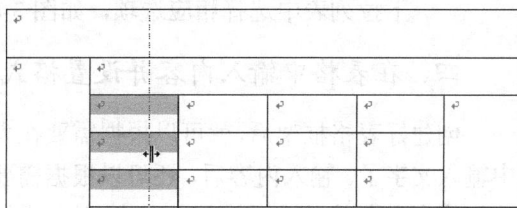

图 3-63 调整所选单元格的列宽

💡 **提 示**

　　如果希望精确调整列宽，可在选中希望调整列宽的列后，在"单元格大小"组中的"宽度"编辑框中输入具体数值并按 Enter 键确认。

　　如果不选择单元格，无论使用哪种方法，都表示调整光标所在列全部单元格宽度。

　　如果希望将多行或多列调整为等高或等宽，可首先选中这些行、列或相应的单元格，然后单击"单元格大小"组中的"分布行"或"分布列"按钮。

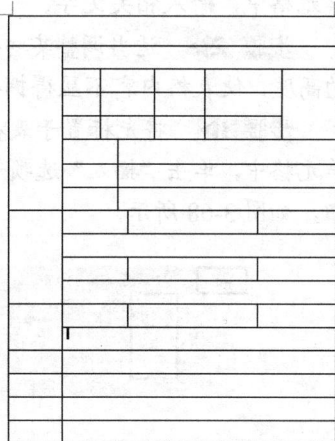

图 3-64 调整行高和列宽后的表格

步骤 8▶ 对照图 3-64，通过选择其他一些单元格调整相关列的宽度。也可在输入表格内容后，再根据表格内容调整单元格宽度和高度。

插入或删除行、列也是编辑表格时经常使用的操作。这些操作主要是通过"表格工具布局”选项卡“行和列”组中的按钮实现的。

- **插入行**：在要插入行的位置选择与要插入的行数相同的行，然后单击“在上方插入”或“在下方插入”按钮，即可在所选行的上方或下方插入与所选行数目相同的行，如图 3-65 所示。

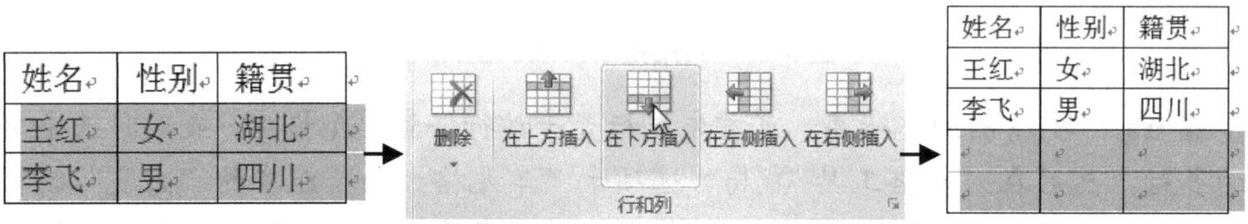

图 3-65　在下方插入行

- **插入列**：在要插入列的位置选择与要插入的列数相同的列，然后单击“在左侧插入”或“在右侧插入”按钮。
- **删除行、列或单元格或表格**：选中要删除行、列或单元格，单击“删除”按钮，从弹出的下拉列表中选择相应选项，如图 3-66 所示。

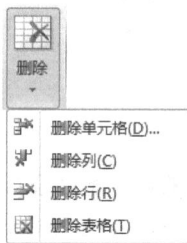

图 3-66　删除单元格、行、列或表格

四、在表格中输入内容并设置格式

创建好表格框架后，就可以根据需要在表格中输入文字了。输入内容后，还可以根据需要调整表格内容在单元格中的对齐方式，以及设置单元格内容的字体、字号等。

步骤 1▶　对照图 3-67，分别将光标置于各单元格中，输入相关文字。

步骤 2▶　适当调整某些列的宽度和某些行的高度，使表格内容不显得拥挤。

步骤 3▶　将光标置于表格第 3 行最左侧的单元格中，单击“插入”选项卡中的“图片”按钮，如图 3-68 所示。

图 3-68　单击“图片”按钮

个人简历					
个人概况	求职意向：图书编辑				
	姓名：	伊乔	出生日期：	1992	
	性别：	女	户口所在地：	河北省保定市	
	民族：	汉	专业和学历：	计算机应用	
	联系电话：	12345667787，0234-3343827			
	通讯地址：	北京市大兴区日月小区 2-456			
	电子邮件地址：	Wangdaxin@163.com			
工作经验	2015.8-2017.8	北京新新文化发展有限公司		北京	
	编辑 参与编辑加工全国职业教育精品教材，主要参与者 参与策划电脑新干线系列图书，任负责人				
	2017.9-至今	北京零点文化传播有限公司		北京	
	策划编辑 全国高职高专计算机专业教材，策划人 全国高职高专机械专业教材，策划人				
教育背景	2011.9-2015.7	北京邮电大学		计算机应用	
	学士 连续四年获校三好学生 参与开发人事管理信息系统、财务管理信息系统				
外语水平	六级				
计算机水平	二级				
性格特点	喜欢阅读和写作，喜欢思考和钻研				
业余爱好	爬山、旅游				

图 3-67　在表格中输入文字

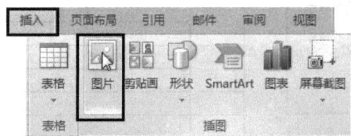

步骤 4▶　弹出"插入图片"对话框，在对话框左侧导航窗格中找到存放图片的文件夹（本书配套素材"项目三"文件夹），选择"相片"图片文件，单击"插入"按钮，将相片插入到光标所在的单元格中，如图 3-69 所示。

扫一扫

输入内容并美化表格

图 3-69　在单元格中插入图片

步骤 5▶　单击表格左上角的"⊕"控制柄选中整个表格，然后单击"表格工具 布局"选项卡"对齐方式"组中的"中部两端对齐"按钮 ，将各单元格中文字相对于单元格垂直居中对齐、水平居左对齐，如图 3-70 所示。

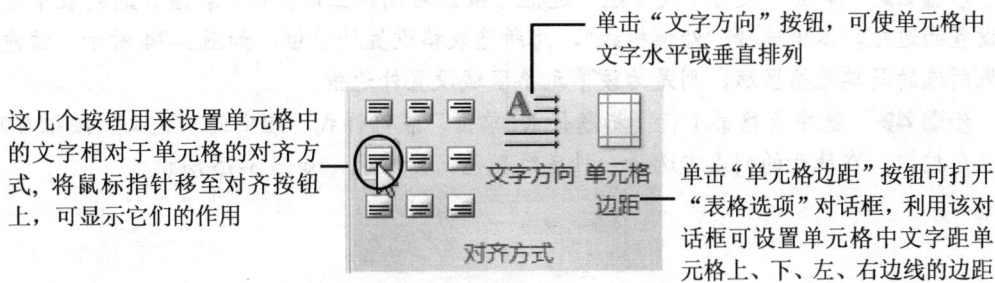

单击"文字方向"按钮，可使单元格中文字水平或垂直排列

这几个按钮用来设置单元格中的文字相对于单元格的对齐方式，将鼠标指针移至对齐按钮上，可显示它们的作用

单击"单元格边距"按钮可打开"表格选项"对话框，利用该对话框可设置单元格中文字距单元格上、下、左、右边线的边距

图 3-70　设置单元格对齐方式

步骤 6▶　选中第 1 行单元格，然后利用"开始"选项卡"字体"组将其字体设为黑体，字号设为三号，利用"段落"组将文字对齐方式设为"居中对齐"。

要调整整个表格相对于页面的对齐方式和与周围文字的环绕方式，可选中整个表格，然后单击"表格工具 布局"选项卡"表"组中的"属性"按钮，打开"表格属性"对话框进行设置，如图 3-71 所示。如果将该对话框切换到"行"、"列"或"单元格"选项卡，则还可设置所选单元格的行高、列宽或单元格中文字的对齐方式等，如图 3-72 所示。

87

图 3-71 设置表格对齐和文字环绕方式

图 3-72 设置列宽

五、美化表格

表格创建和编辑完成后，还可进一步对表格进行美化操作，如设置单元格或整个表格的边框和底纹等。

步骤1▶ 选中要设置边框的单元格区域，本例选中整个表格。

步骤2▶ 在"表格工具 设计"选项卡"绘图边框"组中分别单击"笔样式"、"笔画粗细"和"笔颜色"右侧的三角按钮，从弹出的列表中选择边框的样式、粗细和颜色，如图 3-73 所示。

步骤3▶ 单击"表格样式"组"边框"按钮右侧的三角按钮，在展开的列表中选择要设置的边框，本例选择"外侧框线"，为所选表格设置外边框，如图 3-74 所示。注意：如果所选的是单元格区域，则是为该单元格区域设置外边框。

步骤4▶ 选中表格第1行（标题行），单击"表格样式"组中的"底纹"按钮右侧的三角按钮，在展开的列表中选择一种底纹颜色，如橙色，如图 3-75 所示。

本例选择笔样式为双实线，粗细为 0.75 磅，笔颜色保持默认的黑色

选择相应的选项，可为所选单元格区域设置下框线、上框线、所有框线、外侧框线和内部框线等

图 3-73 选择笔样式、粗细和颜色

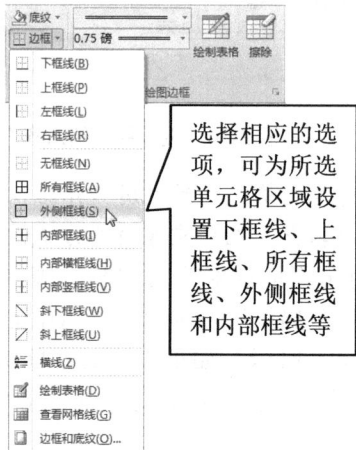

图 3-74 选择边框

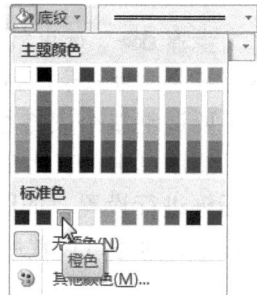

图 3-75 设置表格底纹

步骤 5▶ 到此,简历表便制作好了,最终效果如图 3-48 所示。最后别忘了保存文档。要为表格设置复杂边框和底纹,也可单击"边框"下拉列表底部的"边框和底纹"选项,打开"边框和底纹"对话框进行设置。

要使用系统内置的漂亮样式快速改变表格的外观,可在选中表格后,在"表格工具 设计"选项卡中的"表格样式"组中单击需要应用的样式。

任务七 制作商品促销海报——图文混排

通过制作如图 3-76 所示的商品促销海报,学习在文档中插入和编辑自选图形、图片、剪贴画、文本框和艺术字等的方法。

相关知识

> **插入图形、图片等对象**:用户可利用 Word 2010 功能区"插入"选项卡中的相应按钮,在文档中插入各种图形、文本框、图片、剪贴画、图表、艺术字和 SmartArt 图形等对象,以丰富文档内容和方便排版,使文档更加精彩。

> **编辑和美化插入的对象**:插入图形和图片等对象后,在 Word 的功能区将自动出现"×××工具 格式"或"×××工具 设计"等选项卡,利用它们可以对插入的对象进行各种编辑和

图 3-76 商品促销海报效果

美化操作。在 Word 2010 中,对图形、图片和文本框等对象进行编辑和美化的操作方法基本相同。

任务实施

一、绘制、编辑和美化自选图形

1. 绘制自选图形

新建一个文档并在其中绘制自选图形,具体操作步骤如下:

绘制、编辑和美化图形

步骤 1▶ 新建一个文档,参考任务五的操作将文档的"纸张大小"设置为"JIS B5"。

步骤 2▶ 在 Word 2010 功能区切换到"插入"选项卡,单击"插图"组中的"形状"按钮,在展开的列表中选择要绘制的形状,如选择"星与旗帜"分类中的"爆炸形 2",如图 3-77 所示。

图 3-77　选择要绘制的形状

步骤 3▶　此时鼠标指针会变为十字形，将其移至要绘制图形的位置，按住鼠标左键并拖动，即可绘制出所选形状，如图 3-78 所示。

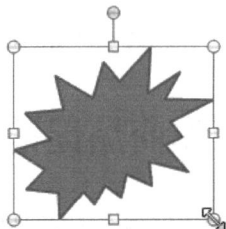

图 3-78　绘制爆炸形图形

提　示

选择要绘制的形状后，按住【Shift】键在文档编辑区拖动鼠标，可绘制具有一定规则的图形。例如，绘制正方形或圆，还可绘制与水平线成 0°，15°，30°，…夹角的直线或箭头。

2．选择自选图形

要选择单个图形，可直接单击该图形。

若要同时选择多个图形，可按住 Shift 键依次单击图形；也可单击"开始"选项卡"编辑"组中的"选择"按钮，在展开的列表中选择"选择对象"选项，然后在图形周围拖出一个方框，此时方框内的所有图形都将被选中。操作完毕后，需按 Esc 键返回正常的文本编辑状态。

3．自选图形常用操作

选中图形后，可对其进行移动、复制和删除等操作，方法与操作文本基本相同。

此外，还可以改变图形大小、图形形状或旋转图形等。具体操作步骤如下：

步骤 1▶　选择要操作的图形，此时图形周围将出现多个控制点。

步骤 2▶　要改变图形的大小，可将鼠标指针移至图形周围 8 个中的某一个白色的圆形控制点上，当鼠标指针变为双向箭头形状时拖动鼠标；若按住 Shift 键拖动图形 4 个角的控制点之一，可等比例改变图形大小，如图 3-79 所示。

步骤 3▶　要旋转图形，可将鼠标指针移至图形上方的绿色圆形控制点上，当鼠标指针变为"Ç"形状时左右拖动鼠标，如图 3-80 所示。

步骤 4▶　部分图形上有一个黄色的菱形控制点，拖动它可改变自选图形的形状，如改变圆角矩形的圆角大小，改变太阳图形的形状等，如图 3-81 所示。

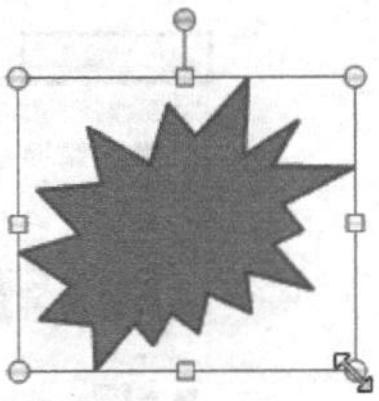

图 3-79　缩放图形 　　　　图 3-80　旋转图形 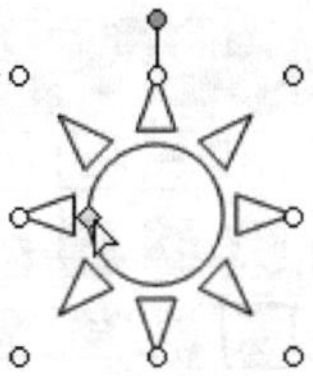　　　　图 3-81　改变图形形状

4．美化自选图形

选中图形后，可以改变自选图形的边框线型（如边框粗细）、颜色和样式，以及设置自选图形的填充颜色、阴影效果和三维效果等，还可利用系统自带的样式快速美化自选图形。这些操作都是通过选中自选图形后才显示的"绘图工具　格式"选项卡实现的，如图 3-82 所示。该选项卡中各组的作用如下：

图 3-82　"绘图工具　格式"选项卡

➢ **"插入形状"组**：在该组的形状列表中选择某个形状，然后可在编辑区拖动鼠标绘制该图形。若单击"编辑形状"按钮，在弹出的列表中选择相应选项，可改变当前所选图形的形状。

➢ **"形状样式"组**：在其中的形状样式列表中选择某个系统内置的样式，可快速美化所选图形；也可自行设置所选图形的填充、轮廓和三维等效果。

➢ **"艺术字样式"组**：若所选图形是文本框，可通过该组中的选项设置文本框内文本的艺术效果，制作出漂亮的文字。

➢ **"文本"组**：设置所选文本框中文字的对齐方式和方向等。

➢ **"排列"组**：设置所选图形的叠放次序、文字环绕方式（图形与其他对象的位置关系）、旋转及对齐方式等。

➢ **"大小"组**：设置所选图形的大小。

对绘制的"爆炸形 2"图形进行美化的具体操作步骤如下：

步骤 1▶ 单击"绘图工具 格式"选项卡"形状样式"组样式列表右下角的"其他"按钮，从弹出的样式列表中选择一种系统内置样式，快速美化图形，如图 3-83 所示。

步骤 2▶ 单击"形状样式"组右侧的"形状填充"按钮，从弹出的列表中选择填充颜色，如橙色，如图 3-84 所示。此外，还可为图形填充图片、渐变和纹理等效果。

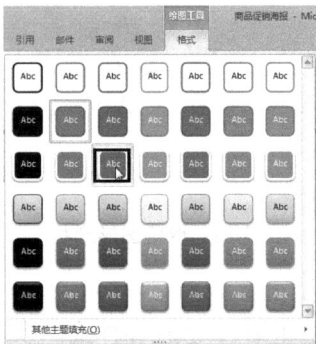

图 3-83　应用系统内置样式美化图形

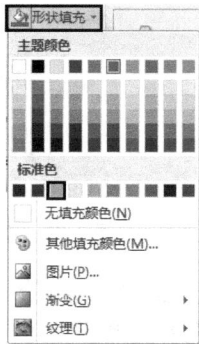

图 3-84　设置图形填充

步骤 3▶　单击"形状样式"组右侧的"形状轮廓"按钮，从弹出的列表中选择图形的轮廓颜色、粗细和虚线等，如选择黄色，如图 3-85 所示。如果是开放的线条，则还可以设置线条两端是否带箭头。

步骤 4▶　单击"形状样式"组右侧的"形状效果"按钮，从弹出的列表中选择形状效果，如选择一种阴影效果，如图 3-86 所示。

二、插入、编辑和美化图片

在 Word 2010 中可以插入两种类型的图片：一种是插入保存在计算机中的图片；另一种是插入 Office 软件自带或来自 Internet 的剪贴画。无论插入什么图片，插入后都可对图片进行各种编辑和美化操作，方法与编辑和美化图形相似。

1. 插入保存在计算机中的图片

要将保存在计算机中的图片插入 Word 文档中并进行编辑和美化，具体操作步骤如下：

步骤 1▶　单击"插入"选项卡上"插图"组中的"图片"按钮，如图 3-87 所示。

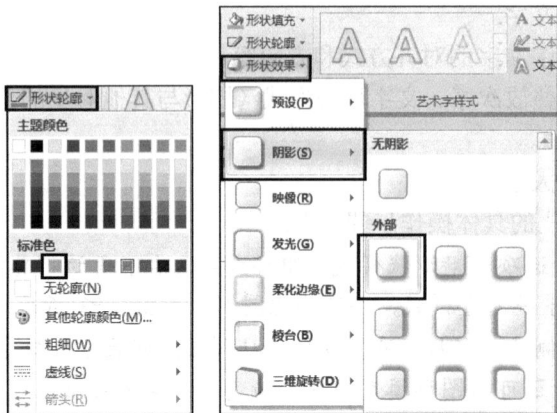

插入、编辑和美化图片

图 3-85　设置形状轮廓　　　图 3-86　设置形状效果　　　图 3-87　单击"图片"按钮

步骤2▶ 弹出"插入图片"对话框，在该对话框中同时选中本书配套素材"素材与实例" > "项目三"文件夹中的"笔记本电脑"、"手机"和"电视"3张图片，单击"插入"按钮将它们插入到文档中，如图 3-88 所示。

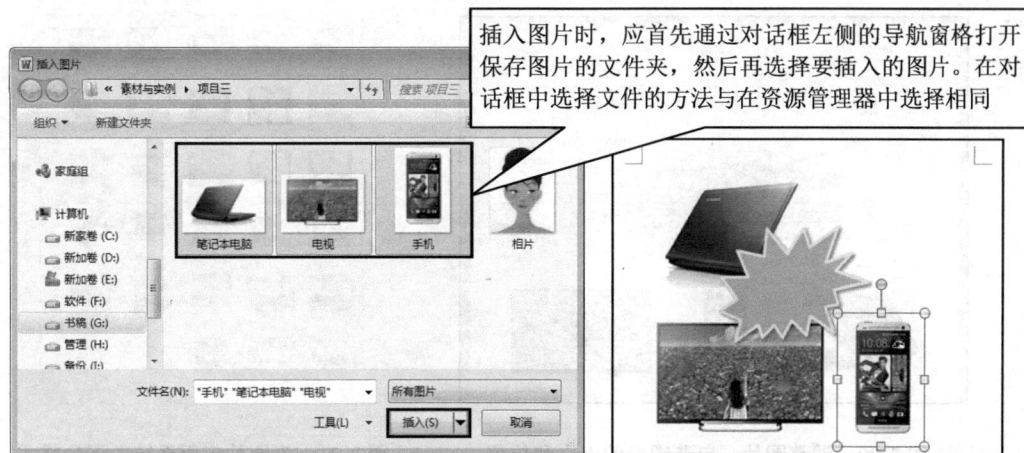

插入图片时，应首先通过对话框左侧的导航窗格打开保存图片的文件夹，然后再选择要插入的图片。在对话框中选择文件的方法与在资源管理器中选择相同

图 3-88　插入图片

步骤3▶ 单击选中笔记本电脑图片，此时将显示"图片工具 格式"选项卡，切换到该选项卡，单击"排列"组中的"自动换行"按钮，在打开的列表中单击"浮于文字上方"选项，从而设置图片的文字环绕方式，如图 3-89 所示。

利用"图片工具 格式"选项卡可设置图片的亮度、对比度、样式、叠放次序和大小，以及裁剪图片等

图 3-89　设置图片的文字环绕方式

步骤4▶ 使用同样的方法，将其他两张图片的文字环绕方式都设置为"浮于文字的上方"。

步骤5▶ 此时将鼠标指针移至图片上，鼠标指针呈"😊"形状，按住鼠标左键并拖动，可任意移动图片位置。调整各图片、自选图形的大小和位置，效果如图 3-90 所示。

步骤 6▶ 同时选中 3 张图片，单击"图片工具 格式"选项卡"图片样式"组中的"其他"按钮，在展开的样式列表中为所选图片选择一种样式，如图 3-91 所示，效果如图 3-92 所示。

图 3-90　调整图片、自选图形的大小和位置

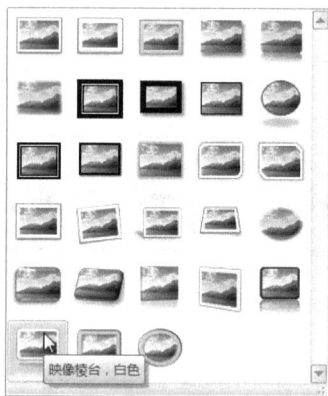

图 3-91　为图片应用系统内置的样式

图 3-92　为图片应用系统内置样式后的效果

提　示

　　在上面的学习中，读者要重点理解的一个概念是图片与正文的环绕方式。例如，若选择"嵌入型"，则图片将像普通文本一样嵌入页面中；若选择"四周型"，则正文中的文本将环绕在图片的四周，从而达到图文混排的效果，如图 3-93 所示；若选择"浮于文字上方"，则图片将"漂浮"文档中正文的上方。

　　在"自动换行"下拉列表中选择"其他布局选项"，将打开"布局"对话框，若选择"四周型"环绕方式，则还可在该对话框中设置图片上、下、左、右四边与正文的距离，如图 3-94 所示。

　　自选图形和文本框的默认环绕方式是"浮于文字上方"，图片是"嵌入型"。

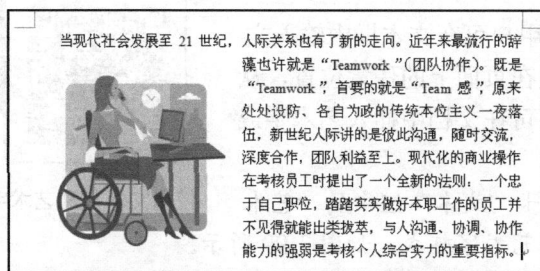

图 3-93 将图片设为"四周型"环绕方式的效果

图 3-94 对环绕方式进行更多设置

2. 插入剪贴画

Word 2010 提供了多种类型的剪贴画（剪贴画也属于图片），这些剪贴画构思巧妙，能够表达不同的主题，用户可根据需要将其插入到文档中。具体操作步骤如下：

步骤 1▶ 单击"插入"选项卡上"插图"组中的"剪贴画"按钮（见图 3-95），在 Word 2010 程序窗口右侧打开"剪贴画"任务窗格，如图 3-96 所示。

步骤 2▶ 在"搜索文字"编辑框中输入与要插入的剪贴画相关的文本；在"结果类型"下拉列表框中选择文件类型，如"所有媒体文件类型"；如果你的计算机已经联网，则还可选中"包括 Office.com 内容"复选框，在线查找剪贴画。

图 3-95 单击"剪贴画"按钮

步骤 3▶ 单击"搜索"按钮。搜索完成后，在搜索结果预览框中将显示所有符合条件的剪贴画，单击所需的剪贴画即可将其插入文档中，如图 3-97 所示。

步骤 4▶ 将插入的剪贴画的文字环绕方式设为"浮于文字上方"，然后调整其宽度为与页面等宽，高度为 0.5 厘米，并移动到如图 3-98 所示位置。

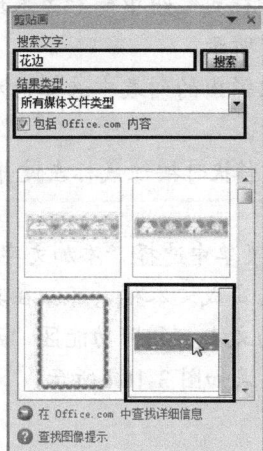

图 3-96 搜索剪贴画

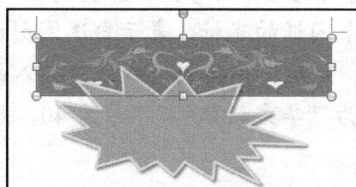

图 3-97 插入剪贴画

图 3-98 调整插入的剪贴画

三、使用文本框和设置艺术字

文本框也是 Word 的一种图形对象，用户可在文本框中输入文字、放置图片和表格等，并可将文本框放在页面上的任意位置，从而设计出较为特殊的文档版式。此外，还可在文档中插入艺术字或为文本框中的文本设置艺术字效果。

扫一扫

使用文本框和艺术字

步骤 1▶ 单击功能区"插入"选项卡"文本"组中的"艺术字"按钮，在打开的列表中选择选择一种艺术字样式，如图 3-99 所示。

步骤 2▶ 此时将出现一个没有边框和填充的艺术字占位符。在占位符中单击，然后输入需要的艺术字，接着单击占位符的边缘将其选中，再从"开始"选项卡的"字体"组中设置艺术字字体为"华文琥珀"，如图 3-100 所示。

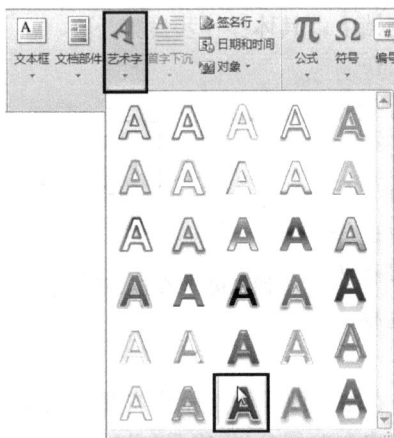

图 3-99　选择艺术字样式　　　　图 3-100　输入艺术字文本并设置字体

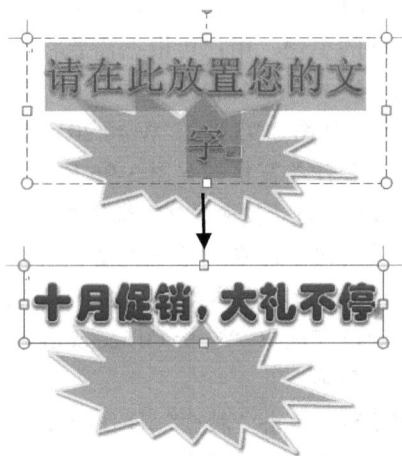

步骤 3▶ 切换到"绘图工具　格式"选项卡，单击"艺术字样式"组中的"文本填充"按钮，在弹出的下拉列表中选择一种艺术字颜色，如图 3-101 所示。

步骤 4▶ 单击"艺术字样式"组中的"文本效果"按钮，在弹出的列表中选择艺术字效果，如选择"转换"类别中的"停止"效果，如图 3-102 所示。

步骤 5▶ 将鼠标指针移至艺术字边框的边缘，当其呈"🔾"形状时按住鼠标左键并向上适当拖动，然后释放鼠标，如图 3-103 所示。

步骤 6▶ 右击前面绘制的"爆炸形 2"图形，在弹出的快捷菜单中选择"添加文字"菜单项，此时该自选图形中出现一个闪烁的光标，表示自选图形已变成文本框，可以在其中输入文本。输入"惊爆价"文本，然后利用拖动方式选中输入的文本，利用功能区"开始"选项卡"字体"组设置其字体为"华文新魏"，字号为 40，效果如图 3-104 所示。

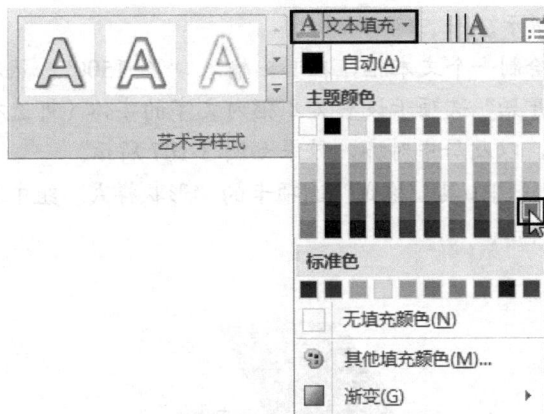

图 3-101 设置艺术字填充

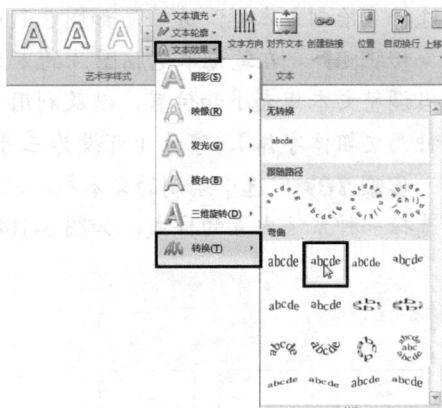

图 3-102 设置艺术字效果

图 3-103 移动艺术字

图 3-104 在自选图形中输入文本并设置格式

步骤 7▶ 单击文本框的边缘将其选中，然后切换到"绘图工具 格式"选项卡，单击"艺术字样式"组中的"其他"按钮，在弹出的列表中为文本框中的文字选择一种艺术字样式，如图 3-105 所示。

图 3-105 为文本框中文本设置艺术字效果

提 示

选择文本框的操作与选择普通自选图形和图片不同，选择普通自选图形或图片时，在对象任意位置单击都可将其选中，而选择文本框时，需要单击其边缘。

步骤 8▶ 单击"插入"选项卡"文本"组中的"文本框"按钮，在弹出的下拉列表中选择"绘制文本框"选项，如图3-106所示。

步骤9▶ 在笔记本电脑图片的下方绘制一个文本框，在其中输入"￥ 1500"，然后适当调整文本框大小和位置，以及利用"开始"选项卡设置文本框内文字的字体（可选择一种西文粗体字体）、字号（可设为三号），以及居中对齐，效果如图3-107所示。

步骤10▶ 选中绘制的文本框，在"绘图工具 格式"选项卡的"形状样式"组中为其选择一种系统内置的样式，如图3-108所示。

图 3-107　绘制文本框并输入文本

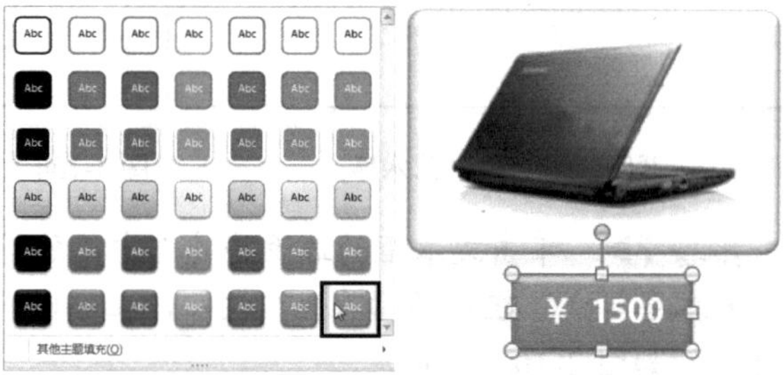

图 3-106　选择"绘制文本框"选项

图 3-108　为文本框应用系统内置的样式

提 示

此外，也可在"形状"按钮列表的"基本图形"分类中选择"文本框"或"垂直文本框"工具，来绘制普通文本框或竖排文本框。若在该列表中选择"标注"类工具来绘制标注图形，可直接在其中输入文本。

步骤11▶ 右击文本框，从弹出的快捷菜单中选择"设置形状格式"菜单项，打开"设置形状格式"对话框，选择"文本框"分类，然后设置文本框内文本的垂直对齐方式，以及文本距文本框边缘的距离，如图3-109所示。

步骤12▶ 按住Ctrl键向右拖动文本框，将其复制两份，然后修改文本框内的文本，效果如图3-110所示。

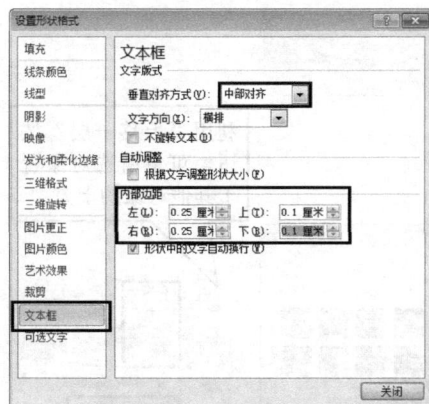

图 3-109 设置文本框

图 3-110 复制文本框并修改文本

步骤 13▶ 参考前面的操作制作海报的下半部分,效果如图 3-111 所示(用到的图片素材位于本书配套素材"项目三"文件夹中)。

四、完善海报

经过前面的操作,海报基本上就制作好了,但我们发现海报的背景太浅,因此,下面为海报绘制一个蓝色渐变背景,并设置图形的叠放次序。

步骤 1▶ 绘制一个与页面等大的矩形。此时矩形将覆盖下方的图片、图形等对象。

步骤 2▶ 利用"绘图工具 格式"选项卡"形状样式"组中的"形状填充"按钮设置矩形的填充颜色为蓝色,再选择一种渐变填充效果,如图 3-112 所示;利用"形状轮廓"按钮设置矩形的轮廓为"无轮廓"。

步骤 3▶ 单击"绘图工具 格式"选项卡"排列"组中的"下移一层"按钮,在弹出的下拉列表中选择"置于底层"选项,将

图 3-111 制作海报的下半部分

矩形的叠放次序设为最底层,如图 3-113(a)所示。此时被矩形覆盖的对象将显示出来,如图 3-113(b)所示。到此,海报便制作好了,最后将制作好的文档保存。

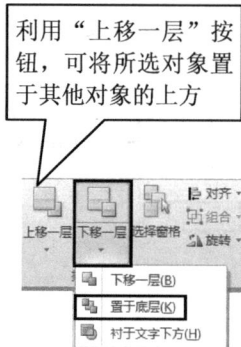

图 3-112　为矩形设置渐变填充

利用"上移一层"按钮，可将所选对象置于其他对象的上方

（a）　　　　　（b）

图 3-113　设置矩形的叠放次序

任务八　编排杂志——高级排版技巧

通过编排杂志，学习插入分页符和分节符，设置文档页眉、页脚和页码，对文档进行分栏，为文档应用样式等操作。编排好的杂志效果部分页面如图 3-114 所示。

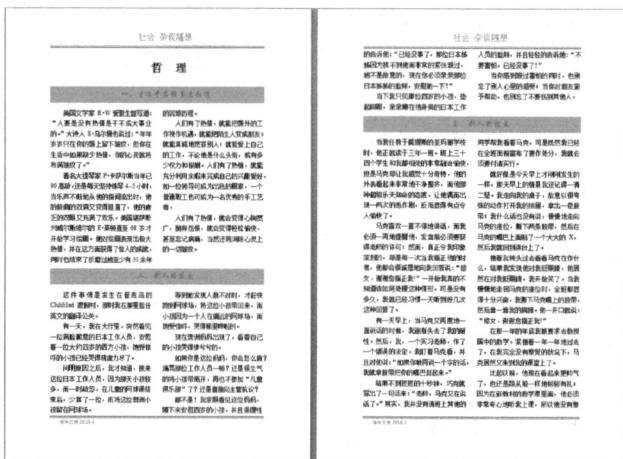

图 3-114　杂志文档部分页面效果

相关知识

➤　**分页符**：通常情况下，用户在编辑文档时，系统会自动分页。如果要对文档进行强制分页，可通过插入分页符实现。

➤　**分节符**：通过为文档插入分节符，可将文档分为多节。节是文档格式化的最大单位，只有在不同的节中，才可以对同一文档中的不同部分进行不同的页面设置，如设置不同的页眉、页脚、页边距、文字方向或分栏版式等格式。

➤ **页眉和页脚**：页眉和页脚分别位于页面的顶部和底部，常用来插入页码、文章名、作者姓名或公司徽标等内容。在 Word 2010 中，用户可以统一为文档设置相同的页眉和页脚，也可分别为偶数页、奇数页或不同的节等设置不同的页眉和页脚。

➤ **样式**：样式是一系列格式的集合，使用它可以快速统一或更新文档的格式。例如，一旦修改了某个样式，所有应用该样式的内容的格式会自动更新。

➤ **目录**：目录的作用是列出文档中的各级标题及其所在的页码。一般情况下，所有正式出版物都有一个目录，其中包含书刊中的章、节及各章节的页码位置等信息，方便读者查阅。

任务实施

一、插入分页符和分节符

插入分页符和分节符的具体操作步骤如下：

步骤 1▶ 打开本书配套素材"素材与实例">"项目三">"杂志素材"文档。

步骤 2▶ 要插入分页符，可将光标置于需要分页的位置，如置于标题"三、别人的优点"左侧，然后在功能区"页面布局"选项卡中单击"页面设置"组中的"分隔符"按钮，在展开的列表中选择"分页符"类别中的"分页符"选项，如图 3-115 所示。

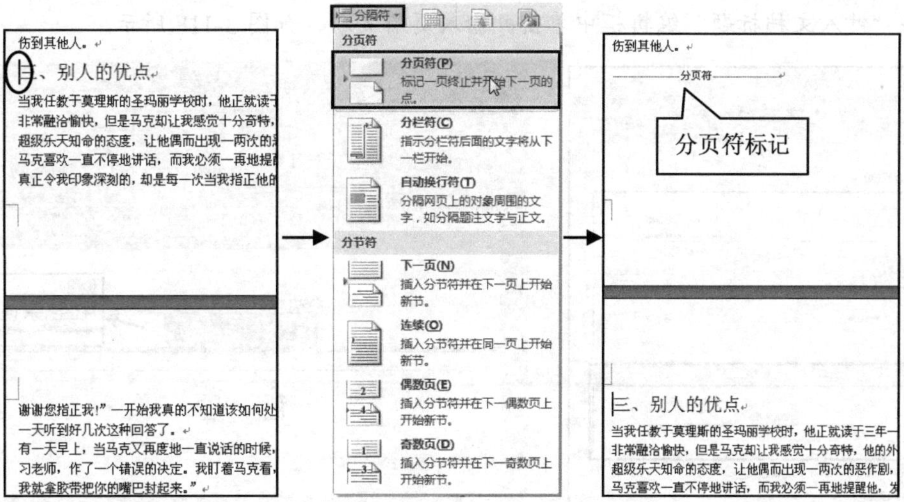

(a)   (b)   (c)

图 3-115 插入分页符

步骤 3▶ 选中插入的分页符标记，然后按 Delete 键将其删除。此时分开的两页又合并为一页了。

步骤 4▶ 要插入分节符，可将光标置于需要分节的位置，如置于第 4 页的"健康"栏目左侧，如图 3-116（a）所示，然后在"分隔符"下拉列表 [见图 3-115（b）] 中选择"分节符"类别中的"下一页"或其他选项，效果如图 3-116（b）所示。

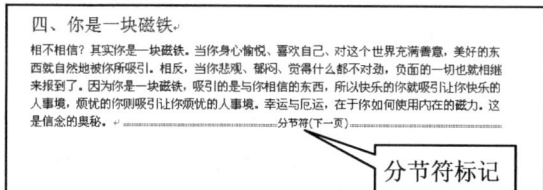

（a）

（b）

图 3-116　插入分节符

若在"分节符"类别中选择"连续"选项，表示新节与前一节同处于当前页中；若选择"偶数页"或"奇数页"选项，表示新节显示在下一偶数页或奇数页上。

二、设置页眉、页脚和页码

在页眉和页脚编辑区中设置的内容一般将自动显示在文档的每一页上。设置页眉、页脚和页码的具体操作步骤如下：

步骤 1▶　返回"杂志素材"文档首页，单击功能区"插入"选项卡"页眉和页脚"组中的"页眉"按钮，在展开的列表中选择页眉样式，如"字母表型"，如图 3-117 所示。

设置页眉、页脚和页码

步骤 2▶　进入"页眉和页脚"编辑状态，同时显示"页眉和页脚工具 设计"选项卡，在"键入文档标题"编辑框中单击并输入页眉文本，如图 3-118 所示。

图 3-117　选择系统内置的页眉类型

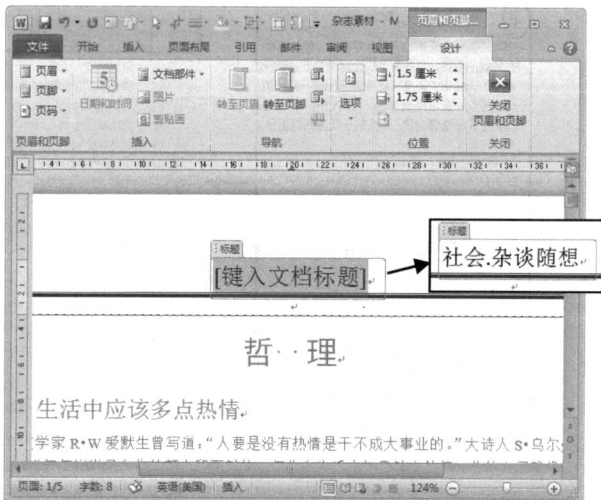

图 3-118　进入页眉编辑状态并输入页眉文本

提 示

　　进入页眉页脚编辑状态后，可像编辑正文一样对页眉和页脚进行任意编辑，如输入文本、插入图片并设置格式等。需要注意的是，页眉和页脚与文档的正文处于不同的层次上，因此，在编辑页眉和页脚时不能编辑文档正文；同样，在编辑文档正文时也不能编辑页眉和页脚。

　　若在"页眉"下拉列表中（见图 3-117）选择"编辑页眉"选项，可直接进入页眉页脚编辑状态；若选择"删除页眉"选项，可删除添加的页眉。

步骤 3▶　　单击"页眉和页脚工具 设计"选项卡"导航"组中的"转至页脚"按钮，或直接在页脚区单击，切换到页脚编辑区，然后在页脚编辑区输入所需的页脚，或单击"页眉和页脚"组中的"页脚"按钮，在展开的列表中选择一种页脚样式，如"字母表型"，然后输入页脚内容，如图 3-119 所示。

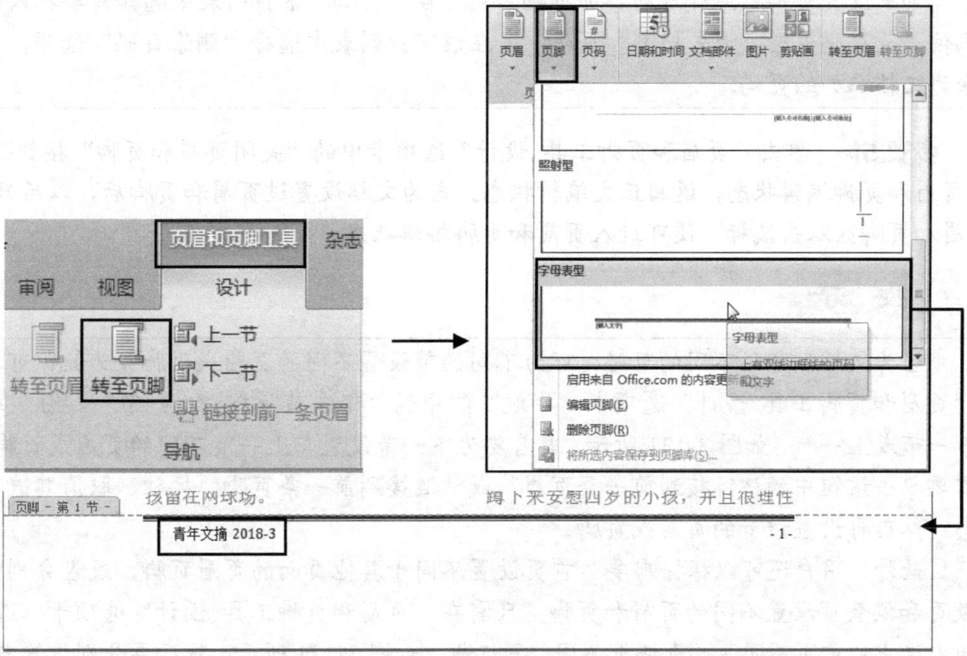

图 3-119　编辑页脚

步骤 4▶　　插入系统内置的页脚后一般将自动插入页码，该页码从第 1 页开始自动进行编号。这里单击"页眉和页脚工具 设计"选项卡"页眉和页脚"组中的"页码"按钮，在弹出的列表中选择"设置页码格式"选项，打开"页码格式"对话框对页码格式进行设置。如图 3-120 所示。

可在此下拉列表中选择一种页码格式

如果文档被分成了若干节，选中"续前节"单选按钮，可以将所有节的页码设置成彼此连续的页码

选中"起始页码"单选按钮，可在其右侧编辑框中输入起始页码

图 3-120　设置页码格式

提　示

如果设置页脚时没有自动添加页码，则可在"页码"下拉列表中选择需要插入的页码位置及页码类型，为文档添加页码。若在该下拉列表中选择"删除页码"选项，可删除为文档添加的页码。

步骤 5▶　单击"页眉和页脚工具 设计"选项卡中的"关闭页眉和页脚"按钮✕，退出页眉和页脚编辑状态，返回正文编辑状态。当为文档设置过页眉和页脚后，以后只需在页眉和页脚区双击鼠标，便可进入页眉和页脚编辑状态。

提　示

当为文档划分了不同的节时，可为不同的节设置不同的页眉或页脚。为此，可单击"页眉和页脚工具 设计"选项卡"导航"组中的"下一节"或"上一节"按钮，转到下一节或上一节，如图 3-121 所示。当需要为下一节设置与上一节不同的页眉或页脚时，需要单击该组中的"链接到前一条页眉"或"链接到前一条页脚"按钮，取消其选中状态，然后再设置该节的页眉或页脚。

此外，用户还可以根据需要为首页设置不同于其他页面的页眉页脚，或者分别为奇数页和偶数页设置不同的页眉和页脚，只需在"页眉和页脚工具 设计"选项卡"选项"组中选中"首页不同"、"奇偶页不同"复选框，如图 3-121 所示，然后再分别设置首页、奇数页和偶数页的页眉或页脚即可。

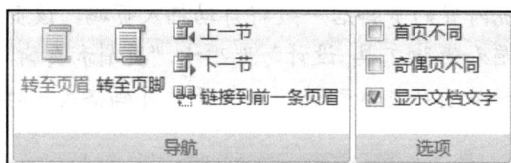

图 3-121　"导航"和"选项"组

三、应用分栏

选择第一则小故事的正文部分，单击"页面布局"选项卡"页面设置"组中的"分栏"按钮，在展开的列表中选择分栏类型，如"两栏"，如图 3-122（a）所示，效果如图 3-122（b）所示。可使用相同的方法对其他文章的正文部分进行分栏。

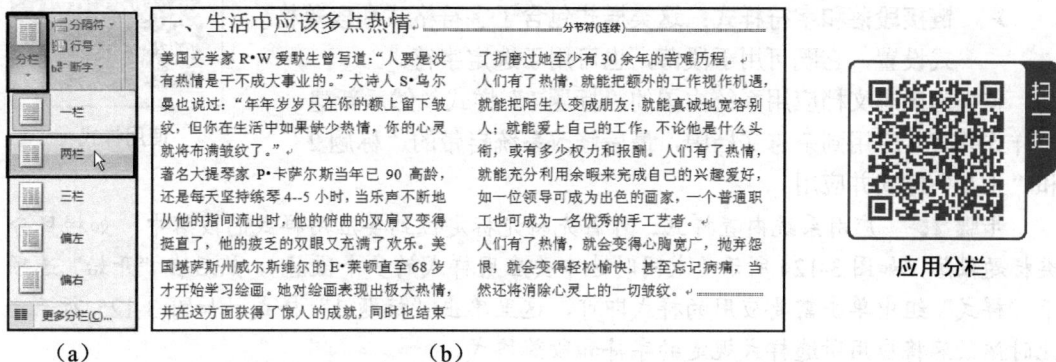

（a）　　　　　　　　　　　　　　（b）

图 3-122　设置分栏

> **提 示**
>
> 要对文档的全部内容分栏，可将光标放置文档任意位置，再选择分栏方式即可。要将文档分为更多的栏或设置分栏选项，可在选中文本后，在"分栏"下拉列表底部选择"更多分栏"项，打开"分栏"对话框进行操作，如图 3-123 所示。

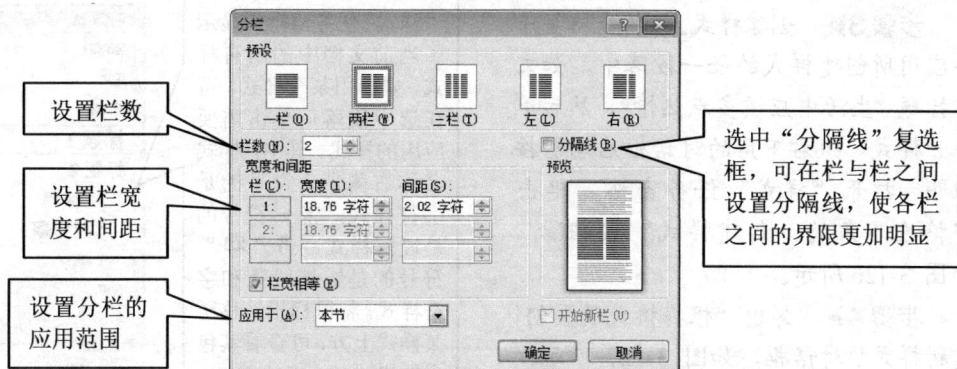

图 3-123　设置分栏选项

四、使用样式

样式是一系列格式的集合，使用它可以快速统一或更新文档的格式。例如，一旦修改了某个样式，所有应用该样式的内容格式会自动更新。在 Word 2010 中的样式有 3 类：一类是段落样式，一类是字符样式，还有一类是链接段落和字符样式。

> **字符样式**：只包含字符格式，如字体、字号、字形等，用来控制字符的外观。要应用字符样式，需要先选中要应用样式的文本。

> **段落样式**：既可包含字符格式，也可包含段落格式，用来控制段落的外观。段落样式可以应用于一个或多个段落。当需要对一个段落应用段落样式时，只需将光标置于该段落中即可。

> **链接段落和字符样式**：这类样式包含了字符格式和段落格式设置，它既可用于段落，也可用于选定字符。

扫一扫

使用样式

首先为杂志文档应用系统内置的"标题 1"样式，然后新建一个样式并将其应用到杂志文档中，最后修改系统自带的"标题 2"和"正文"样式并应用。

步骤 1▶ 应用系统内置样式。可首先将光标定位到要应用样式的段落中，如栏目分类标题段落，如图 3-124 所示（或同时选中要应用样式的多个段落），然后在"开始"选项卡"样式"组中单击需要应用的样式即可，这里单击"标题 1"样式，如图 3-125 所示，此时该段落将应用所选样式规定的字符和段落格式。

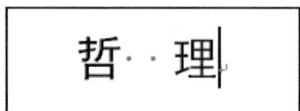

图 3-124 将光标置于要应用样式的段落　　**图 3-125 应用系统内置样式**

步骤 2▶ 使用相同的方法，为"健康"和"美食"段落应用系统内置的"标题 1"样式。

步骤 3▶ 创建样式。可将光标置于要应用所创建样式的任一段落中，如文章标题"生活中应该多点热情"，然后单击"样式"组右下角的对话框启动器按钮，打开"样式"任务窗格，单击窗格左下角的"新建样式"按钮，如图 3-126 所示。

步骤 4▶ 弹出"根据格式设置创建新样式"对话框，如图 3-127 所示。在"名称"编辑框中输入新样式名称，如"文章标题"；在"样式类型"下拉列表中选择样式类型，如"段落"，在"样

"样式"任务窗格中显示了当前文档中的所有样式，要应用某个样式，可在选中段落后单击需要应用的样式。其中，样式名称右侧带 **a** 符号的是字符样式，带 ↵ 符号的是段落样式，带 "↵**a**" 符号的是链接段落和字符样式。将鼠标指针移至某样式上方，可查看其包含的格式

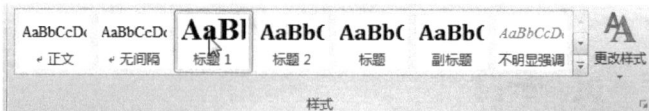

图 3-126 "样式"任务窗格

式基准"下拉列表中选择基准样式（对基准样式进行修改时，基于该样式创建的样式也将被修改），如"标题 2"，在"后续段落样式"下拉列表中选择"正文"。

步骤 5▶ 单击"格式"按钮，从弹出的列表中选择要为样式设置的格式，这里先选择"字体"选项。

步骤 6▶ 弹出"字体"对话框，设置中文字体为"华文行楷"，字号为"三号"，字形为"普通"，字体颜色为紫色，单击"确定"按钮，如图 3-128 所示。

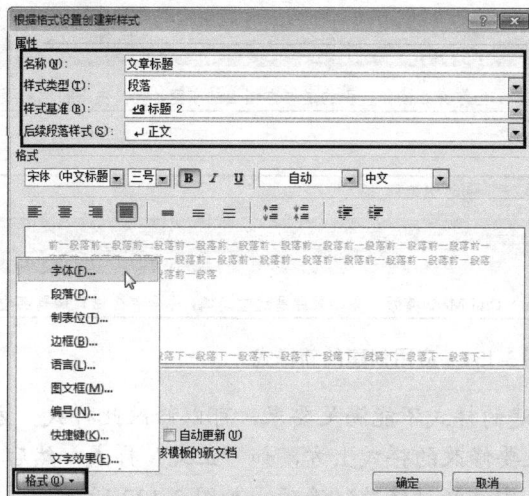

图 3-127 "根据格式设置创建新样式"对话框

图 3-128 设置样式的字符格式

步骤 7▶ 在"根据格式设置创建新样式"对话框的"格式"按钮列表中选择"段落"选项，打开"段落"对话框，设置段前段后间距为 0.5 行（或 6 磅），对齐方式为居中对齐，行距为单倍行距，无缩进，单击"确定"按钮。

步骤 8▶ 在"根据格式设置创建新样式"对话框的"格式"按钮列表中选择"边框"选项，打开"边框和底纹"对话框，在"底纹"选项卡中选择底纹颜色为浅绿，应用对象为段落，单击"确定"按钮。设置好格式的"根据格式设置创建新样式"对话框如图 3-129 所示，最后单击"确定"按钮。

步骤 9▶ 此时在"样式"任务窗格和"样式"组中都将显示新创建的样式"文章标题"。图 3-130 为"样式"任务窗格，可参照应用系统内置样式的方法，将其应用于其他文章标题段落中。如图 3-131 为应用了该样式的其中两个段落。

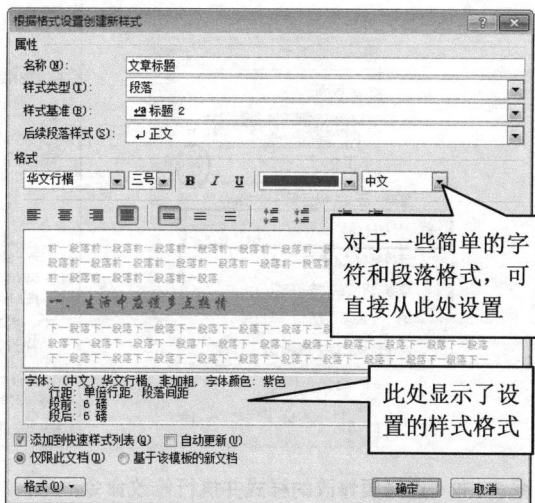

图 3-129 设置好格式的样式对话框

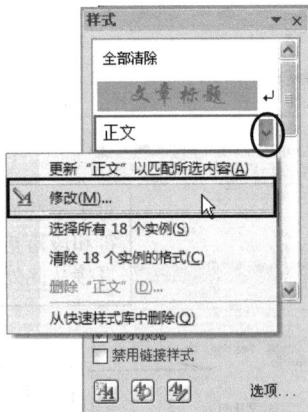

图 3-130　创建的新样式　　　　　　　　图 3-131　应用创建的新样式

步骤 10▶　修改样式。如果预设或创建的样式不能满足要求，可以修改此样式。方法是：在"样式"任务窗格中将鼠标移动至要修改的样式上方，如"正文"样式，然后单击样式右侧显示的三角按钮，在展开的列表中选择"修改"选项，如图 3-132 所示。

步骤 11▶　在打开的对话框中对该样式进行相应修改，如将字号改为"小四"，将段落格式改为首行缩进 2 字符，1.25 倍行距（修改方法和创建样式时设置样式格式相同），如图 3-133 所示，单击"确定"按钮，则应用该样式的所有段落的格式均会自动更新。

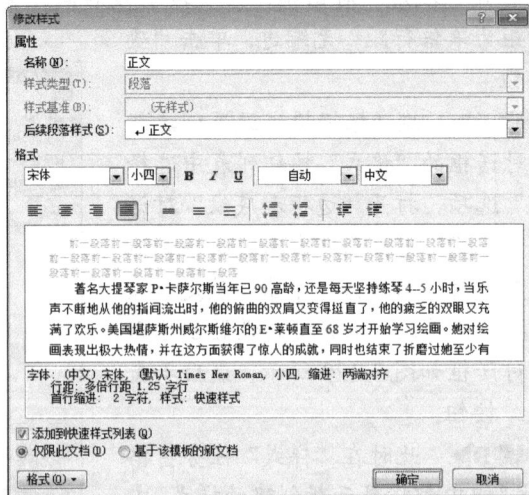

图 3-132　选择要修改的样式并执行修改命令　　　　图 3-133　修改样式

步骤 12▶　用同样的方法，将"标题 1"样式的段落格式修改为居中对齐。到此，杂志文档便编排好了，最后将文档保存即可。

要删除样式，可在图 3-132 所示的样式列表中选择"删除×××"选项（基于正文创建的样式）或"还原为×××"（基于标题创建的样式）。需要注意的是，用户只能删除自己创建的样式，而不能删除 Word 2010 的内置样式。

五、插入目录

对于一些长文档，需要为其创建目录。Word 具有自动创建目录的功能，但在创建目录之前，需要先为要提取为目录的标题设置标题级别（不能设置为正文级别），并且为文档添加页码。在 Word 中主要有 3 种设置标题级别的方法：① 利用大纲视图设置；② 应用系统内置的标题样式（或基于标题样式创建的样式）；③ 在"段落"对话框的"大纲级别"下拉列表中选择。

1．插入目录

步骤 1▶　在杂志文档的最后一段文本后插入一个"下一页"分节符，然后取消新节的分栏版式。

步骤 2▶　将光标置于要插入目录的位置。

步骤 3▶　单击"引用"选项卡上"目录"组中的"目录"按钮，在展开的列表中选择一种目录样式，如"自动目录 1"，如图 3-134 所示。

步骤 4▶　Word 将搜索整个文档中 3 级标题及以上的标题，以及标题所在的页码，并把它们编制为目录，如图 3-135 所示。

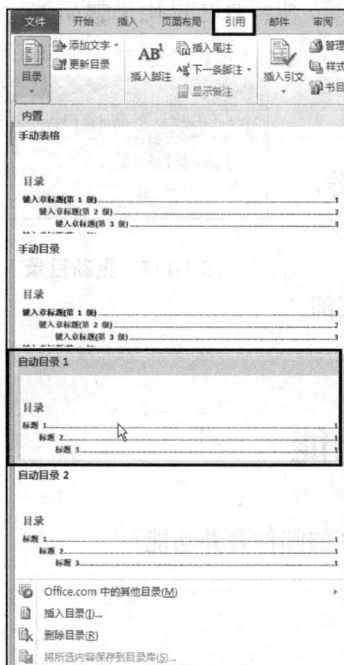

图 3-134　选择目录样式　　　　**图 3-135　插入的目录效果**

若单击目录样式列表底部的"插入目录"选项，可打开如图 3-136 所示的"目录"对话框，在其中可自定义目录的样式。

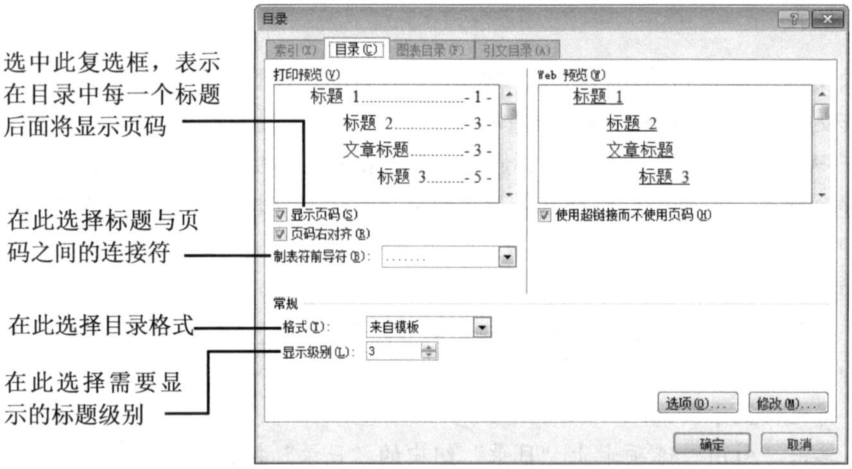

选中此复选框，表示在目录中每一个标题后面将显示页码

在此选择标题与页码之间的连接符

在此选择目录格式

在此选择需要显示的标题级别

图 3-136 "目录"对话框

2. 更新和删除目录

Word 所创建的目录是以文档的内容为依据，如果文档的内容发生了变化，如页码或者标题发生了变化，就要更新目录，使它与文档的内容保持一致。具体操作步骤如下：

步骤 1▶ 单击需更新目录的任意位置，此时在目录左上角将显示"更新目录"选项，单击该选项或按 F9 键，或者单击"引用"选项卡"目录"组中的"更新目录"按钮。

步骤 2▶ 弹出"更新目录"对话框，选择要执行的操作，如"更新整个目录"，如图 3-137 所示，然后单击"确定"按钮，目录即可被更新。

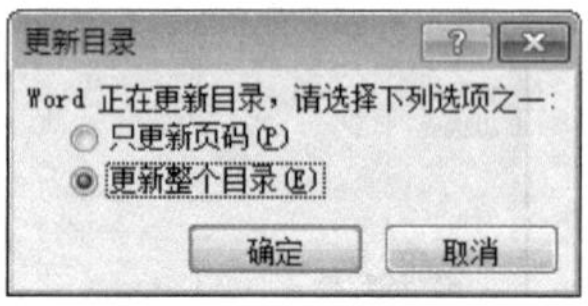

图 3-137 更新目录

若要删除在文档中插入的目录，可单击"目录"列表底部的"删除目录"项，或者选中目录后按 Delete 键。

任务九　制作缴费通知——邮件合并功能

通过制作如图 3-138 所示的缴费通知，学习 Word 2010 的邮件合并功能。

相关知识

在日常办公事务处理中，经常会遇到把一些内容相同的公文、信件或通知发送给不同的地址、单位或个人，此时可以利用 Word 中的"邮件合并"功能方便地解决此问题。

执行邮件合并操作时涉及两个文档——主文档文件和数据源文件。主文档是邮件合并内容中固定不变的部分，即信函中通用的部分。数据源文件主要用于保存联系人的相关信息。用户可以在邮件合并中使用多种格式的数据源，如 Microsoft Outlook 联系人列表、Excel

电子表格、Access 数据库、Word 文档等。

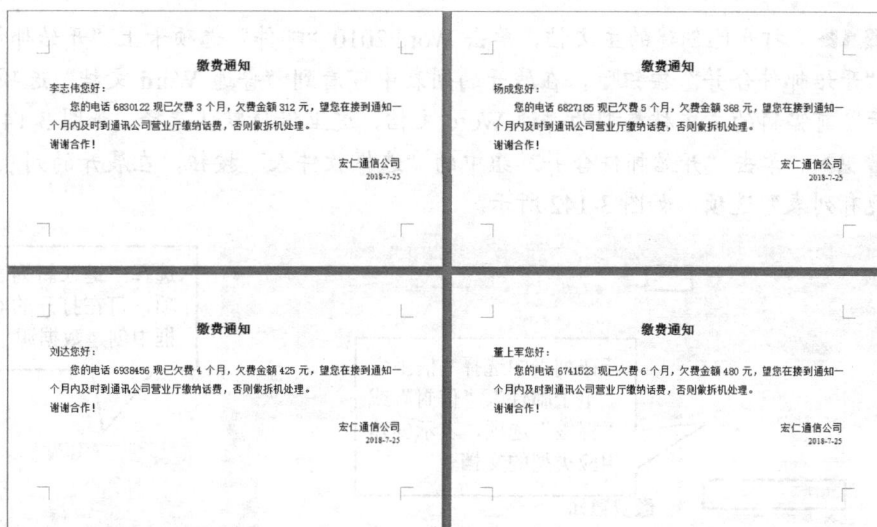

图 3-138 制作的缴费通知

任务实施

一、制作主文档

新建一个 Word 文档，设置上、下、左、右页边距均为 2.0 厘米，纸张大小为 21 cm×12 cm，然后输入缴费通知的正文部分（姓名、电话号码、月数和金额位置暂时空着即可），并设置其格式，如图 3-139 所示，最后将文档保存为"缴费通知（主文档）"。

二、创建数据源

要批量制作缴费通知，除了要有主文档外，还需要有欠费人姓名、电话号码、欠费月数及欠费金额等信息，即创建数据源。本例使用一个现成的 Excel 电子表格作为数据源，如图 3-140 所示（源文件位于本书配套素材"项目三"文件夹中）。

图 3-139 主文档

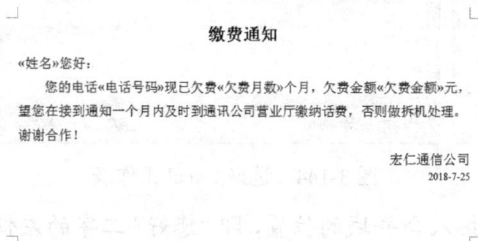

图 3-140 数据源

三、进行邮件合并

步骤 1▶ 打开已创建的主文档，单击 Word 2010 "邮件"选项卡上"开始邮件合并"组中的"开始邮件合并"按钮 🖼️，在展开的列表中可看到"普通 Word 文档"选项高亮显示，表示当前编辑的主文档类型为普通 Word 文档，这里保持默认选择，如图 3-141 所示。

步骤 2▶ 单击"开始邮件合并"组中的"选择收件人"按钮，在展开的列表中选择"使用现有列表"选项，如图 3-142 所示。

图 3-141 选择创建文档的类型

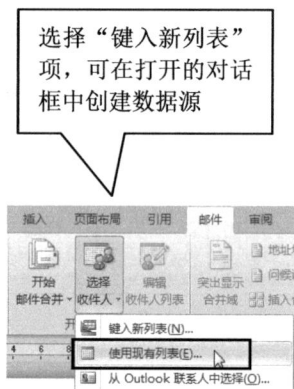

图 3-142 选择数据源

步骤 3▶ 弹出"选取数据源"对话框，选中创建好的数据源文件——"缴费通知（数据源）"文件，如图 3-143 所示，然后单击"打开"按钮。

步骤 4▶ 弹出"选择表格"对话框，选择要使用的 Excel 工作表，然后单击"确定"按钮，如图 3-144 所示。

图 3-143 选择数据源文件

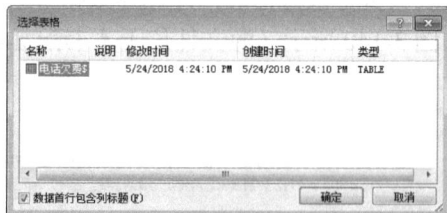

图 3-144 选择 Excel 工作表

步骤 5▶ 将光标放置在文档中第一处要插入合并域的位置，即"您好"二字的左侧，然后单击"插入合并域"按钮，在展开的列表中选择要插入的域——"姓名"，如图 3-145（a）所示，结果如图 3-145（b）所示。

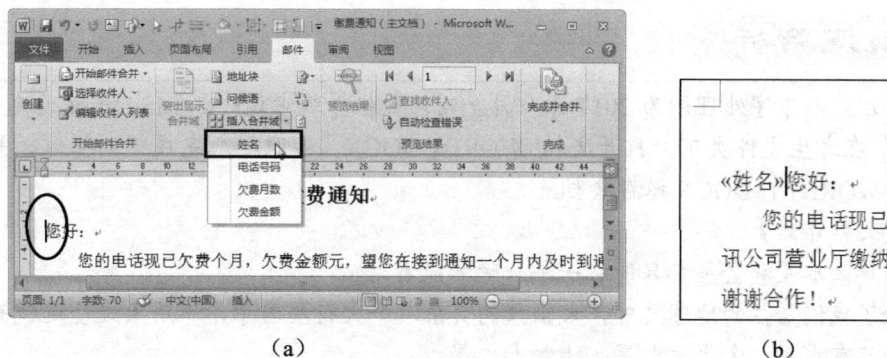

（a）　　　　　　　　　　（b）

图 3-145　选择并插入"姓名"域

步骤 6▶ 用同样的方法插入"电话号码"、"欠费月数"及"欠费金额"域，效果如图 3-146 所示。

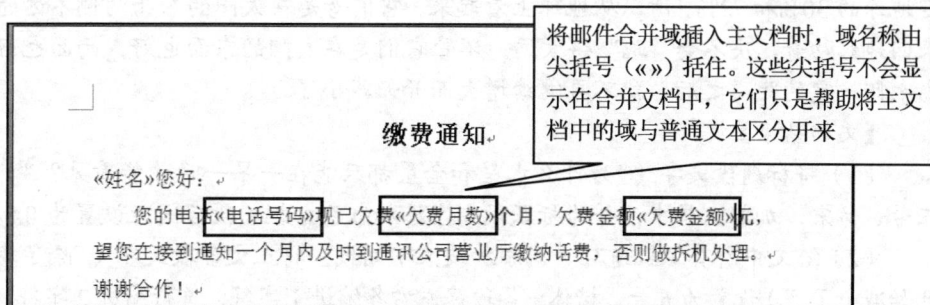

将邮件合并域插入主文档时，域名称由尖括号（《》）括住。这些尖括号不会显示在合并文档中，它们只是帮助将主文档中的域与普通文本区分开来

图 3-146　插入"电话号码"、"欠费月数"及"欠费金额"域

步骤 7▶ 单击"完成"组中的"完成并合并"按钮，在展开的列表中选择"编辑单个文档"选项，如图 3-147 所示，让系统将产生的邮件放置到一个新文档。

步骤 8▶ 在打开的"合并到新文档"对话框中选择"全部"单选按钮，如图 3-148 所示，然后单击"确定"按钮。

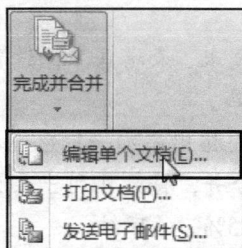

图 3-147　选择"编辑单个文档"　　　图 3-148　选择"全部"单选按钮

步骤 9▶ Word 将根据设置自动合并文档并将全部记录存放到一个新文档中，效果如图 3-138 所示。最后另存文档为"缴费通知（邮件合并）"。

真题解析一

（注：以下字处理题为 2017 年 9 月全国计算机等级考试一级 MS Office 真题）

1. 在考生文件夹下，打开文档 WORD1.DOCX，按照要求完成下列操作，并以文件名（WORD1）.DOCX 保存文档。

【文档开始】

为什么水星和金星都只能在一早一晚才能看见？

除了我们居住的地球之外，太阳系的其余八个大行星当中，不用天文望远镜而能够看到的只有水星、金星、火星、土星和木星。

如果条件合适，在地球轨道外面的火星、木星、土星等外行星，整晚都可以看到。而水星和金星，就完全不是这样，不管条件多么好，只能在一早一晚看到它们。

我们知道，水星和金星的轨道都在地球轨道的里面，它们与太阳的平均距离，分别是地球的 30% 和 72%。所以从地球上看起来，它们老是在太阳的东西两侧不远的天空中来回地移动着，决不会"跑"得太远。不管它们是在太阳的东面也好，西面也好，到达离太阳一定的距离之后，就不再继续增大而开始减小了。

【文档结束】

（1）将标题段文字（"为什么水星和金星都只能在一早一晚才能看见？"）设置为三号、仿宋、加粗、居中，并为标题段文字添加红色方框；段后间距设置为 0.5 行。

（2）给文中所有"轨道"一词添加波浪下划线；将正文各段文字（"除了我们……开始减小了。"）设置为五号、楷体；各段落左右各缩进 1 字符；首行缩进 2 字符。将正文第 3 段（"我们知道……开始减小了。"）分为等宽的两栏、栏间距为 1.62 字符、栏间加分隔线。

（3）设置页面颜色为浅绿色；为页面添加蓝色（标准色）阴影边框；在页面底端插入"加粗显示的数字 3"样式页码，并将起始页码设置为"3"。

2. 在考生文件夹下，打开文档 WORD2.DOCX，按照要求完成下列操作，并以文件名（WORD2）.DOCX 保存文档。

（1）插入一个 5 行 5 列的表格，设置列宽为 2.4 厘米、表格居中；设置外框线为红色 1.5 磅单实线、内框线为绿色（标准色）0.5 磅单实线。

（2）对表格进行如下修改：在第 1 行第 1 列单元格中添加一绿色（标准色）0.75磅左上右下的单实对角线；将第 1 列 3 至 5 行单元格合并；将第 4 列 3 至 5 行的单元格平均拆分为 2 列；为表格设置"白色，背景 1，深色 15%"的底纹。

【解析】

1.（1）【解题步骤】

步骤 1：双击考生文件夹，打开 WORD1.DOCX 文件，按题目要求设置标题段的字符格式。选中标题段，在"开始"选项卡的"字体"组中，单击右下角的对话框启动器按钮，打开"字体"对话框。在"字体"选项卡中设置"中文字体"为"仿宋"，设置

"字号"为"三号"，设置"字形"为"加粗"，单击"确定"按钮。

步骤 2：按题目要求设置标题段的对齐属性。选中标题段，在"开始"选项卡的"段落"组中单击"居中"按钮。

步骤 3：按题目要求设置标题段的段后间距。选中标题段，在"开始"选项卡的"段落"组中单击右下角的对话框启动器按钮，打开"段落"对话框。单击"缩进和间距"选项卡标签，在"间距"设置区的"段后"编辑框中输入"0.5 行"，单击"确定"按钮，如图 3-149 所示。

步骤 4：按题目要求设置标题段边框的属性。选中标题段，在"开始"选项卡的"段落"组中，单击"下框线"右侧的三角按钮，在展开的列表中选择"边框和底纹"项，打开"边框和底纹"对话框。单击"边框"选项卡标签，选中"方框"选项，在"颜色"下拉列表中选择"红色"，在"应用于"下拉列表中选择"文字"，如图 3-150 所示，单击"确定"按钮。

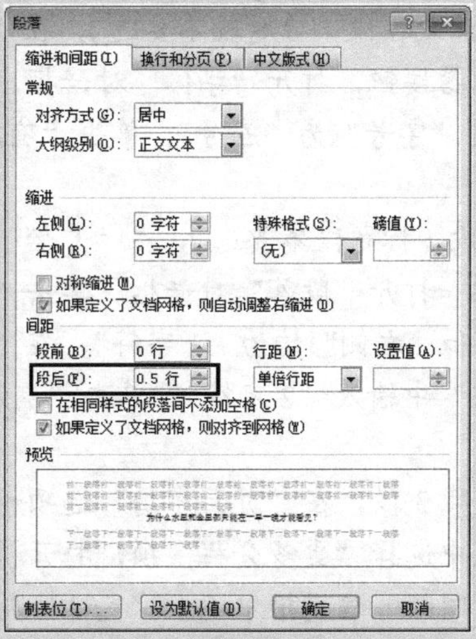

图 3-149 设置段后间距 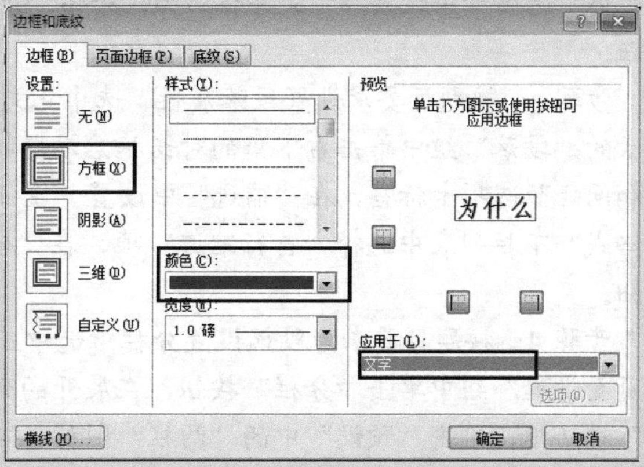　　　　图 3-150 设置文字边框

（2）【解题步骤】

步骤 1：按题目要求替换文字。选中正文各段（包括标题段），在"开始"选项卡的"编辑"组中，单击"替换"按钮，打开"查找和替换"对话框。在"查找内容"编辑框中输入"轨道"，在"替换为"编辑框中输入"轨道"，如图 3-151 所示。单击"更多"按钮，再单击"格式"按钮，在展开的列表中选择"字体"项，打开"查找字体"对话框，设置"下划线线型"为波浪线，如图 3-152 所示，单击"确定"按钮，再单击"全部替换"按钮，会弹出提示对话框，直接单击"确定"按钮即可完成替换。

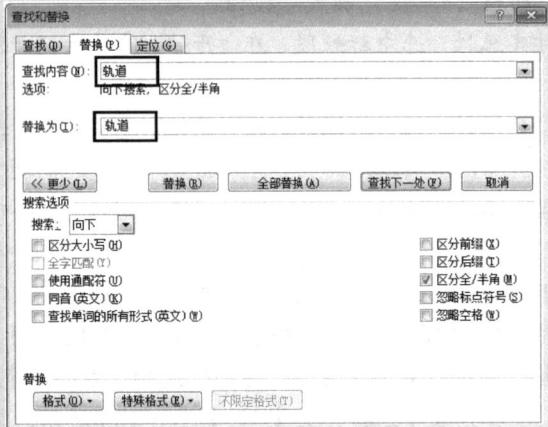

图 3-151　设置替换文字　　　　　图 3-152　　设置替换为的字符格式

步骤 2：按题目要求设置正文的字符格式。选中正文各段（标题段不要选），在"开始"选项卡的"字体"组中单击右下角的对话框启动器按钮，打开"字体"对话框。在"字体"选项卡中设置"中文字体"为"楷体"，设置"字号"为"五号"，单击"确定"按钮。

步骤 3：按题目要求设置段落属性。选中正文各段（标题段不要选），在"开始"选项卡的"段落"组中单击右下角的对话框启动器按钮，打开"段落"对话框。单击"缩进和间距"选项卡标签，在"缩进"中设置"左侧"和"右侧"均为"1 字符"，在"特殊格式"下拉列表中选择"首行缩进"项，在"磅值"中输入"2 字符"，单击"确定"按钮。

步骤 4：按题目要求为段落设置分栏。选中正文第 3 段，在"页面布局"选项卡的"页面设置"组中单击"分栏"按钮，在展开的列表中选择"更多分栏"项，打开"分栏"对话框，单击"预设"中的"两栏"图标，在"间距"编辑框中输入"1.62 字符"，勾选"栏宽相等"和"分隔线"复选框，单击"确定"按钮。

（3）【解题步骤】

步骤 1：按题目要求设置页面颜色。在"页面布局"选项卡的"页面背景"组中单击"页面颜色"按钮，在展开的颜色列表中选择"标准色"中的"浅绿"。

步骤 2：按题目要求设置页面边框。在"页面布局"选项卡的"页面背景"组中单击右下角的对话框启动器按钮，打开"边框和底纹"对话框，在"页面边框"选项卡的"设置"区选择"阴影"样式，在"颜色"下拉列表中选择"蓝色"，如图 3-153 所示，单击"确定"按钮。

步骤 3：按题目要求添加页码。在"插入"选项卡的"页眉和页脚"组中单击"页码"按钮，在展开的列表中选择"页面底端">"加粗显示的数字 3"；再次单击"页码"按钮，在展开的列表中选择"设置页码格式"项，打开"页码格式"对话框，选择"起始页码"复选框，并在其右侧的编辑框中输入"3"，如图 3-154 所示，单击"确定"按钮。

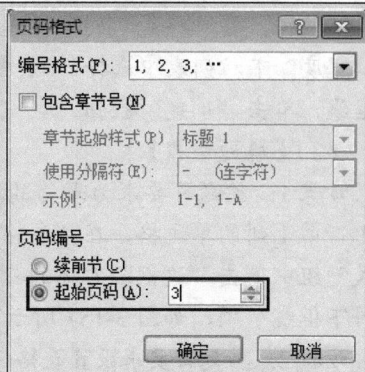

图 3-153 设置页面边框

图 3-154 设置起始页码

步骤 4: 另存文件。

2. (1)【解题步骤】

步骤 1: 双击考生文件夹, 打开 WORD2.DOCX 文件, 按题目要求插入表格。在"插入"选项卡的"表格"组中单击"表格"按钮, 在展开的列表中选择"插入表格"项, 打开"插入表格"对话框, 在"列数"编辑框中输入"5", 在"行数"编辑框中输入"5", 如图 3-155 所示, 单击"确定"按钮。

步骤 2: 按题目要求设置表格的对齐属性。选中表格, 在"开始"选项卡的"段落"组中单击"居中"按钮。

步骤 3: 按题目要求设置表格的列宽。选中表格, 在"表格工具 布局"选项卡的"单元格大小"组中单击右下角的对话框启动器按钮, 打开"表格属性"对话框。单击"列"选项卡标签, 勾选"指定宽度"复选框, 设置其值为"2.4 厘米", 如图 3-156 所示, 单击"确定"按钮。

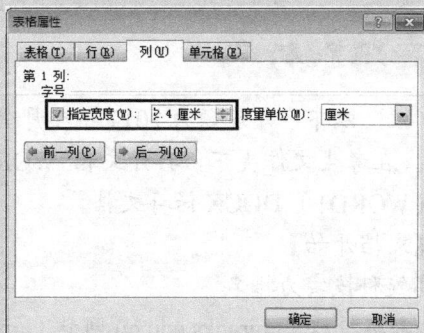

图 3-155 输入表格的列数和行数

图 3-156 设置固定列宽

步骤 4: 按题目要求设置表格外框线和内框线属性。选中表格, 在"表格工具 设计"选项卡的"绘图边框"组中, 单击右下角的"边框和底纹"按钮, 打开"边框和底纹"对话框, 在"设置"区中单击"方框"按钮, 在"样式"列表中选择"单实线", 在"颜色"下拉列表中选择"红色", 在"宽度"下拉列表中选择"1.5 磅"; 单击"自定义"按钮，在"样式"列表中选择"单实线"，在"颜色"下拉列表中选择"绿色"，在"宽度"下拉列表中选择"0.5 磅"，单击"预览"区中表格的中心位置，为表格添加内框线，单击"确定"按钮。

（2）【解题步骤】

步骤 1：按题目要求为表格的单元格添加对角线。选中表格第 1 行第 1 列的单元格，在"表格工具 设计"选项卡的"表格样式"组中单击"边框"右侧的三角按钮，在展开的列表中选择"斜下框线"项，如图 3-157 所示。

步骤 2：按题目要求设置表格的对角线属性。选中表格第 1 行第 1 列的单元格，在"表格工具 设计"选项卡的"绘图边框"组中设置"笔画粗细"为"0.75 磅"，设置"笔样式"为"单实线"，设置"笔颜色"为"绿色"，此时鼠标变为笔形状，绘制左上右下表格对角线。

步骤 3：按题目要求合并单元格。选中第 1 列第 3～5 行单元格，单击鼠标右键，在弹出的快捷菜单中选择"合并单元格"项。

步骤 4：按题目要求拆分单元格。选中第 4 列第 3 行单元格，单击鼠标右键，在弹出的快捷菜单中选择"拆分单元格"项，打开"拆分单元格"对话框，在"列"编辑框中输入"2"，单击"确定"按钮。按照同样的操作拆分第 4 列第 4 行和第 5 行单元格。

图 3-157 设置斜下框线

步骤 5：按题目要求设置表格的底纹样式。选中表格，在"表格工具 设计"选项卡的"表格样式"组中单击"底纹"按钮右侧的三角按钮，在展开的颜色列表中选择"白色，背景 1，深色 15%"。

步骤 6：另存文件。

真题解析二

（注：以下字处理题为 2017 年 3 月全国计算机等级考试一级 MS Office 真题）

1. 在考生文件夹下，打开文档 WORD1.DOCX，按照要求完成下列操作，并以文件名（WORD1）.DOCX 保存文档。

【文档开始】

高校科技实力排名

由教委授权，uniranks.edu.cn 网站（一个纯公益性网站）6 月 7 日独家公布了 1999 年度全国高等学校科技统计数据和全国高校校办产业统计数据。据了解，这些数据是由教委科技司负责组织统计，全国 1000 多所高校的科技管理部门提供的。因此，其公正性、权威性是不容质疑的。

根据 6 月 7 日公布的数据，目前我国高校从事科技活动的人员有 27.5 万人，1999 年全国高校通过各种渠道获得的科技经费为 99.5 亿元，全国高校校办产业的销售（经营）

总收入为 379.03 亿元，其中科技型企业销售收入 267.31 亿元，占总额的 70.52%。为满足社会各界对确切、权威的高校科技实力信息的需要，本版特公布其中的"高校科研经费排行榜"。

【文档结束】

（1）将文中所有"教委"替换为"教育部"，并设置为红色、斜体、加着重号。

（2）将标题段文字（"高校科技实力排名"）设置为红色、三号、黑体、加粗、居中，字符间距加宽 4 磅。

（3）将正文第 1 段（"由教育部授权，……权威性是不容质疑的。"）左右各缩进 2 字符，悬挂缩进 2 字符，行距 18 磅；将正文第 2 段（"根据 6 月 7 日，……，"高校科研经费排行榜"。"）分为等宽的两栏、栏间加分隔线。

2. 在考生文件夹下，打开文档 WORD2.DOCX，按照要求完成下列操作，并以文件名（WORD2）.DOCX 保存文档。

（1）插入一个 6 行 6 列的表格，设置表格居中对齐页面；设置表格列宽为 2 厘米、行高为 0.4 厘米；设置表格外框线为 1.5 磅绿色（标准色）单实线、内框线为 1 磅绿色（标准色）单实线。

（2）将第 1 行的所有单元格合并，并设置该行为黄色底纹。

【解析】

1.（1）【解题步骤】

步骤：双击考生文件夹，打开 WORD1.DOCX 文件，按题目要求替换文字。选中全部文本（包括标题段），在"开始"选项卡的"编辑"组中单击"替换"按钮，打开"查找和替换"对话框，在"查找内容"编辑框中输入"教委"，在"替换为"编辑框中输入"教育部"，单击"更多"按钮，在"替换"设置区单击"格式"按钮，在展开的列表中选择"字体"项，打开"查找字体"对话框。单击"字体"选项卡标签，在"字体颜色"下拉列表中选择"红色"，在"字形"列表框中选择"倾斜"，在"着重号"下拉列表中选择"."，如图 3-158 所示，单击"确定"按钮，返回"查找和替换"对话框，单击"全部替换"按钮，会弹出提示对话框，直接单击"确定"按钮即可完成对错词的替换。

（2）【解题步骤】

步骤 1：按题目要求设置标题段的字符格式和字符间距。选中标题段文本，在"开始"选项卡的【字体】组中单击右下角的对话框启动器按钮，打开"字体"对话框，单击"字体"选项卡标签，在"中文字体"下拉列表框中选择"黑体"，在"字形"列表框中选择"加粗"，在"字号"列表框中选择"三号"，在"字体颜色"下拉列表中选择"红色"；在"高级"选项卡的"间距"下拉列表中选择"加宽"项，在"磅值"中输入"4 磅"，如图 3-159 所示，单击"确定"按钮。

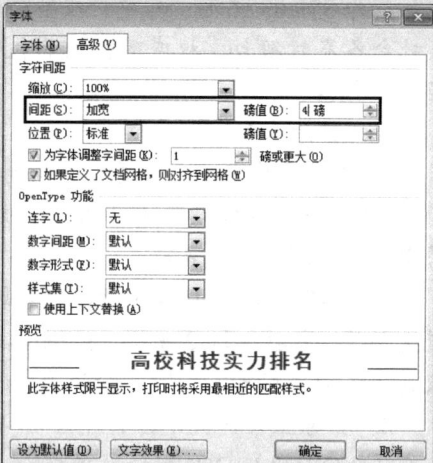

图 3-158　设置高级替换参数　　　　图 3-159　设置字符间距参数

步骤 2：按题目要求设置标题段的对齐属性。选中标题段文本，在"开始"选项卡的"段落"组中单击"居中"按钮。

（3）【解题步骤】

步骤 1：按题目要求设置正文第 1 段的段落格式。选中正文的第 1 段，在"开始"选项卡的"段落"组中单击右下角的对话框启动器按钮，打开"段落"对话框，单击"缩进和间距"选项卡标签，在"缩进"设置区，"左侧"设置为"2 字符"，"右侧"设置为"2 字符"，在"特殊格式"下拉列表中选择"悬挂缩进"项，"磅值"设置为"2 字符"，在"行距"下拉列表中选择"固定值"项，在"设置值"编辑框中输入"18 磅"，如图 3-160 所示，单击"确定"按钮。

步骤 2：按题目要求设置正文第 2 段的段落格式。选中正文的第 2 段，单击"页面布局"选项卡"页面设置"组中的"分栏"按钮，在展开的列表中选择"更多分栏"项，打开"分栏"对话框，设置"栏数"为"2"，勾选"分隔线"和"栏宽相等"复选框，如图 3-161 所示，单击"确定"按钮。

步骤 3：另存文档。

图 3-160 设置段落的缩进与间距 　　　　　　　图 3-161 设置分栏选项

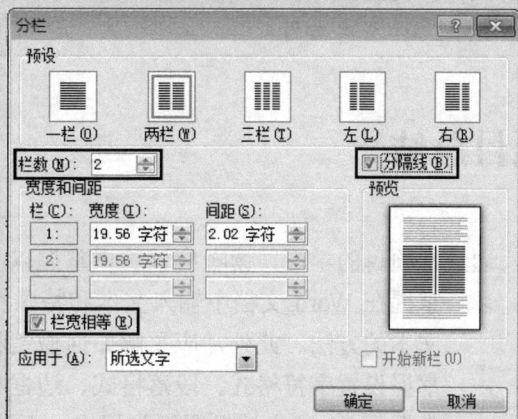

2.（1）【解题步骤】

步骤 1：双击考生文件夹，打开 WORD2.DOCX 文件，按题目要求插入表格。在"插入"选项卡的"表格"组中，单击"表格"按钮，在展开的列表中选择"插入表格"项，打开"插入表格"对话框，在"行数"中输入"6"，在"列数"中输入"6"，单击"确定"按钮。

步骤 2：按题目要求设置表格段落格式。选择表格，在"开始"选项卡的"段落"组中单击"居中"按钮，设置表格居中。

步骤 3：按题目要求设置表格列宽和行高。选中表格，在"表格工具 布局"选项卡的"单元格大小"组中，单击右侧的下三角对话框启动器按钮，打开"表格属性"对话框，单击"列"选项卡勾选"指定宽度"复选框，设置其值为"2 厘米"；在"行"选项卡中勾选"指定高度"复选框，设置其值为"0.4 厘米"，在"行高值是"下拉列表中选择"固定值"，单击"确定"按钮。

步骤 4：按题目要求设置表格外框线和内框线属性。单击表格，在"表格工具 设计"选项卡的"绘图边框"组中单击右下角的对话框启动器按钮，打开"边框和底纹"对话框，在"边框"选项卡的"设置"列表中单击"方框"按钮，在"颜色"下拉列表中选择"绿色"，在"宽度"下拉列表中选择"1.5 磅"；再在"设置"列表中单击"自定义"按钮，在"宽度"下拉列表中选择"1.0 磅"，然后单击"预览"表格的中心位置添加表格内部框线，单击"确定"按钮。

（2）【解题步骤】

步骤 1：按题目要求合并单元格。选中第 1 行的所有单元格，单击鼠标右键，在弹出的快捷菜单中选择"合并单元格"项。

步骤 2：按题目要求设置单元格底纹。选中表格的第 1 行，在"表格工具　设计"选项卡的"表格样式"组中单击"底纹"按钮，在展开的下拉列表中选择"黄色"。

步骤 3：另存文件。

项目总结

通过本项目的学习，读者应该着重掌握以下知识：

➢ 掌握在 Word 文档中输入文本和特殊符号，以及选取、移动、复制、查找和替换文本的方法。此外，应了解如何撤销和恢复出现错误的操作。

➢ 掌握设置字符格式、段落格式、边框和底纹，以及使用项目符号和编号的方法。

➢ 掌握为 Word 文档设置纸张规格、页边距，以及打印文档的方法。

➢ 掌握在 Word 文档中插入和编辑表格、图形、图片、艺术字和文本框等的方法。

➢ 掌握文档的高级排版技巧，如设置页眉、页脚和页码，使用样式，插入目录等。

项目实训

一、制作毕业论文封面

参考图 3-162 及图中的提示制作毕业论文封面，并将文档保存为"毕业论文"。

二、编排请示文档格式

打开本书配套素材"项目三"文件夹中的"请示文档素材"，按以下要求编排文档，最后将文档另存为"增加名额请示"。

（1）设置纸张大小为 B5（JIS），左右页边距为 2.50 厘米，上下页边距为 2.54 厘米。

（2）设置第 1 段文本（标题）的字符格式为：华文楷体，二号，加粗；段落格式为：居中对齐，段前和段后均为 1.5 行。

（3）设置其他段落的字符格式为：中文字体为楷体，西文字体为 Times New Roman，字号为四号；统一将行距设为 2.5 倍。

（4）分别设置其他段落的段落格式：设置第 2 段无缩进；设置第 3 段和第 4 段首行缩进 2 字符；设置第 5 段无缩进，右对齐；设置最后一段右对齐，右缩进 2 字符。

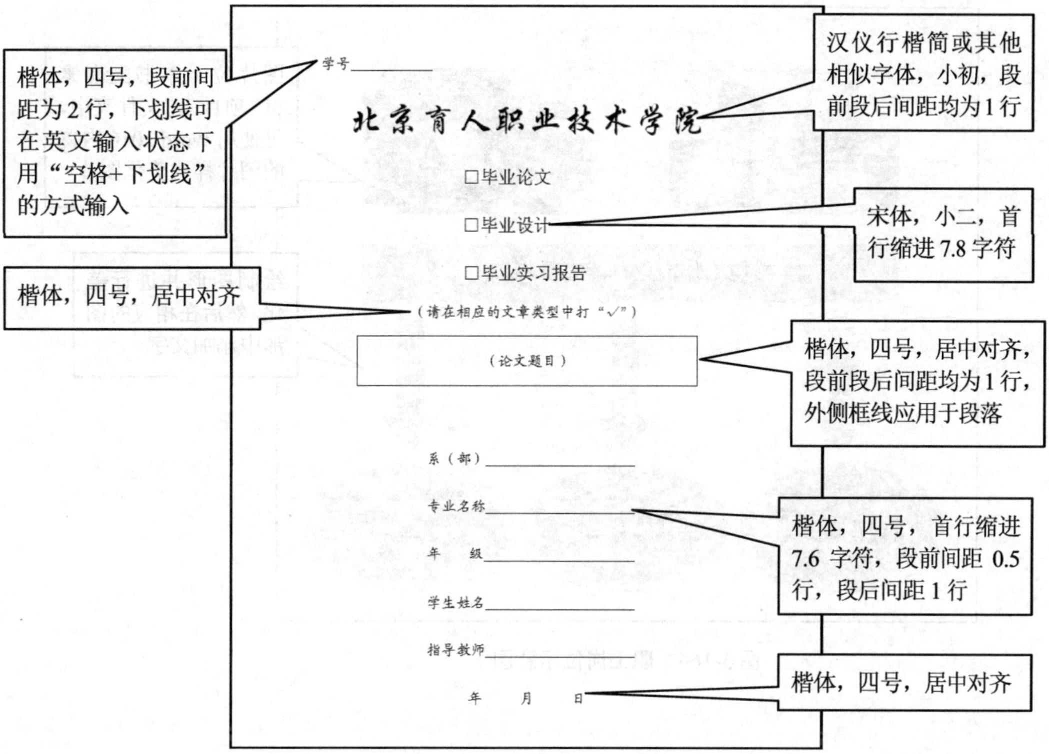

楷体，四号，段前间距为2行，下划线可在英文输入状态下用"空格+下划线"的方式输入

楷体，四号，居中对齐

学号_____

北京育人职业技术学院

□毕业论文

□毕业设计

□毕业实习报告

（请在相应的文章类型中打"√"）

（论文题目）

系（部）_____

专业名称_____

年　级_____

学生姓名_____

指导教师_____

年　月　日

汉仪行楷简或其他相似字体，小初，段前段后间距均为1行

宋体，小二，首行缩进7.8字符

楷体，四号，居中对齐，段前段后间距均为1行，外侧框线应用于段落

楷体，四号，首行缩进7.6字符，段前间距0.5行，段后间距1行

楷体，四号，居中对齐

图 3-162　毕业论文封面效果

三、制作课程表

制作如图 3-163 所示的课程表，并将文档保存为"课程表"。

课程表

	星期一	星期二	星期三	星期四	星期五
1	数学	语文	数学	外语	外语
2	外语	数学	语文	语文	数学
3	自习	历史	生物	地理	自习
4	语文	外语	外语	数学	语文
5	美术	政治	体育	自习	语文

图 3-163　课程表

四、制作职工岗位示意图

参考如图 3-164 所示制作职工岗位示意图，并将文档保存为"文职工作岗位示意图"。

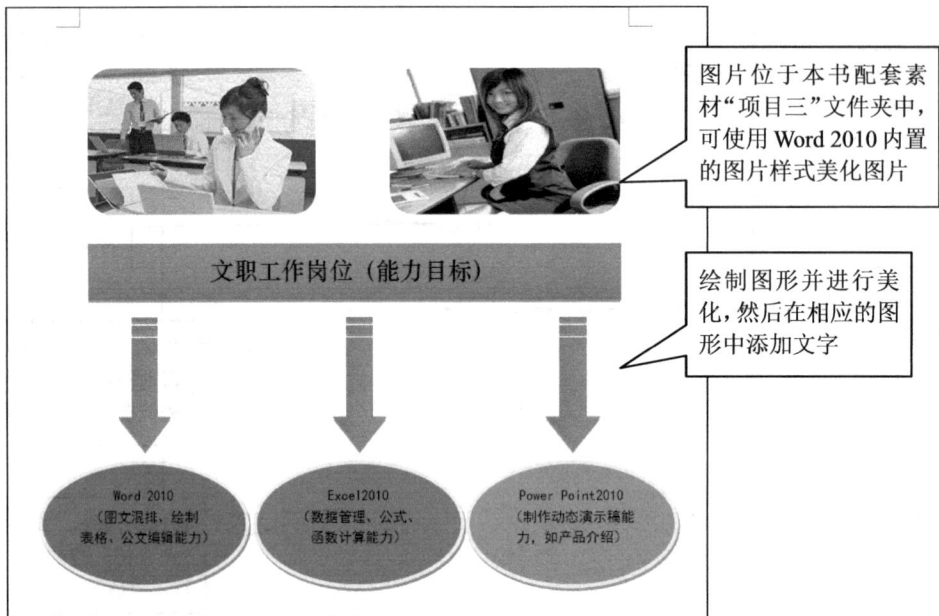

图片位于本书配套素材"项目三"文件夹中，可使用 Word 2010 内置的图片样式美化图片

绘制图形并进行美化，然后在相应的图形中添加文字

图 3-164　职工岗位示意图

项目考核

一、选择题

1. 假设当前正在编辑一个新建文档"文档 1"，当执行"保存"命令后，(　　)。

　　A. 该文档采用系统给定的文件名存盘

　　B. 该文档以"文档1"为名存盘

　　C. 弹出"另存为"对话框，供进一步操作

　　D. 不能将该文档存盘

2. 假设已经打开了一个文档，编辑后进行"保存"操作，该文档(　　)。

　　A. 被保存在原文件夹下　　　　　　　　B. 被保存在其他文件夹下

　　C. 被保存在新建文件夹下　　　　　　　D. 保存后文档被关闭

3. 执行"粘贴"命令后，(　　)。

　　A. 被选定的内容移到光标　　　　　　　B. 剪贴板中的某一项内容移动到光标

　　C. 被选定的内容移到剪贴板　　　　　　D. 剪贴板中的某一项内容复制到光标

4. 删除一个段落标记符后，前、后两段将合并成一段，原段落格式的编排(　　)。

　　A. 没有变化　　　　　　　　　　　　　B. 后一段将采用前一段的格式

　　C. 后一段格式未定　　　　　　　　　　D. 前一段将采用后一段的格式

5. 下列操作中，执行（　　）不能在 Word 文档中插入图片。

　　A. 单击"插入"选项卡中的"图片"按钮

　　B. 使用剪贴板粘贴其他文件中的图片

　　C. 执行"插入"选项卡中的"剪贴画"按钮

　　D. 执行"插入"选项卡中的"形状"按钮

6. 对插入的图片，不能进行的操作是（　　）。

　　A. 放大或缩小　　　　　　　　　　B. 在图片中添加文本

　　C. 移动位置　　　　　　　　　　　D. 从矩形边缘裁剪

7. 下列操作中，（　　）不能在 Word 文档中生成表格。

　　A. 单击"插入"选项卡中的"表格"按钮，再用鼠标拖动

　　B. 使用绘图工具画出所需的表格

　　C. 选定某部分按规则生成的文本，在"表格"按钮下拉列表中选择"文本转换成表格"选项

　　D. 在"表格"按钮下拉列表中选择"插入表格"选项

8. 在 Word 表格中选定一列，按 Delete 键，则（　　）；如选择"表格工具 布局"选项卡"删除"按钮列表中的"删除列"选项，则（　　）。

　　A. 将该列删除，表格减少一列

　　B. 将该列单元格中的内容删除，变为空白

　　C. 将该列单元格中的内容改为 0

　　D. 分成两个表格

二、简答题

1. 常用的选择文本的方法有哪几种？

2. 如何利用拖动方式复制文档中的文本、图片等对象？

3. 假设有 2 个文档 A 和 B，现需要将 A 文档中第 2 段、第 3 段内容复制到 B 文档的第 3 段后，并清除复制过来的内容的格式，该如何操作？

4. 要将某文档中的"英语"文本统一替换为"英文"，该如何操作？

5. 要将某文档中的中文字体统一设为楷体，西文字体统一设为 Times New Roman，该如何操作？

6. 要将某文档所有正文段落的首行缩进设为 2 字符，有哪几种方法？

7. 某文档共 30 页，现需要将其第 3 页～第 10 页打印 5 份，该如何操作？

8. 要绘制一个心形图形，并设置图形的边框为 1.5 磅的红色虚线，填充为蓝色，该如何操作？

9. 要选择和移动文本框，该如何操作？可以为文本框设置边框和填充吗？

10. 要在文档中插入一张外部图片，并调整图片大小，以及让文档中的文本环绕在图片周围，该如何操作？

项目四 使用 Excel 2010 制作电子表格

【项目导读】

Excel 是 Office 办公套装软件的另一个重要成员，它是一款优秀的电子表格制作软件，利用它可以快速制作出各种美观、实用的电子表格，以及对数据进行计算、统计、分析和预测等，并可按需要将表格打印出来。

【学习目标】

➢ 了解工作簿、工作表和单元格的概念，能够用正确的地址标识单元格，掌握工作簿和工作表的基本操作。

➢ 掌握在工作表中输入和编辑数据的方法和技巧，如选择单元格，自动填充数据，输入序列数据等；掌握编辑工作表的方法，如调整行高和列宽，合并单元格等。

➢ 掌握美化工作表的方法，如设置字符格式、数字格式，设置表格边框和底纹等。

➢ 掌握公式和函数的使用方法，了解常用函数的作用，了解单元格引用的类型。

➢ 掌握对数据进行处理与分析的方法，如对数据进行排序、筛选和分类汇总，使用图表和透视图分析数据等。

任务一 Excel 2010 使用基础

学习启动 Excel 2010 的方法，并熟悉 Excel 2010 的工作界面，以及了解使用 Excel 2010 制作电子表格时经常会碰到的一些概念。

相关知识

一、认识 Excel 2010 的工作界面

Excel 2010 使用基础

选择"开始">"所有程序">Microsoft Office>Microsoft Excel 2010 菜单，可启动 Excel 2010。启动 Excel 2010 后，映入眼帘的便是它的工作界面，如图 4-1 所示。可以看出，Excel 2010 的工作界面与 Word 2010 基本相似。不同之处在于，在 Excel 中，用户所进行的所有工作都是在工作簿、工作表和单元格中完成的。

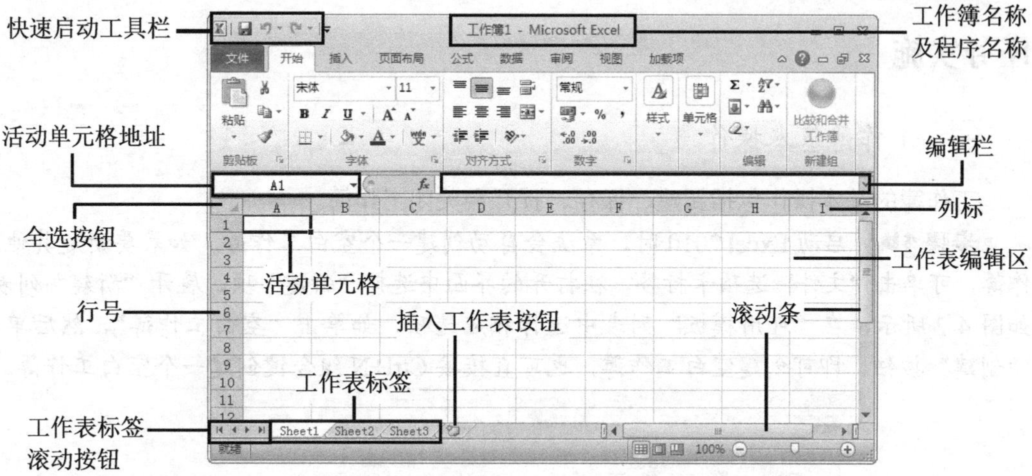

图 4-1　Excel 2010 工作界面

二、认识工作簿、工作表和单元格

下面介绍使用 Excel 制作电子表格时经常会遇到的工作簿、工作表和单元格概念。

1. 工作簿

工作簿是 Excel 用来保存表格内容的文件，其扩展名为.xlsx。启动 Excel 2010 后系统会自动生成一个工作簿。

2. 工作表

工作表包含在工作簿中，由单元格、行号、列标以及工作表标签组成。行号显示在工作表的左侧，依次用数字 1，2，…，1048576 表示；列标显示在工作表上方，依次用字母 A，B，…，XFD 表示。默认情况下，一个工作簿包括 3 个工作表，分别以 Sheet1，Sheet2 和 Sheet3 命名。用户可根据实际需要添加、重命名或删除工作表。

在工作表底部有一个工作表标签 \Sheet1/Sheet2/Sheet3/，单击某个标签便可切换到该工作表。如果将工作簿比作一本书的话，那么书中的每一页就是一个工作表。

3. 单元格

工作表中行与列相交形成的长方形区域称为单元格，它是用来存储数据和公式的基本单位。Excel 用列标和行号表示某个单元格。例如，B3 代表第 B 列第 3 行单元格。

在工作表中正在使用的单元格周围有一个黑色方框，该单元格被称为当前单元格或活动单元格，用户当前进行的操作都是针对活动单元格。

Excel 工作界面中的编辑栏主要用于显示、输入和修改活动单元格中的数据。在工作表的某个单元格输入数据时，编辑栏会同步显示输入的内容。

127

任务实施

一、工作簿基本操作

工作簿的基本操作包括新建、保存、打开和关闭工作簿。

步骤 1▶ 启动 Excel 2010 时，系统会自动创建一个空白工作簿。如果要新建其他工作簿，可单击"文件"选项卡标签，在打开的界面中选择"新建"项，展开"新建"列表，如图 4-2 所示，在"可用模板"列表中选择相应选项，如单击"空白工作簿"，然后单击"创建"按钮，即可创建空白工作簿，也可直接按 Ctrl+N 组合键创建一个空白工作簿。

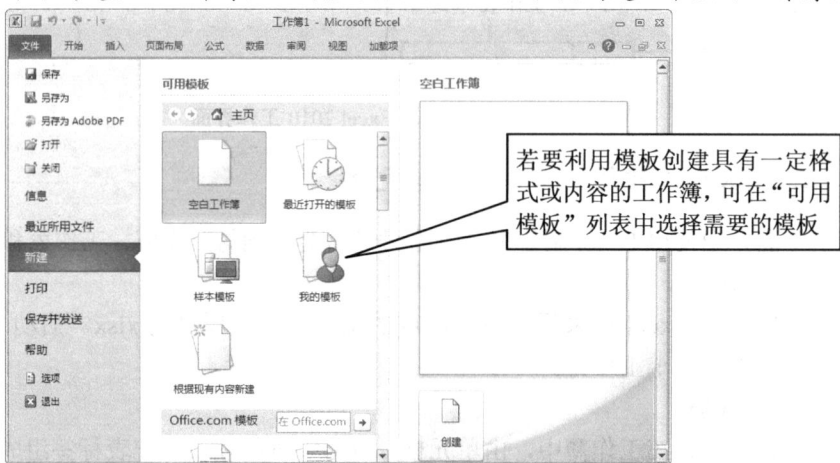

图 4-2 "新建"列表

步骤 2▶ 要保存工作簿，可单击"文件"选项卡标签，在打开的界面中选择"保存"项，或按 Ctrl+S 组合键，打开"另存为"对话框。

步骤 3▶ 在对话框左侧的导航窗格中选择保存工作簿的磁盘驱动器或文件夹，在"文件名"编辑框输入工作簿名称，然后单击"保存"按钮即可保存工作簿，如图 4-3 所示。

图 4-3 "另存为"对话框

步骤 4▶ 若要打开一个已建立的工作簿进行查看或编辑，可单击"文件"选项卡标签，在打开的界面中选择"打开"项，打开"打开"对话框。

步骤 5▶ 选择要打开的工作簿所在的磁盘驱动器或文件夹，选择要打开的工作簿，然后单击"打开"按钮，如图 4-4 所示。

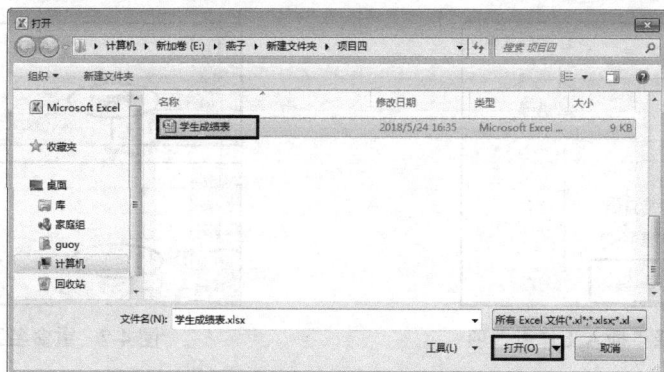

图 4-4 "打开"对话框

步骤 6▶ 要关闭当前打开的工作簿，可在"文件"列表中选择"关闭"项。与关闭 Word 文档一样，关闭工作簿时，如果工作簿被修改过且未执行保存操作，将弹出一个对话框，提示是否保存所做的更改，用户根据需要单击相应的按钮即可。

二、工作表常用操作

工作表是工作簿中用来分类存储和处理数据的场所，使用 Excel 制作电子表格时，经常需要进行选择、插入、重命名、移动和复制工作表等操作。

工作表常用操作

步骤 1▶ 要选择单个工作表，直接单击程序窗口左下角的工作表标签即可；要选择多个连续工作表，可在按住 Shift 键的同时单击要选择的工作表标签；要选择不相邻的多个工作表，可在按住 Ctrl 键的同时单击要选择的工作表标签，如图 4-5 所示。

步骤 2▶ 默认情况下，工作簿包含 3 个工作表，若工作表不能满足需要，可单击工作表标签右侧的"插入工作表"按钮，在现有工作表末尾插入一个新工作表。

图 4-5 选择多个不相邻的工作表

步骤 3▶ 若要在某一个工作表之前插入新工作表，可在选中该工作表后单击功能区"开始"选项卡"单元格"组中的"插入"按钮，在展开的列表中选择"插入工作表"选项，如图 4-6 所示。

步骤 4▶ 我们可以为工作表取一个与其保存的内容相关的名字，从而方便管理工作表。重命名工作表时，可双击工作表标签以进入其编辑状态，此时该工作表标签呈高亮显示，然后输入工作表名称，再单击除该标签以外工作表的任意处或按 Enter 键即可，如

129

图 4-7 所示。也可右击工作表标签，在弹出的快捷菜单中选择"重命名"菜单项。

图 4-6　选择"插入工作表"项

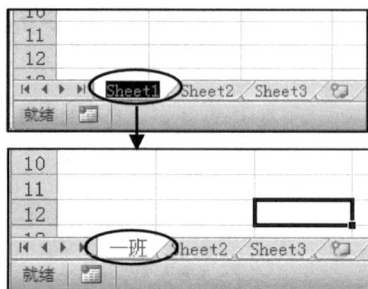

图 4-7　重命名工作表

步骤 5▶　要在同一工作簿中移动工作表，可单击要移动的工作表标签，然后按住鼠标左键不放，将其拖到所需位置即可移动工作表，如图 4-8（a）所示。若在拖动的过程中按住 Ctrl 键，则表示复制工作表操作，源工作表依然保留，效果如图 4-8（b）所示。

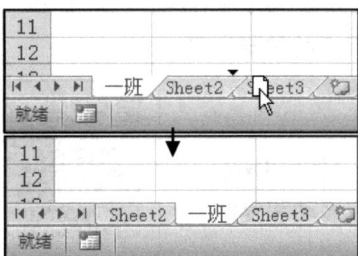

（a）

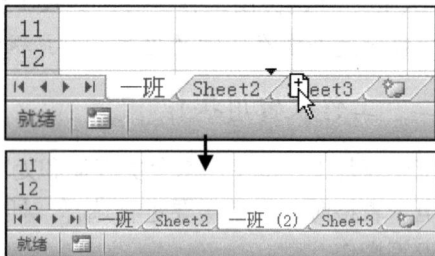

（b）

图 4-8　在同一工作簿中移动和复制工作表

步骤 6▶　若要在不同的工作簿之间移动或复制工作表，可选中要移动或复制的工作表，然后单击功能区"开始"选项卡上"单元格"组中的"格式"按钮，在展开的列表中选择"移动或复制工作表"项，打开"移动或复制工作表"对话框，如图 4-9 所示。

步骤 7▶　在"将选定工作表移至工作簿"下拉列表中选择目标工作簿（复制前需要将该工作簿打开），在"下列选定工作表之前"列表中设置工作表移动的目标位置，然后单击"确定"按钮，即可将所选

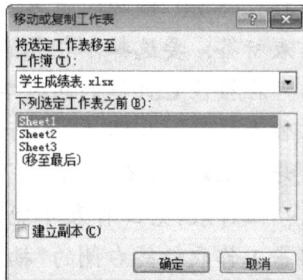

图 4-9　"移动或复制工作表"对话框

工作表移动到目标工作簿的指定位置；若选中对话框中的"建立副本"复选框，则可将工作表复制到目标工作簿指定位置。

步骤 8▶　对于没用的工作表可以将其删除，方法是单击要删除的工作表标签，单击功能区"开始"选项卡上"单元格"组中的"删除"按钮，在展开的列表中选择"删除工作表"选项；如果工作表中有数据，将弹出一个提示对话框，单击"删除"按钮即可。

提　示

对工作表进行的大部分操作，包括插入、重命名、移动和复制，以及删除等，都可通过右击要操作的工作表标签，从弹出的快捷菜单中选择相应的菜单项来实现。

任务二　制作学生成绩表——数据输入和工作表编辑

本任务通过制作学生成绩表，学习在工作表中输入和编辑数据等操作。成绩表完成效果如图 4-10 所示。

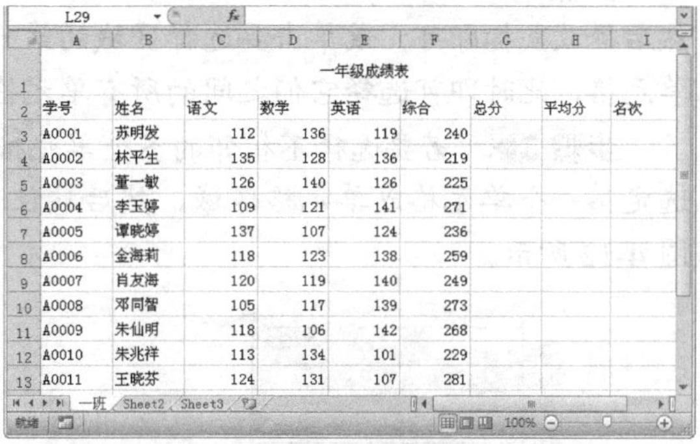

一年级成绩表								
学号	姓名	语文	数学	英语	综合	总分	平均分	名次
A0001	苏明发	112	136	119	240			
A0002	林平生	135	128	136	219			
A0003	董一敏	126	140	126	225			
A0004	李玉婷	109	121	141	271			
A0005	谭晓婷	137	107	124	236			
A0006	金海莉	118	123	138	259			
A0007	肖友海	120	119	140	249			
A0008	邓同智	105	117	139	273			
A0009	朱仙明	118	106	142	268			
A0010	朱兆祥	113	134	101	229			
A0011	王晓芬	124	131	107	281			

图 4-10　输入数据后的学生成绩表

相关知识

一、数据类型

Excel 中经常使用的数据类型有文本型数据、数值型数据和时间/日期数据等。

- **文本型数据**：是指字母、汉字，或由任何字母、汉字、数字和其他符号组成的字符串，如“季度 1”、AK47 等。文本型数据不能进行数学运算。
- **数值型数据**：数值型数据用来表示某个数值或币值等，一般由数字 0～9、正号、负号、小数点、分数号/、百分号%、指数符号 E 或 e、货币符号$或￥和千位分隔符，等组成。
- **日期和时间数据**：日期和时间数据属于数值型数据，用来表示一个日期或时间。日期格式为 mm/dd/yy 或 mm-dd-yy；时间格式为 hh:mm(am/pm)。

二、输入数据常用方法

输入数据的一般方法为：单击要输入数据的单元格，然后输入数据即可。此外，还可使用技巧来快速输入数据，如自动填充序列数据或相同数据。

输入数据后，用户可以像编辑 Word 文档中的文本一样，对输入的数据进行各种编辑操作，如选择单元格区域，查找和替换数据，移动和复制数据等。

三、编辑工作表常用方法

用户可对工作表中的单元格、行与列进行各种编辑操作。例如，插入单元格、行或列；调整行高或列宽以适应单元格中的数据。这些操作都可通过选中单元格、行、列后，在“开始”选项卡“单元格”组中的相应的选项实现。

任务实施

一、选择单元格

在 Excel 中进行的大多数操作，都需要首先将要操作的单元格或单元格区域选定。

步骤 1▶ 将鼠标指针移至要选择的单元格上方后单击，即可选中该单元格。此外，还可使用键盘上的方向键选择当前单元格的前、后、左、右单元格。

步骤 2▶ 如果要选择相邻的单元格区域，可按下鼠标左键拖过希望选择的单元格，然后释放鼠标即可；或单击要选择区域的第一个单元格，然后按住 Shift 键单击最后一个单元格，此时即可选择它们之间的所有单元格，如图 4-11 所示。

步骤 3▶ 若要选择不相邻的多个单元格或单元格区域，可首先利用前面介绍的方法选定第一个单元格或单元格区域，然后按住 Ctrl 键再选择其他单元格或单元格区域，如图 4-12 所示。

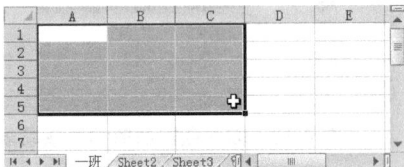

图 4-11　选择相邻的单元格区域　　　图 4-12　选择不相邻的多个单元格

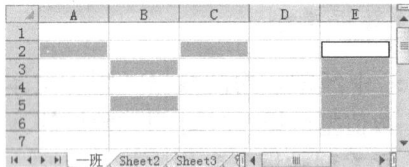

步骤 4▶ 要选择工作表中的一整行或一整列，可将鼠标指针移到该行左侧的行号或该列顶端的列标上方，当鼠标指针变成➡或⬇黑色箭头形状时单击即可，如图 4-13 所示。若要选择连续的多行或多列，可在行号或列标上按住鼠标左键并拖动；若要选择不相邻的多行或多列，可配合 Ctrl 键进行选择。

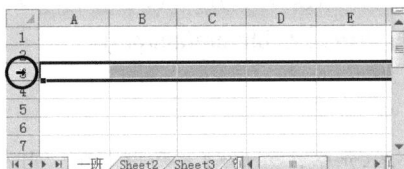

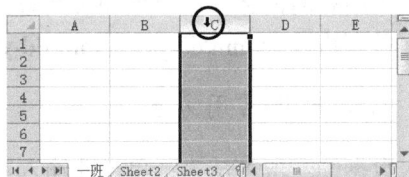

图 4-13　选择整行或整列

步骤 5▶ 要选择工作表中的所有单元格，可按 Ctrl+A 组合键或单击工作表左上角行号与列标交叉处的"全选"按钮▣。

二、输入基本数据

在新建的"学生成绩表"工作簿的"一班"工作表中输入基本数据。

扫一扫

输入数据

步骤 1▶ 打开前面创建的"学生成绩表"工作簿，单击"一班"工作表标签，单击

A1 单元格，然后输入"一年级成绩表"，输入的内容会同时显示在编辑栏中（也可直接在编辑栏中输入数据），若发现输入错误，可按 Backspace 键删除，如图 4-14（a）所示。

步骤 2▶　按 Enter 键、Tab 键，或单击编辑栏上的 √ 按钮确认输入。其中，按 Enter 键时，当前单元格下方的单元格被选中；按 Tab 键时，当前单元格右边的单元格被选中；单击 √ 按钮时，当前单元格不变。

步骤 3▶　在 A2 至 H2 单元格中输入各列列标题，再在其他单元格中输入相关数据，效果如图 4-14（b）所示。可以看到，输入的数值型数据沿单元格右侧对齐，文本型数据沿单元格左侧对齐。

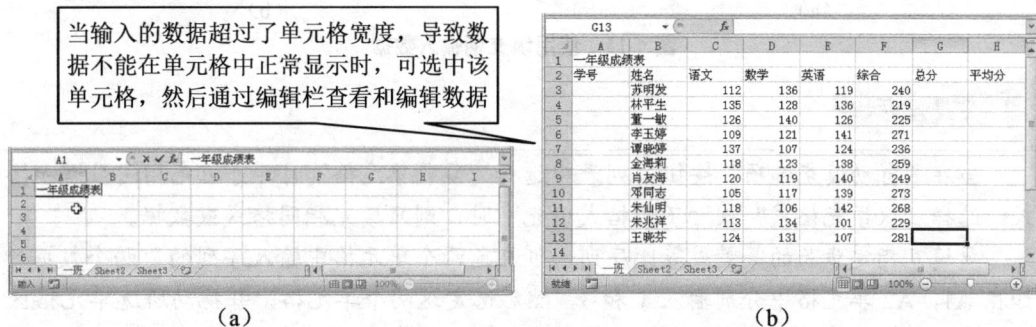

> 当输入的数据超过了单元格宽度，导致数据不能在单元格中正常显示时，可选中该单元格，然后通过编辑栏查看和编辑数据

(a)

(b)

图 4-14　在单元格中输入数据

输入数值型数据时要注意以下几点：

➢ 如果要输入负数，必须在数字前加一个负号-，或给数字加上圆括号。例如，输入-5 或（5）都可在单元格中得到-5。

➢ 如果要输入分数，如 1/5，应先输入 0 和一个空格，然后输入 1/5。否则，Excel 会把该数据作为日期格式处理，单元格中会显示"1 月 5 日"。

➢ 如果要输入日期和时间，可按 5.1.3 节介绍的日期和时间格式输入。

三、自动填充数据

在 Excel 工作表的活动单元格的右下角有一个小黑方块，称为填充柄，通过拖动填充柄可以自动在其他单元格填充与活动单元格内容相关的数据，如序列数据或相同数据。其中，序列数据是指有规律地变化的数据，如日期、时间、月份、等差或等比数列。

步骤 1▶　单击"学号"列中的 A3 单元格，输入数据"A0001"，如图 4-15（a）所示。

步骤 2▶　将鼠标指针移动到 A3 单元格右下角的填充柄上，此时鼠标指针变成实心的十字形，如图 4-15（a）所示。按住鼠标左键并向下拖动，至单元格 A13 后释放鼠标左键，然后单击右下角的"自动填充选项"按钮▦，在展开的列表中选中"填充序列"单选按钮，系统就会自动以升序填充选中的单元格，效果如图 4-15（b）所示。

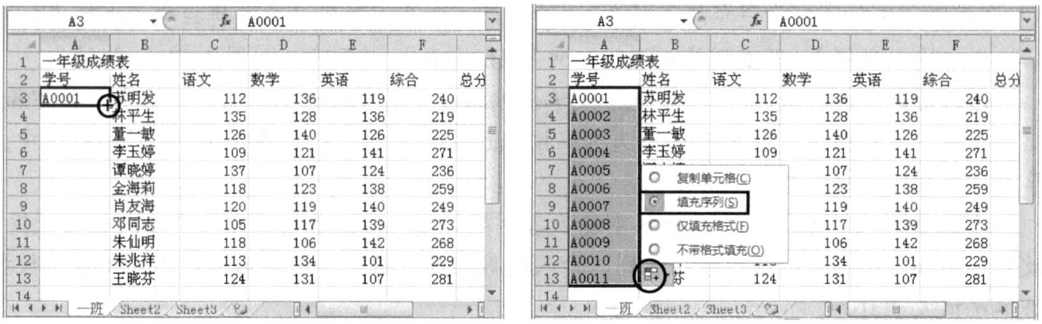

（a）　　　　　　　　　　（b）

图 4-15　使用填充柄输入数据

提　示

　　当在"自动填充选项"按钮列表中选择"复制单元格"时，可填充相同数据和格式；选择"仅填充格式"或"不带格式填充"时，则只填充相同格式或数据。

　　要填充指定步长的等差或等比序列，可在前两个单元格中输入序列的前两个数据，如在 A1、A2 单元格中分别输入 1 和 3，然后选定这两个单元格，并拖动所选单元格区域的填充柄至要填充的区域，释放鼠标左键即可。

　　单击"开始"选项卡上"编辑"组中的"填充"按钮，在展开填充列表中选择相应的选项也可填充数据。但该方式需要提前选择要填充的区域，如图 4-16 所示。

图 4-16　利用"填充"列表填充数据

　　若要一次性在所选单元格区域填充相同数据，也可先选中要填充数据的单元格区域，如图 4-17（a）所示，然后输入要填充的数据，如图 4-17（b）所示，输入完毕按 Ctrl+Enter 组合键，效果如图 4-17（c）所示。

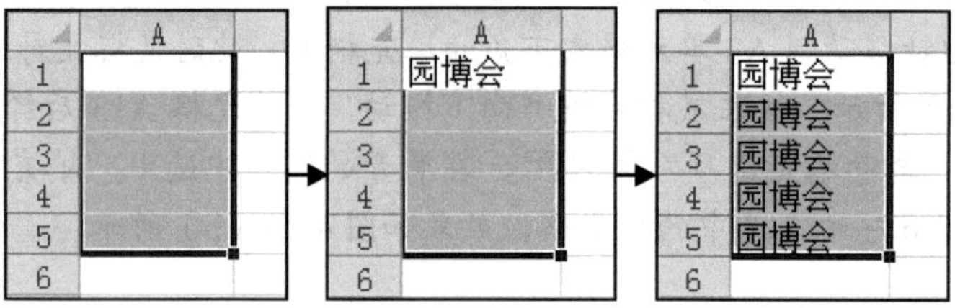

（a）　　　（b）　　　（c）

图 4-17　使用快捷键填充相同数据

编辑表格

四、编辑数据

编辑工作表时，可以修改单元格数据，将单元格或单元格区域中的数据移动或复制到其他单元格或单元格区域，还可以清除单元格或单元格区域中的数据，以及在工作表中查找和替换数据等。

步骤 1▶ 双击工作表中要编辑数据的单元格，将鼠标指针定位到单元格中，然后修改其中的数据即可，如图 4-18 所示。也可单击要修改数据的单元格，然后在编辑栏中进行修改。

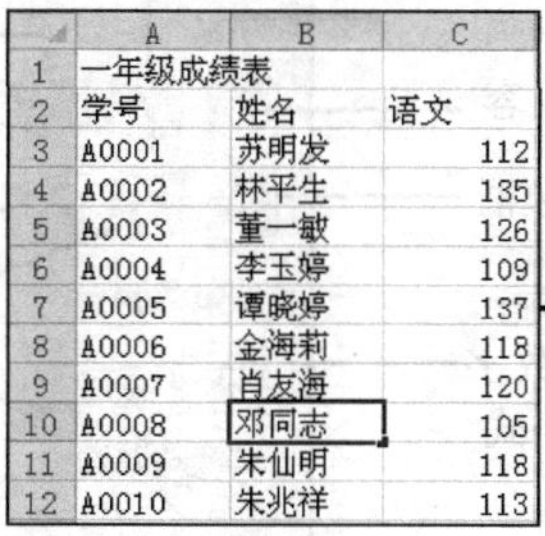

	A	B	C
1	一年级成绩表		
2	学号	姓名	语文
3	A0001	苏明发	112
4	A0002	林平生	135
5	A0003	董一敏	126
6	A0004	李玉婷	109
7	A0005	谭晓婷	137
8	A0006	金海莉	118
9	A0007	肖友海	120
10	A0008	邓同志	105
11	A0009	朱仙明	118
12	A0010	朱兆祥	113

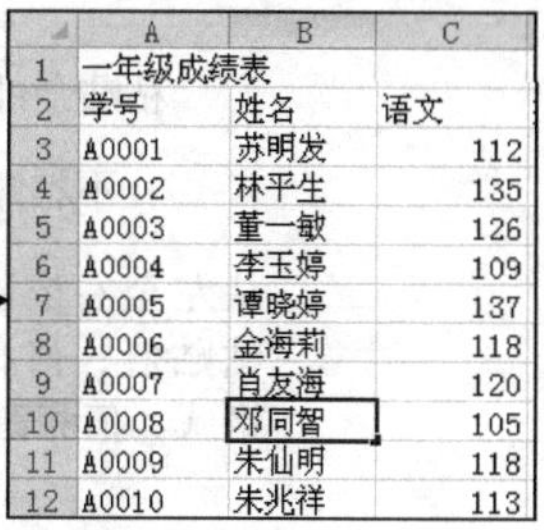

	A	B	C
1	一年级成绩表		
2	学号	姓名	语文
3	A0001	苏明发	112
4	A0002	林平生	135
5	A0003	董一敏	126
6	A0004	李玉婷	109
7	A0005	谭晓婷	137
8	A0006	金海莉	118
9	A0007	肖友海	120
10	A0008	邓同智	105
11	A0009	朱仙明	118
12	A0010	朱兆祥	113

图 4-18 修改数据

步骤 2▶ 如果移动单元格内容，可选中要移动内容的单元格或单元格区域，将鼠标指针移至所选单元格区域的边缘，然后按下鼠标左键，拖动鼠标指针到目标位置后释放鼠标左键即可。若在拖动过程中按住 Ctrl 键，则拖动操作为复制操作，如图 4-19 所示。

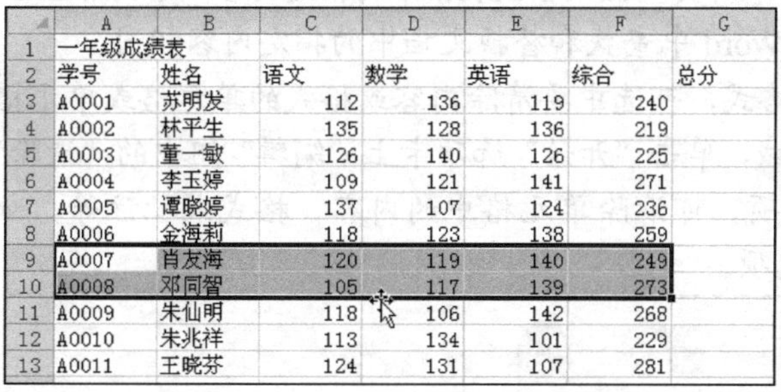

	A	B	C	D	E	F	G
1	一年级成绩表						
2	学号	姓名	语文	数学	英语	综合	总分
3	A0001	苏明发	112	136	119	240	
4	A0002	林平生	135	128	136	219	
5	A0003	董一敏	126	140	126	225	
6	A0004	李玉婷	109	121	141	271	
7	A0005	谭晓婷	137	107	124	236	
8	A0006	金海莉	118	123	138	259	
9	A0007	肖友海	120	119	140	249	
10	A0008	邓同智	105	117	139	273	
11	A0009	朱仙明	118	106	142	268	
12	A0010	朱兆祥	113	134	101	229	
13	A0011	王晓芬	124	131	107	281	

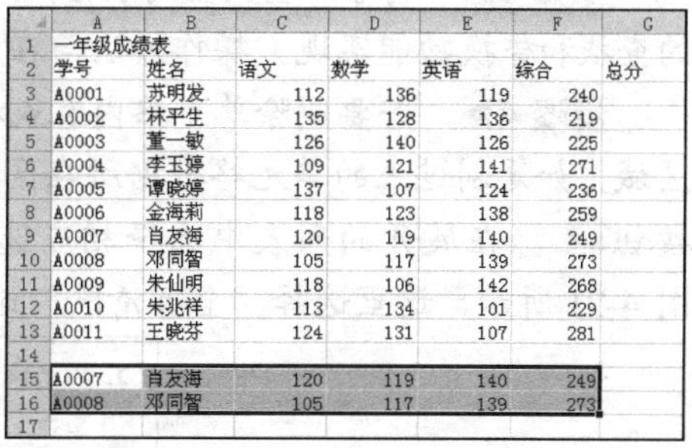

	A	B	C	D	E	F	G
1	一年级成绩表						
2	学号	姓名	语文	数学	英语	综合	总分
3	A0001	苏明发	112	136	119	240	
4	A0002	林平生	135	128	136	219	
5	A0003	董一敏	126	140	126	225	
6	A0004	李玉婷	109	121	141	271	
7	A0005	谭晓婷	137	107	124	236	
8	A0006	金海莉	118	123	138	259	
9	A0007	肖友海	120	119	140	249	
10	A0008	邓同智	105	117	139	273	
11	A0009	朱仙明	118	106	142	268	
12	A0010	朱兆祥	113	134	101	229	
13	A0011	王晓芬	124	131	107	281	
14							
15	A0007	肖友海	120	119	140	249	
16	A0008	邓同智	105	117	139	273	
17							

图 4-19 复制单元格内容

提 示

若将数据移动到有内容的单元格区域，会弹出对话框提示用户是否替换目标单元格区域中的内容。若是复制数据，则不会弹出任何提示。

选中单元格后，也可使用“开始”选项卡“剪贴板”组中的按钮，或利用快捷键 Ctrl+C、Ctrl+X 和 Ctrl+V 来复制、剪切和粘贴所选单元格的内容，操作方法与在 Word 中的操作相似。与 Word 中的粘贴操作不同的是，在 Excel 中可以有选择地粘贴全部内容，或只粘贴公式或值等，如图 4-20 所示。

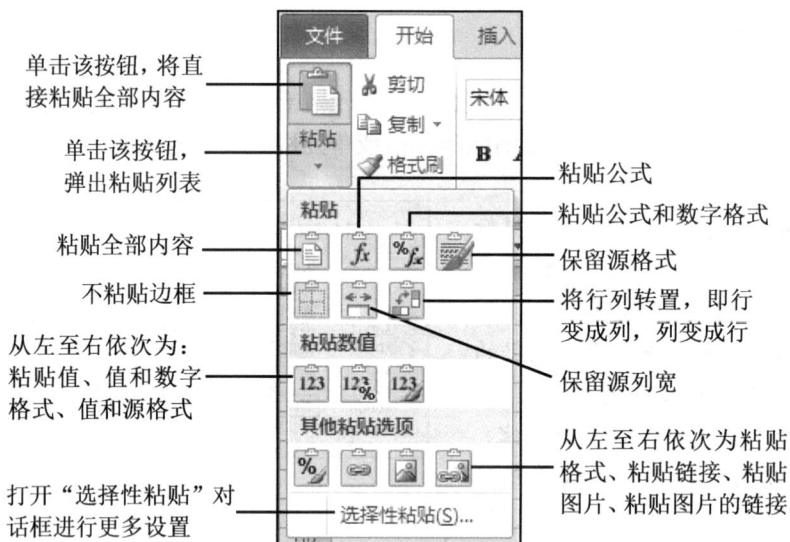

单击该按钮，将直接粘贴全部内容

单击该按钮，弹出粘贴列表

粘贴全部内容

不粘贴边框

从左至右依次为：粘贴值、值和数字格式、值和源格式

打开"选择性粘贴"对话框进行更多设置

粘贴公式

粘贴公式和数字格式

保留源格式

将行列转置，即行变成列，列变成行

保留源列宽

从左至右依次为粘贴格式、粘贴链接、粘贴图片、粘贴图片的链接

图 4-20　选择性粘贴

步骤 3▶　对于一些大型的表格，如果需要查找或替换表格中的指定内容，可利用 Excel 的查找和替换功能实现。操作方法与在 Word 中查找和替换文档中的指定内容相同。

步骤 4▶　若要删除单元格内容或格式，可选中要清除内容或格式的单元格或单元格区域，如复制过来的单元格数据所在区域，单击"开始"选项卡上"编辑"组中的"清除"按钮 ，在展开的列表中选择相应选项，可清除单元格中的内容、格式或批注等，如图 4-21 所示，这里选择"全部清除"选项。

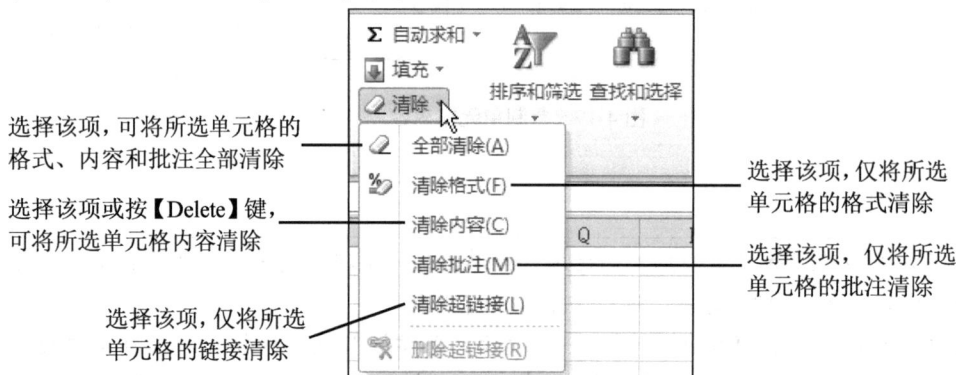

选择该项，可将所选单元格的格式、内容和批注全部清除

选择该项或按【Delete】键，可将所选单元格内容清除

选择该项，仅将所选单元格的链接清除

选择该项，仅将所选单元格的格式清除

选择该项，仅将所选单元格的批注清除

图 4-21　"清除"列表

五、合并单元格

合并单元格是指将相邻的单元格合并为一个单元格。合并后，将只保留所选单元格区域左上角单元格中的内容。

步骤 1▶　选择要合并的单元格，如 A1:I1 单元格区域。

步骤 2▶　单击"开始"选项卡"对齐方式"组中的"合并后居中"按钮 ，或单击该按钮右侧的三角按钮，在展开的列表中选择"合并后居中"项，如图 4-22（a）所示，即可将该单元格区域合并为一个单元格且单元格数据居中对齐，如图 4-22（b）所示。

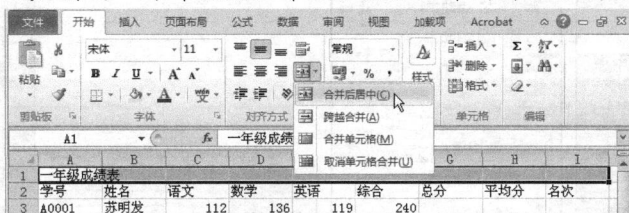

（a）

（b）

图 4-22　合并单元格

在进行合并单元格操作时，若在列表中选择"合并单元格"项，合并后单元格中的文字不居中对齐；若选择"跨越合并"项，会将所选单元格按行合并。要想将合并后的单元格拆分开，只需选中该单元格，然后再次单击"合并后居中"按钮即可。

六、调整行高和列宽

默认情况下，Excel 中所有行的高度和所有列的宽度都是相等的。用户可以利用鼠标拖动方式和"格式"列表中的命令来调整行高和列宽。

步骤 1▶　将鼠标指针移至要调整行高的行号的下框线处，待指针变成➕形状后，按下鼠标左键上下拖动（此时在工作表中将显示出一个提示行高的信息框），到合适位置后释放鼠标左键，即可调整所选行的行高，如图 4-23 所示。

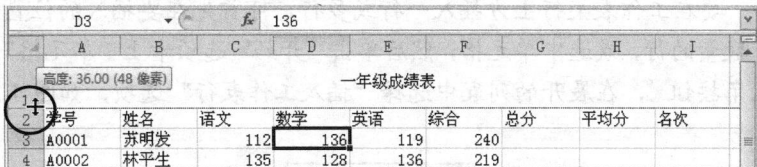

图 4-23　调整行高

💡 提 示

若要调整多行好高，可同时选中多行，然后再使用以上方法调整。此外，若要调整某列或多列单元格的宽度，只需将鼠标指针移至要调整列的列标右边线处，待指针变成➕形状后按下鼠标左键左右拖动，到合适位置后释放鼠标左键即可。

步骤 2▶　要精确调整行高，可先选中要调整行高的单元格或单元格区域，本例同时选中第 2 行至第 13 行，然后单击"开始"选项卡"单元格"组中的"格式"按钮，在展开的列表中选择"行高"选项，在打开的"行高"对话框中设置行高值，单击"确定"按钮，如图 4-24 所示。

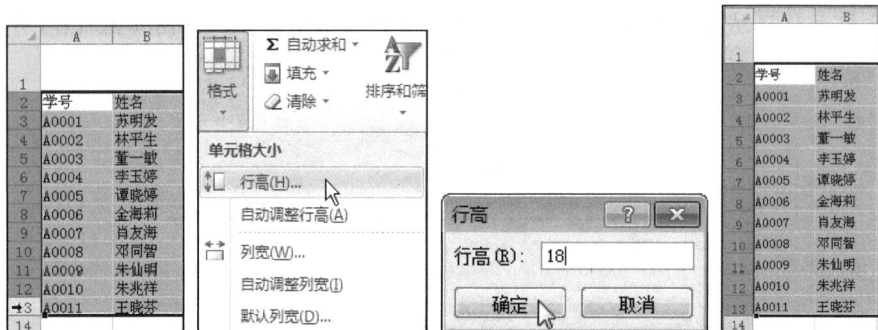

图 4-24　精确调整多行行高

> ## 提　示
>
> 　　要精确调整列宽，可在选中要调整的单元格或单元格区域后，在"格式"按钮列表中选择"列宽"选项，然后在打开的对话框中设置。
>
> 　　此外，将鼠标指针移至行号下方或列标右侧的边线上，待指针变成双向箭头 ✚ 或 ✚ 形状后，双击边线，系统会根据单元格中数据的高度和宽度自动调整行高和列宽；也可在选中要调整的单元格或单元格区域后，在"格式"按钮列表中选择"自动调整行高"或"自动调整列宽"项，自动调整行高和列宽。

七、插入、删除行、列或单元格

在制作表格时，可能会遇到需要在有数据的区域插入或删除单元格、行、列的情况。

步骤 1▶　要在工作表某行上方插入一行或多行，可首先在要插入的位置选中与要插入的行数相同数量的行，或选中单元格，然后单击"开始"选项卡上"单元格"组中"插入"按钮下方的三角按钮 ▼，在展开的列表中选择"插入工作表行"选项，如图 4-25 所示。

图 4-25　插入行

步骤 2▶　要删除行，可首先选中要删除的行，或要删除的行所包含的单元格，然后单击"单元格"组"删除"按钮下方的三角按钮，在展开的列表中选择"删除工作表行"选项，如图 4-26 所示。若选中的是整行，则直接单击"删除"按钮即可。

图 4-26　删除工作表行

步骤 3▶ 要在工作表某列左侧插入一列或多列，可在要插入的位置选中与要插入的列数相同数量的列，或选中单元格，然后在"插入"按钮列表中选择"插入工作表列"选项。

步骤 4▶ 要删除列，可首先选中要删除的列，或要删除的列所包含的单元格，然后在"删除"按钮列表中选择"删除工作表列"选项。

步骤 5▶ 要插入单元格，可在要插入单元格的位置选中与要插入的单元格数量相同的单元格，然后在"插入"列表中选择"插入单元格"选项，打开"插入"对话框，在其中设置插入方式，单击"确定"按钮，如图 4-27 所示。

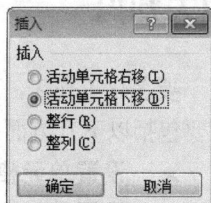

图 4-27　"插入"对话框

  ➢ **活动单元格右移**：在当前所选单元格处插入单元格，当前所选单元格右移。

  ➢ **活动单元格下移**：在当前所选单元格处插入单元格，当前所选单元格下移。

  ➢ **整行**：插入与当前所选单元格行数相同的整行，当前所选单元格所在的行下移。

  ➢ **整列**：插入与当前所选单元格列数相同的整列，当前所选单元格所在的列右移。

步骤 6▶ 要删除单元格，可选中要删除的单元格或单元格区域，然后在"单元格"组的"删除"按钮列表中选择"删除单元格"选项，打开"删除"对话框，设置一种删除方式，单击"确定"按钮，如图 4-28 所示。

  ➢ **右侧单元格左移**：删除所选单元格，所选单元格右侧的单元格左移。

  ➢ **活动单元格下移**：删除所选单元格，所选单元格下侧的单元格上移。

  ➢ **整行**：删除所选单元格所在的整行。

  ➢ **整列**：删除所选单元格所在的整列。

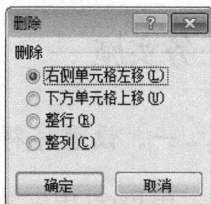

图 4-28　"删除"对话框

任务三　美化学生成绩表——美化工作表

通过美化学生成绩表，学习为表格设置字符格式、对齐方式、边框和底纹、条件格式、套用表格样式等操作，任务完成效果如图 4-29 所示。

图 4-29　美化后的工作表

相关知识

要美化工作表，可选中要进行美化操作的单元格或单元格区域，然后进行相关操作即可，主要包括以下几方面：

- **设置单元格格式**：包括设置单元格内容的字符格式、数字格式和对齐方式，以及设置单元格的边框和底纹等。可利用"开始"选项卡的"字体"、"对齐方式"和"数字"组中的按钮，或利用"单元格格式"对话框来进行设置。
- **设置条件格式**：在 Excel 中应用条件格式，可以让符合特定条件的单元格数据以醒目方式突出显示，便于人们更好地对工作表数据进行分析。
- **套用表格样式**：Excel 2010 为用户提供了许多预定义的表格样式。套用这些样式，可以迅速建立适合不同专业需求、外观精美的工作表。用户可利用"开始"选项卡的"样式"组来设置条件格式或套用表格样式。

任务实施

一、设置字符格式和对齐方式

在 Excel 中设置表格内容字符格式和对齐方式的操作与在 Word 中设置相似。

步骤 1▶　选中 A1 单元格，然后在"开始"选项卡"字体"组中选择"字体"为"华文中宋"，字号为 24，如图 4-30（a）所示，效果如图 4-30（b）所示。

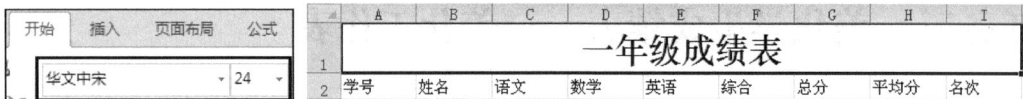

（a）　　　　　　　　　　　　　　　　（b）

图 4-30　设置单元格字符格式

步骤 2▶ 选中 A2:I13 单元格区域,在"开始"选项卡"字体"组中设置字号为 12,字体颜色为紫色;在"对齐方式"组中单击"居中"按钮,使所选单元格中的数据在单元格中居中对齐,如图 4-31 所示。

图 4-31 设置 A2:I13 单元格区域字符格式和对齐方式

提 示

也可单击"字体"组或"对齐方式"组右下角的对话框启动器按钮,在打开的"设置单元格格式"对话框中设置字符格式和对齐方式等。

设置数字格式

步骤 3▶ 选择 A2:I2 单元格区域(各列标题),设置字体为黑体。

二、设置数字格式

Excel 提供了多种数字格式,如数值格式、货币格式、日期格式、百分比格式、会计专用格式等,灵活地利用这些数字格式,可以使制作的表格更加专业和规范。具体操作如下:

步骤 1▶ 选择要设置格式的单元格区域,如选择成绩表的 H3:H13 单元格区域,然后单击"开始"选项卡"数字"组右下角的对话框启动器按钮,如图 4-32 所示。

步骤 2▶ 弹出"设置单元格格式"对话框的"数字"选项卡,在"分类"列

图 4-32 选择要设置数字格式的单元格区域

表中选择数字类型,如"数值",在右侧设置相关格式,如小数位数等,单击"确定"按钮,如图 4-33 所示。由于本例还没有在"平均分"列中输入数据,因此暂时还看不到设置效果。

用户也可直接在功能区"开始"选项卡"数字"组的"数字格式"下拉列表中选择数

字类型，以及单击相关按钮 ▦▾ % ， ◂.0 .00 来设置数字格式，如图 4-34 所示。

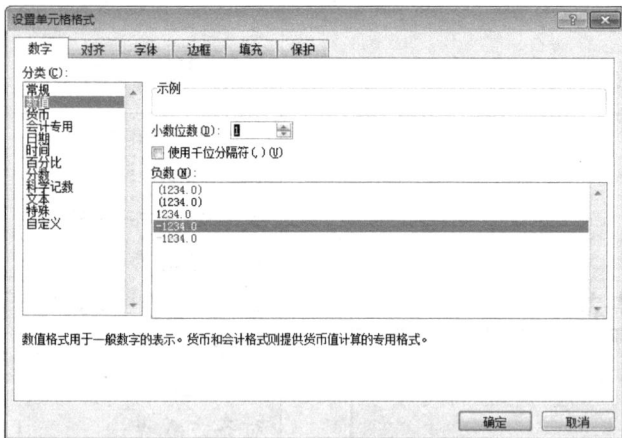

图 4-33　使用对话框设置数字格式

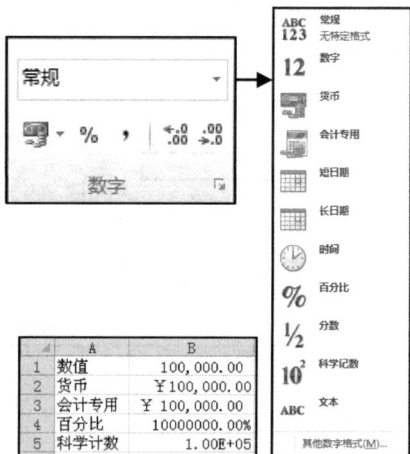

图 4-34　使用"数字"组设置数字格式

三、设置边框和底纹

在 Excel 工作表中，虽然从屏幕上看每个单元格都带有浅灰色的边框线，但是实际打印时不会出现任何线条。为了使表格中的内容更为清晰明了，可为表格添加边框。此外，通过为某些单元格添加底纹，可衬托或强调这些单元格中的数据，同时使表格显得更美观。

步骤 1▶　选定要添加边框的单元格区域 A1:I13，然后单击"开始"选项卡"字体"组右下角的对话框启动器按钮▣，打开"设置单元格格式"对话框。

步骤 2▶　在"边框"选项卡"样式"列表框中选择一种线条样式，在"颜色"下拉列表框中选择红色，然后单击"外边框"按钮，为表格添加外边框，如图 4-35 所示。

步骤 3▶　选择一种细线条样式，然后单击"内部"按钮，为表格添加内边框，如图 4-36 所示，最后单击"确定"按钮。

设置边框和底纹

图 4-35　为表格设置外边框

图 4-36　为表格设置内边框

提 示

单击"开始"选项卡"字体"组中"边框"按钮右侧的三角按钮，在展开的列表中选择相应选项，可为选中的单元格区域指定系统预设的简单边框线。

步骤4▶ 同时选中 A1:I2，以及 A3:B13 单元格区域，然后单击"开始"选项卡"字体"组中"填充颜色"按钮右侧的三角按钮，在展开的列表中选择"浅绿"，如图 4-37（a）所示。添加边框和底纹后的工作表效果如图 4-37（b）所示。

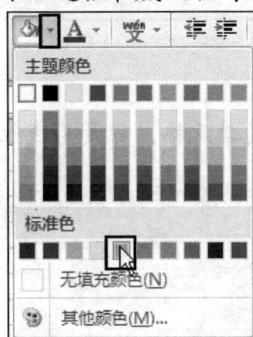

（a）   （b）

图 4-37 为所选单元格填充底纹及效果

提 示

利用"设置单元格格式"对话框"填充"选项卡可为所选单元格区域设置更多的底纹效果，如渐变背景、图案背景等。

四、设置条件格式

在 Excel 中应用条件格式，可以让满足特定条件的单元格以醒目方式突出显示，便于对工作表数据进行更好的比较和分析。

步骤1▶ 选择要添加条件格式的单元格区域，本例选择 C3:E13 单元格区域，如图 4-38 所示。

步骤2▶ 单击"开始"选项卡"样式"组中的"条件格式"按钮，在展开的列表中选择"突出显示单元格规则"，再在展开的子列表中选择一种具体的条件，如"大于"项，如图 4-39（a）所示。

步骤3▶ 弹出"大于"对话框，参照图 4-39（b）所示设置"大于"对话框中的参数。

图 4-38 选择要添加条件格式的单元格区域

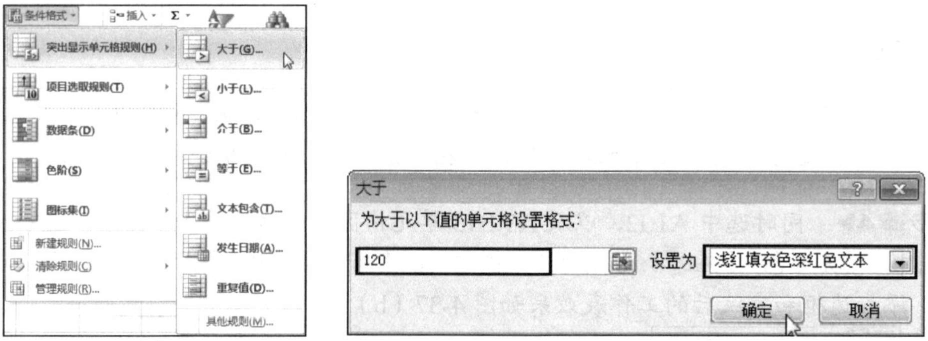

（a）　　　　　　　　（b）

图 4-39　设置条件格式

步骤 4▶ 单击“确定”按钮。此时，各成绩大于 120 的单元格，背景为浅红色，字体颜色为深红色，如图 4-40 所示。最后将工作簿另存为“学生成绩表（美化）”。

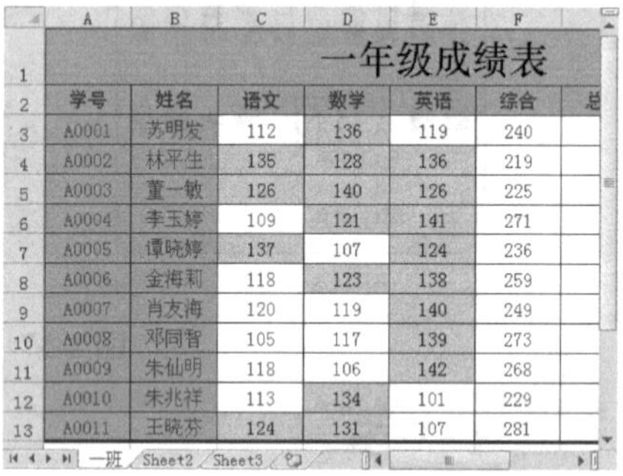

	A	B	C	D	E	F	
1		一年级成绩表					
2	学号	姓名	语文	数学	英语	综合	总
3	A0001	苏明发	112	136	119	240	
4	A0002	林平生	135	128	136	219	
5	A0003	董一敏	126	140	126	225	
6	A0004	李玉婷	109	121	141	271	
7	A0005	谭晓婷	137	107	124	236	
8	A0006	金海莉	118	123	138	259	
9	A0007	肖友海	120	119	140	249	
10	A0008	邓同智	105	117	139	273	
11	A0009	朱仙明	118	106	142	268	
12	A0010	朱兆祥	113	134	101	229	
13	A0011	王晓芬	124	131	107	281	

图 4-40　设置条件格式后的效果

从图 4-39（a）可看出，Excel 2010 提供了 5 种条件规则，各规则的意义如下：

- **突出显示单元格规则**：突出显示所选单元格区域中符合特定条件的单元格。
- **项目选取规则**：其作用与突出显示单元格规则相同，只是设置条件的方式不同。
- **数据条、色阶和图标集**：使用数据条、色阶（颜色的种类或深浅）和图标来标识各单元格中数据值的大小，从而方便查看和比较数据，效果如图 4-41 所示。设置时，只需在相应的子列表中选择需要的图标即可。

提　示

如果系统自带的条件格式规则不能满足需求，还可以单击“条件格式”按钮列表底部的“新建规则”选项，或在各规则列表中选择“其他规则”选项，在打开的对话框中自定义条件格式。

此外，对于已应用了条件格式的单元格，还可对条件格式进行修改，方法是在“条件格式”按钮列表中选择“管理规则”项，打开“条件格式规则管理器”对话框，在“显示其格式规则”下拉列表中选择“当前工作表”项，此时对话框下方将显示当前工作表中设置的所有条件格式规则，如图 4-42 所示，在其中修改条件格式并确定即可。

图 4-41 利用数据条、色阶和图标标识数据

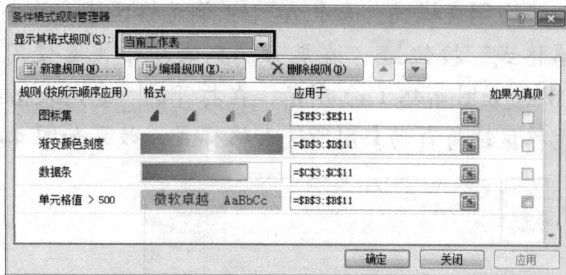

图 4-42 "条件格式规则管理器"对话框

当不需要应用条件格式时，可以将其删除，方法是：打开工作表，然后在"条件格式"按钮列表中选择"清除规则"选项中相应的子项，如图 4-43 所示。

图 4-43 清除条件格式

五、自动套用样式

除了利用前面介绍的方法美化表格外，Excel 2010 还提供了许多内置的单元格样式和表样式，利用它们可以快速对表格进行美化。

应用单元格样式。打开本书配套素材"项目四"文件夹中的"学生成绩表（输入数据）"工作簿，选中要套用单元格样式的单元格区域，如 A1 单元格，单击"开始"选项卡"样式"组中的"其他"按钮，在展开的列表中选择要应用的样式，如"标题 1"，即可将其应用于所选单元格，如图 4-44 所示。

图 4-44 应用系统内置单元格样式

应用表样式。 选中 A2:I13 单元格区域，单击"开始"选项卡"样式"组中的"套用表格格式"按钮，在展开的列表中单击要使用的表格样式，如选择"表样式中等深浅 10"，如图 4-45（a）所示，在打开的"套用表格式"对话框中单击"确定"按钮，所选单元格区域将自动套用所选表格样式，效果如图 4-45（b）所示。

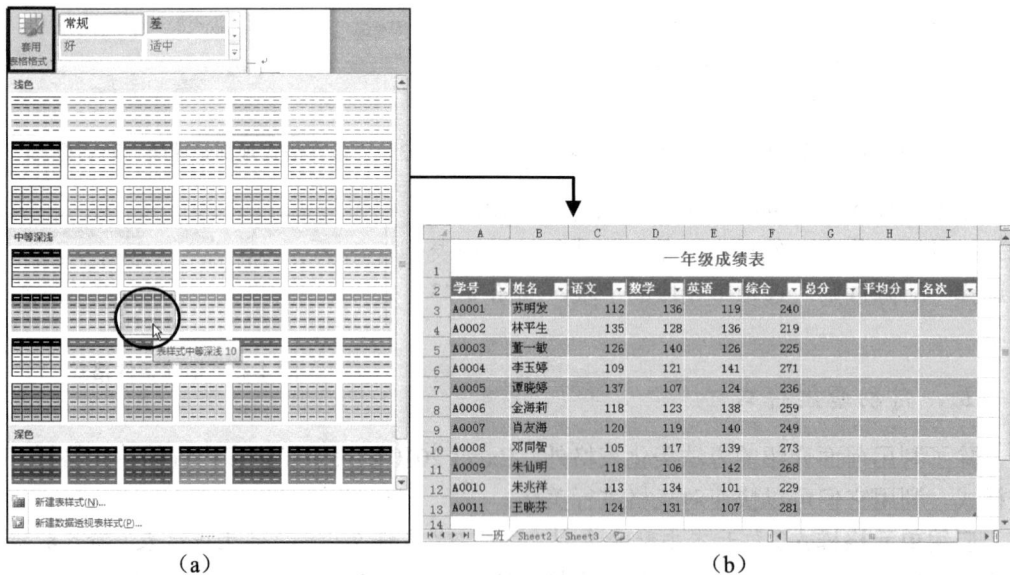

（a）　　　　　　　　　　　（b）

图 4-45　应用系统内置表格样式

任务四　计算学生成绩表数据——使用公式和函数

Excel 强大的计算功能主要依赖于其公式和函数，利用它们可以对表格中的数据进行各种计算和处理。下面通过计算学生成绩表中各学生的总分、平均分和名次，来学习公式和函数的使用方法，任务完成效果如图 4-46 所示。

图 4-46　计算学生成绩表数据后的效果

相关知识

一、认识公式和函数

公式由运算符和参与运算的操作数组成。运算符可为算术运算符、比较运算符、文本运算符和引用运算符；操作数可以是常量、单元格引用和函数等。要输入公式必须先输入=，然后再在其后输入运算符和操作数，否则 Excel 会将输入的内容作为文本型数据处理。图 4-47 所示分别是在某个单元格中输入未使用函数和使用函数的公式。

认识公式和函数

运算符：*（乘）、/（除）、+（加）

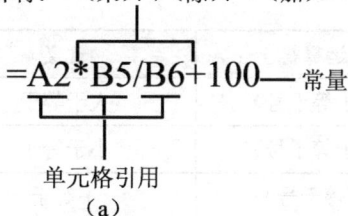

=A2*B5/B6+100——常量

单元格引用

（a）

运算符：*（乘）、/（除）

= AVERAGE(A2:B7)*A4/3 ——常量

函数　　单元格引用

（b）

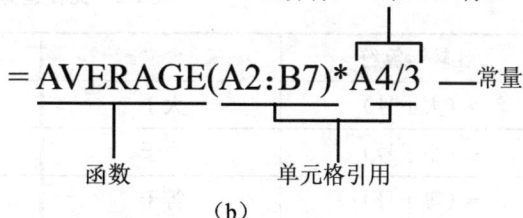

图 4-47　公式组成元素

图 4-47（a）所示公式的意义是：求 A2 单元格与 B5 单元格之积再除以 B6 单元格后加 100 的值；图 4-47（b）所示公式的意义是：使用函数 AVERAGE 求 A2:B7 单元格区域的平均值，并将求出的平均值乘以 A4 单元格后再除以 3。计算机结果将显示在输入公式的单元格中。

函数是预先定义好的表达式，它必须包含在公式中。每个函数都由函数名和参数组成，其中函数名表示将执行的操作（如求平均值函数 AVERAGE），参数表示函数将使用的值的单元格地址，通常是一个单元格区域，也可以是更为复杂的内容。在公式中合理地使用函数，可以完成诸如求和、求平均值、逻辑判断等数据处理功能。

二、公式中的运算符

运算符是用来对公式中的元素进行运算而规定的特殊符号。Excel 包含 4 种类型的运算符：算术运算符、比较运算符、文本运算符和引用运算符。

1. 算术运算符

算术运算符有 6 个，如表 4-1 所示，其作用是完成基本的数学运算，并产生数字结果。

表 4-1　算术运算符及其含义

算术运算符	含义	实例
+（加号）	加法	A1+A2
-（减号）	减法或负数	A1-A2
*（星号）	乘法	A1*2

（续表）

算术运算符	含义	实例
/（正斜杠）	除法	A1/3
%（百分号）	百分比	50%
^（脱字号）	乘方	2^3

2．比较运算符

比较运算符有 6 个，如表 4-2 所示，它们的作用是比较两个值，并得出一个逻辑值，即 TRUE（真）或 FALSE（假）。

表 4-2　比较运算符及其含义

比较运算符	含义	比较运算符	含义
>（大于号）	大于	>=（大于等于号）	大于等于
<（小于号）	小于	<=（小于等于号）	小于等于
=（等于号）	等于	<>（不等于号）	不等于

3．文本运算符

使用文本运算符&（与号）可将两个或多个文本值串起来产生一个连续的文本值。例如：输入"祝你"&"快乐、开心！"会生成"祝你快乐、开心！"。

4．引用运算符

引用运算符有 3 个，如表 4-3 所示，它们的作用是对单元格区域中的数据进行合并计算。

表 4-3　引用运算符及其含义

引用运算符	含义	实例
:（冒号）	区域运算符，用于引用单元格区域	B5:D15
,（逗号）	联合运算符，用于引用多个单元格区域	B5:D15,F5:I15
（空格）	交叉运算符，用于引用两个单元格区域的交叉部分	B7:D7 C6:C8

三、单元格引用

单元格引用用来指明公式中所使用的数据的位置，它可以是一个单元格地址，也可以是单元格区域。通过单元格引用，可以在一个公式中使用工作表不同部分的数据，或者在多个公式中使用一个单元格中的数据；还可以引用同一个工作簿中不同工作表中的数据。当公式中引用的单元格数值发生变化时，公式的计算结果也会自动更新。

单元格引用

1．相同或不同工作簿、工作表中的引用

对于同一工作表中的单元格引用，直接输入单元格或单元格区域地址即可。

在当前工作表中引用同一工作簿、不同工作表中的单元格的表示方法为

工作表名称！单元格或单元格区域地址

例如，sheet2!F8:F16，表示引用 sheet2 工作表，F8:F16 单元格区域中的数据。

在当前工作表中引用不同工作簿中的单元格的表示方法为

[工作簿名称.xlsx]工作表名称！单元格（或单元格区域）地址

注意：引用某个单元格区域时，应先输入单元格区域起始位置的单元格地址，然后输入引用运算符，再输入单元格区域结束位置的单元格地址。

2．相对引用、绝对引用和混合引用

公式中的引用分为相对引用、绝对引用和混合引用，下面分别说明。

➢ **相对引用**：相对引用是 Excel 默认的单元格引用方式，它直接用单元格的列标和行号表示单元格，例如 B5；或用引用运算符表示单元格区域，如 B5:D15。在移动或复制公式时，系统会根据移动的位置自动调整公式中引用的单元格地址。

➢ **绝对引用**：绝对引用是指在单元格的列标和行号前面都加上"$"符号，如$B$5。不论将公式复制或移动到什么位置，绝对引用的单元格地址都不会改变。

➢ **混合引用**：指引用中既包含绝对引用又包含相对引用，如 A$1 或$A1 等，用于表示列变行不变或列不变行变的引用。

任务实施

一、使用公式计算每个学生的总分

使用公式计算总分

步骤1▶ 继续在设置条件格式后的工作表中进行操作。单击要输入公式的单元格 G3，然后输入等号=，如图 4-48（a）所示。

步骤2▶ 输入要参与运算的单元格和运算符 c3+d3+e3+f3，如图 4-48（b）所示。也可以直接单击要参与运算的单元格，将其添加到公式中。

(a)   (b)

图 4-48 输入公式

步骤3▶ 按 Enter 键或单击编辑栏中的"输入"按钮 ✓ 结束公式编辑，得到计算结果，即第一个学生的总分，如图 4-49 所示。

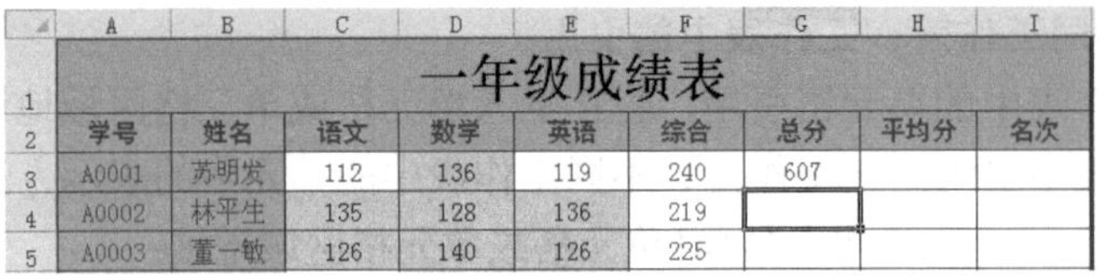

图 4-49　计算出第一个学生的部分

步骤 4▶　选中含有公式的单元格，然后将鼠标指针移动到该单元格右下角的填充柄处，此时鼠标指针由空心 ✛ 变成实心的十字形，如图 4-50（a）所示，按住鼠标左键向下拖动，至目标位置后释放鼠标左键，将求和公式复制到同列的其他单元格中，计算出其他学生的总分，结果如图 4-50（b）所示。

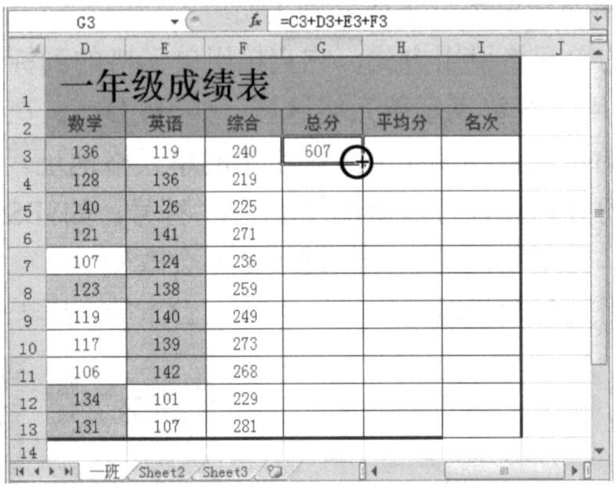

（a） 　　　　　　　　　　（b）

图 4-50　复制公式计算其他学生的总分

提　示

　　创建公式后，若需要修改公式，可双击包含公式的单元格，然后修改公式中引用的单元格地址或运算符等。此外，也可以单击包含公式的单元格，然后通过编辑栏修改公式。

　　除了利用拖动填充柄方式复制公式外，也可利用复制、剪切和粘贴命令，或拖动方式来复制和移动公式，具体操作与前面介绍的复制和移动数据相同，在此不再赘述。

二、使用函数计算每个学生的平均分

使用"自动求和"按钮列表中的选项来快速输入求平均值函数。

步骤 1▶　单击 H3 单元格，然后单击"开始"选项卡"编辑"组"自动求和"按钮右侧的三角按钮，从弹出的列表中选择"平均值"选项，如图 4-51（a）所示。

步骤 2▶　在所选单元格中显示输入的函数，并自动选择了求平均值的单元格区域，这里拖动鼠标重新选择需要引用的单元格区

使用函数计算平均分

域 C3:F3，如图 4-51（b）所示。

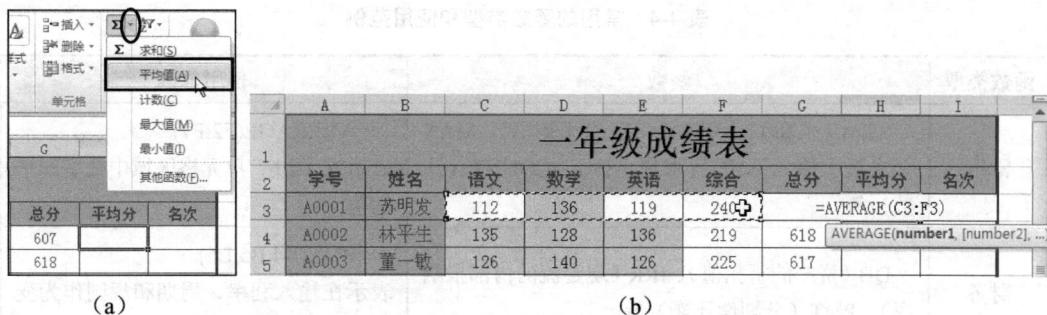

（a）　　　　　　　　　　（b）

图 4-51　选择"自动求和"列表中的"平均值"项计算平均分

提　示

利用"自动求和"按钮列表中的"求和"函数（函数名为 SUM），可以求所引用的单元格区域中的数据之和。求和、计数、最大值和最小值函数的用法与求平均值函数（AVERAGE）相同。

步骤 3▶　按 Enter 键求出 C3:F3 单元格区域数据的平均值，即求出第一个学生各科成绩的平均分，如图 4-52（a）所示，然后选中 H3 单元格，拖动填充柄到单元格 H13，计算出其他学生的平均分，效果如图 4-52（b）所示。

（a）　　　　　　　　　　（b）

图 4-52　复制公式计算其他学生的平均分

Excel 提供了大量的函数，表 4-4 列出了常用的函数类型和使用范例。

表 4-4 常用的函数类型和使用范例

函数类型	函数	使用范例
常用	SUM（求和）、AVERAGE（求平均值）、MAX（求最大值）、MIN（求最小值）、COUNT（计数）等	=AVERAGE(F2:F7) 表示求 F2:F7 单元格区域中数字的平均值
财务	DB（资产的折扣值）、IRR（现金流的内部报酬率）、PMT（分期偿还额）等	=PMT(B4,B5,B6) 表示在输入利率、周期和规则作为变量时，计算周期支付值
日期与时间	DATA（日期）、HOUR（小时数）、SECOND（秒数）、TIME（时间）等	=DATA(C2,D2,E2) 表示返回 C2,D2,E2 所代表的日期的序列号
数学与三角	ABS（求绝对值）、EXP（求指数）、SIN（求正弦值）、ACOSH（反双曲余弦值）、INT（求整数）、LOG（求对数）、RAND（产生随机数）等	=ABS(E4) 表示得到 E4 单元格中数值的绝对值，即不带负号的绝对值
统计	AVERAGE（求平均值）、AVEDEV（绝对误差的平均值）、COVAR（求协方差）、BINOM.DIST（一元二项式分布概率）、RANK（求大小排名）	=COVAR(A2:A6,B2:B6) 表示求 A2:A6 和 B2:B6 单元格区域数据的协方差
查找与引用	ADDRESS（单元格地址）、AREAS（区域个数）、COLUMN（返回列标）、LOOKUP（从向量或数组中查找值）、ROW（返回行号）等	= ROW(C10) 表示返回引用单元格所在行的行号
逻辑	AND（与）、OR（或）、FALSE（假）、TRUE（真）、IF（如果）、NOT（非）	=IF(A3>=B5,A3*2,A3/B5) 表示使用条件测试 A3 是否大于等于 B5，条件结果要么为真，要么为假

三、使用函数计算每个学生名次

除了前面介绍的输入函数的方法外，也可以使用函数向导来输入函数。下面使用 RANK.EQ 函数计算每个学生的名次。该函数的作用是返回一个数字在数字列表中的排位。

步骤 1▶ 单击"名次"列中的单元格 I3，然后单击编辑栏左侧的"插入函数"按钮 f_x，如图 4-53（a）所示，打开"插入函数"对话框，选择"统计"类别，再选择"RANK.EQ"函数，单击"确定"按钮，如图 4-53（b）所示。

使用函数计算名次

步骤 2▶ 弹出"函数参数"对话框，单击第一个参数右侧的按钮 📷，如图 4-53（c）所示。

（a）

（b）

（c）

图 4-53　选择 RANK.EQ 函数

提 示

RANK.EQ 函数的语法为：RANK.EQ(Number,Ref,Order)。其中，

Number：要进行排位的数字。

Ref：参与排位的数字列表或单元格区域。Ref 中的非数值型数据将被忽略。

Order：设置数字列表中数字的排位方式。若 Order 为 0（零）或省略，系统将基于 Ref 按降序对数字进行排位；若 Order 不为零，系统将基于 Ref 按升序对数字进行排位。

函数 RANK.EQ 对重复数的排位相同，但重复数的存在将影响后续数值的排位。例如，在一列按升序排序的整数中，如果数字 10 出现两次，其排位为 5，则 11 的排位为 7（没有排位为 6 的数值）。

　　步骤 3▶　弹出压缩的"函数参数"对话框，在工作表中选择要进行排位的单元格 G3，然后单击▦按钮，如图 4-54 所示，重新展开"函数参数"对话框。

	A	B	C	D	E	F	G	H	I
1	一年级成绩表								
2	学号	姓名	语文	数学	英语	综合	总分	平均分	名次
3	A0001	苏明发	112	136	119	240	607	151.8	EQ(G3)
4	A0002	林平生	135	128	136	219	618	154.5	
5	A0003	董一敏	126	140	126	225	617	154.3	
6	A0004	函数参数							
7	A0005	G3							
8	A0006	金海莉	118	123	138	259	638	159.5	
9	A0007	肖友海	120	119	140	249	628	157.0	
10	A0008	邓同智	105	117	139	273	634	158.5	
11	A0009	朱仙明	118	106	142	268	634	158.5	
12	A0010	朱兆祥	113	134	101	229	577	144.3	
13	A0011	王晓芬	124	131	107	281	643	160.8	

一班　Sheet2　Sheet3

图 4-54　选择要排位的单元格

步骤4▶ 单击"函数参数"对话框中第2个参数右侧的▦按钮，然后在工作表中拖动鼠标选择参与排位的单元格区域，本例为G3:G13单元格区域，再单击▦按钮，如图4-55所示，重新展开"函数参数"对话框。

步骤5▶ 在"函数参数"对话框引用的单元格区域的行号和列标前均加上"$"符号（在行号和列标前加"$"符号，表示使用绝对单元格地址，这样可以保证后面复制排序公式时，公式内容不变，返回的排名准确），如图4-56所示。

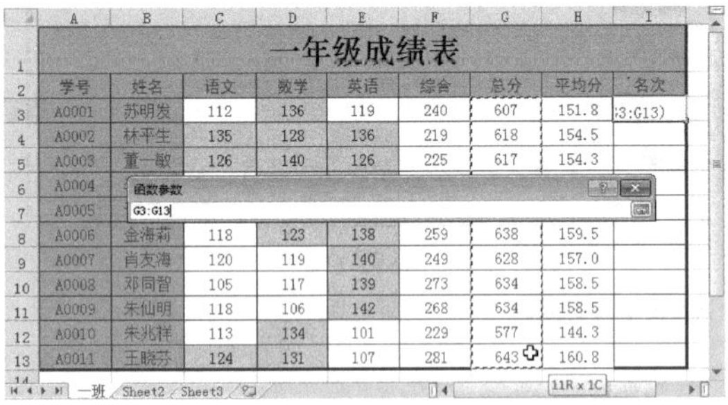

图 4-55 选择要排位的单元格区域 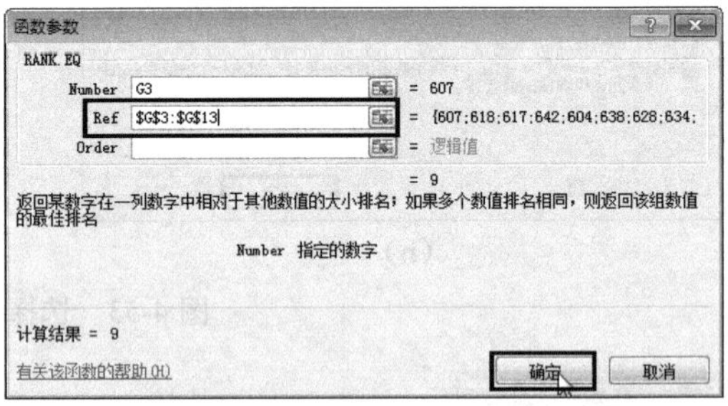   图 4-56 在所选单元格区域的行号和列标前加"$"符号

步骤6▶ 单击"确定"按钮，计算出第一个学生的排名名次，即G3单元格在单元格区域G3:G13中的排名，如图4-57（a）所示。

步骤7▶ 拖动H3单元格的填充柄到单元格H13，计算出其他学生的名次，结果如图4-57（b）所示。至此就完成了学生成绩表的计算。

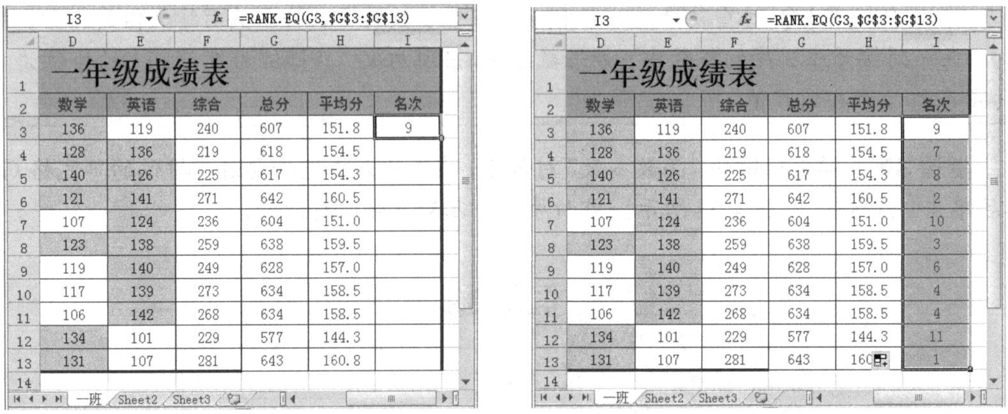

（a）   （b）

图 4-57 计算其他学生的名次

提 示

也可以使用"公式"选项卡"函数库"组中的按钮来输入函数，方法是单击相应函数类型下方的三角按钮，从弹出的列表中选择需要插入的函数，如图4-58所示。

此外，也可手工输入函数，方法是首先在单元格中输入 "=" 号，即进入公式编辑状态，然后输入函数名称，再紧跟着输入一对括号，括号内为一个或多个参数（如单元格引用），参数之间要用逗号来分隔。

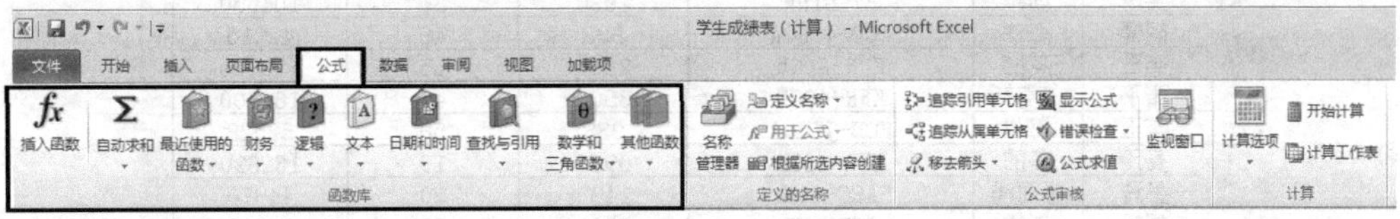

图 4-58　"公式"选项卡

任务五　管理销售表数据

本任务通过处理和分析空调销售表中的数据，学习数据的排序、筛选与分类汇总操作。

相关知识

除了可以利用公式和函数对工作表数据进行计算和处理外，还可以利用 Excel 提供的数据排序、筛选、分类汇总等功能来管理和分析工作表中的数据。

➢ **数据排序**：Excel 可以对整个数据表或选定的单元格区域中的数据按文本、数字或日期和时间等进行升序或降序排序。

➢ **数据筛选**：使用筛选可使数据表中仅显示那些满足条件的行，不符合条件的行将被隐藏。Excel 提供了两种筛选命令——自动筛选和高级筛选。无论使用哪种方式，要进行筛选操作，数据表中必须有列标签。

➢ **分类汇总**：分类汇总是把数据表中的数据分门别类地进行统计处理，不需建立公式，Excel 会自动对各类别的数据进行求和、求平均值等多种计算。

任务实施

一、制作空调销售表

制作空调销售表的具体步骤如下：

步骤 1▶ 新建一个空白工作簿，在 Sheet1 工作表中输入某商场第一季度空调销售数据，其中"销售额"列中的数据通过公式计算得出，如图 4-59 所示。

步骤 2▶ 对工作表进行简单的格式设置，然后将工作簿保存为"空调销售表"。用户也可直接打开本书配套素材"项目四"文件夹中的"空调销售表"进行后面的操作。

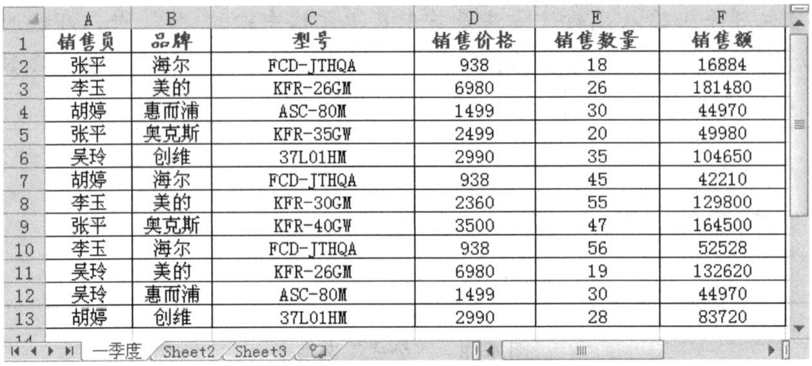

	A	B	C	D	E	F
1	销售员	品牌	型号	销售价格	销售数量	销售额
2	张平	海尔	FCD-JTHQA	938	18	16884
3	李玉	美的	KFR-26GM	6980	26	181480
4	胡婷	惠而浦	ASC-80M	1499	30	44970
5	张平	奥克斯	KFR-35GW	2499	20	49980
6	吴玲	创维	37L01HM	2990	35	104650
7	胡婷	海尔	FCD-JTHQA	938	45	42210
8	李玉	美的	KFR-30GM	2360	55	129800
9	张平	奥克斯	KFR-40GW	3500	47	164500
10	李玉	海尔	FCD-JTHQA	938	56	52528
11	吴玲	美的	KFR-26GM	6980	19	132620
12	吴玲	惠而浦	ASC-80M	1499	30	44970
13	胡婷	创维	37L01HM	2990	28	83720

图 4-59 制作的空调销售表

二、数据排序

在 Excel 中，如果只是对一列数据进行排序，可选中该列中的任意单元格，然后单击"数据"选项卡"排序和筛选"组中的"升序"按钮或"降序"按钮，如图 4-60 所示。此时，同一行其他单元格的位置也将随之变化。

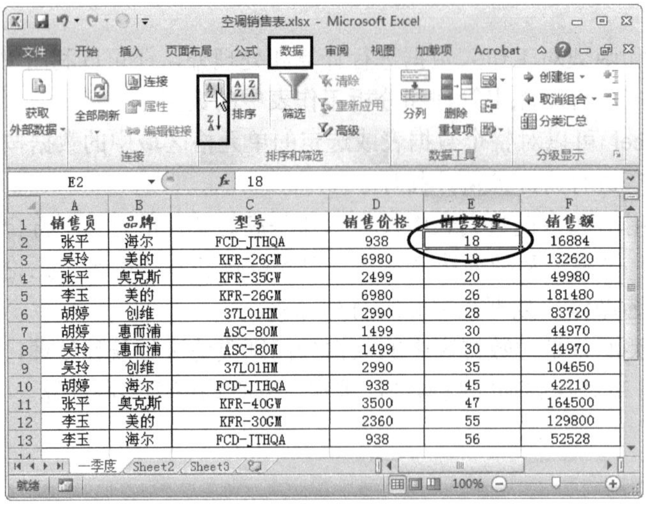

数据排序

图 4-60 对"销售数量"列进行升序排序

对多列数据进行排序的具体操作步骤如下：

步骤 1▶ 单击"数据"选项卡"排序和筛选"组中的"排序"按钮，打开"排序"对话框，在该对话框中选择主要关键字，如"品牌"，并选择排序依据和排序次序，如图 4-61（a）所示。

步骤 2▶ 单击对话框中的"添加条件"按钮，添加一个次要条件，并参照图 4-61（b）所示设置次要关键字的条件。

（a）　　　　　　　　　　　　　（b）

图 4-61　设置主要关键字和次要关键字条件

步骤 3▶　如果需要的话，可参照步骤 2 所述操作，为排序添加多个次要关键字，然后单击"确定"按钮进行排序。此时，系统先按照主关键字条件对工作表中各行进行排序；若数据相同，则将数据相同的行按照次关键字进行排序，排序结果如图 4-62 所示，最后将工作簿另存为"空调销售表（数据排序）"。

提　示

若选中某一列的单元格区域后单击"升序"或"降序"按钮，将会弹出图 4-63 所示的"排序提醒"对话框。当选中"以当前选定区域排序"单选按钮时，系统只对当前单元格区域的数据进行排序，同一行其他单元格的位置不发生变化。

图 4-62　多关键字排序结果

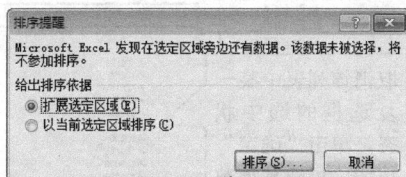

图 4-63　"排序提醒"对话框

三、数据筛选

使用筛选可使数据表中仅显示那些满足条件的行，不符合条件的行将被隐藏。Excel 2010 中可以使用两种方式筛选数据——自动筛选和高级筛选。

1. 自动筛选

这种筛选方法可以轻松地显示出工作表中满足条件的记录行，它适用于简单条件的筛选。自动筛选有 3 种筛选类型：按列表值、按格式或按条件。这 3 种筛选类型是互斥的，用户只能选择其中的一种进行数据筛选。

数据筛选

步骤1▶ 打开"空调销售表"工作簿，单击有数据的任意单元格，或选中要参与数据筛选的单元格区域A1:F13，然后单击"数据"选项卡"排序和筛选"组中的"筛选"按钮，此时标题行单元格的右侧将出现三角筛选按钮，如图4-64所示。

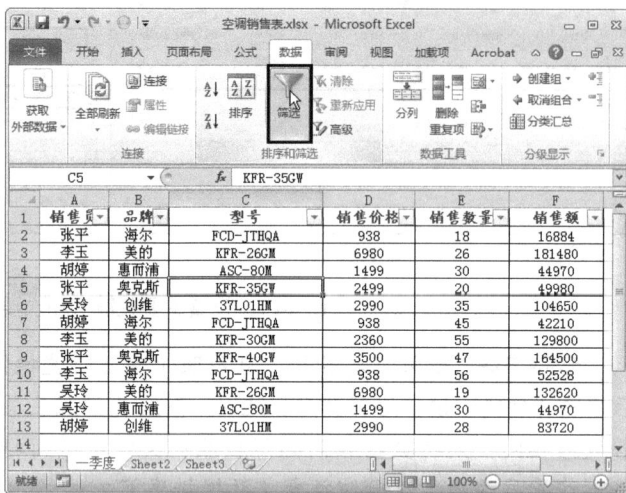

步骤2▶ 单击"销售额"列标题右侧的三角筛选按钮，在展开的列表中选择"数字筛选"，在展开的子列表中选择一种筛选条件，如"大于或等于"项，在打开的"自定义自动筛选方

图4-64 单击"筛选"按钮进行自动筛选

式"对话框中输入100000，然后单击"确定"按钮，如图4-65所示。此时，销售额小于100000的数据将被隐藏，如图4-66所示。

图4-65 按条件进行筛选

图4-66 筛选结果

步骤3▶ 将工作簿另存为"电器销售表（自动筛选）"。

2. 高级筛选

这种筛选方法用于通过复杂的条件来筛选单元格区域。使用时，首先在选定工作表中的指定区域创建筛选条件，然后选择参与筛选的数据区域和筛选条件以进行筛选。

步骤1▶ 打开"空调销售表"工作簿，在工作表的空白单元格中输入列标题和对应的筛选条件，单击数据区域中任一单元格，也可先选中要进行高级筛选的数据区域，然后单击"数据"选项卡"排序和筛选"组中的"高级"按钮，如图 4-67 所示，此时如果出现提示对话框，单击"确定"按钮，打开"高级筛选"对话框。

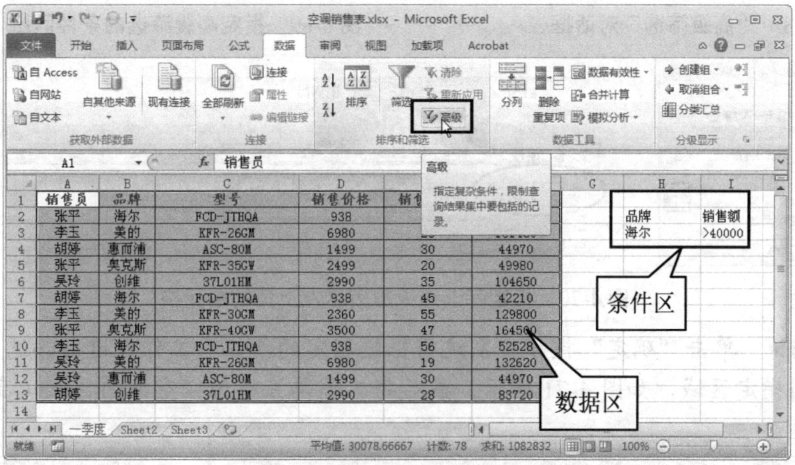

图 4-67　输入列标题和筛选条件

提　示

条件区域与数据区域之间至少要有一个空列或空行，而且条件可以是两列或两列以上，也可以是单列中的多个条件。另外，筛选条件中的字符一定要与数据表中的字符相匹配，否则筛选时会出错。

步骤2▶ 在"高级筛选"对话框中确认"列表区域"（即数据区域）中显示的单元格区域是否正确（若不正确，可单击其右侧的按钮，然后在工作表中重新选择要进行筛选操作的单元格区域），然后设置筛选结果的显示方式，如图 4-68 所示。

步骤3▶ 单击"高级筛选"对话框"条件区域"右侧的按钮，打开"高级筛选-条件区域"对话框，然后在工作表中拖动鼠标选择步骤 1 设置的条件区域，再单击对话框中的按钮，返回"高级筛选"对话框，如图 4-69 所示。

步骤4▶ 单击"复制到"右侧的按钮，打开"高级筛选-复制到"对话框，然后在工作表中单击某一单元格，将其设置为筛选结果放置区左上角的单元格，再单击"高级筛选-复制到"对话框中的按钮，返回"高级筛选"对话框，如图 4-70 所示。

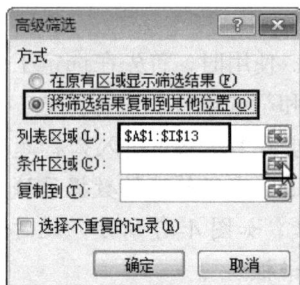

图 4-68　"高级筛选"对话框

图 4-69　指定高级筛选的条件区域

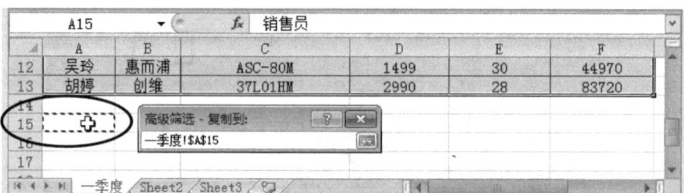

图 4-70　指定筛选结果放置区左上角的单元格

步骤 5▶　单击"确定"按钮，系统将根据指定的条件对工作表进行筛选，并将筛选结果放置到指定区域，如图 4-71 所示。最后将工作簿另存为"空调销售表（高级筛选）"。

图 4-71　筛选结果

3．取消筛选

如果要取消对某一列进行的筛选，可单击该列列标签单元格右侧的三角按钮，在展开的列表中选中"全选"复选框，然后单击"确定"按钮。要取消对所有列进行的筛选，可单击"数据"选项卡"排序和筛选"组中的"清除"按钮。如果要删除数据表中的三角筛选按钮，可单击"数据"选项卡"排序和筛选"组中的"筛选"按钮。

四、分类汇总

分类汇总有简单分类汇总和嵌套分类汇总之分，无论哪种汇总

分类汇总

方式，进行分类汇总的数据表的第一行必须有列标签，而且在分类汇总前必须对作为分类字段的列进行排序。

1. 简单分类汇总

简单分类汇总是指以数据表中的某列作为分类字段进行汇总。下面在"空调销售表"中以"销售员"作为分类字段，对"销售额"进行求和分类汇总。

步骤1▶ 打开"空调销售表"工作簿，对"销售员"列数据进行升序排列，效果如图 4-72 所示。

步骤2▶ 单击工作表中有数据的任一单元格，然后单击"数据"选项卡"分级显示"组中的"分类汇总"按钮，打开"分类汇总"对话框，在"分类字段"下拉列表中选择要分类的字段

图 4-72　按销售员对数据进行升序排序

"销售员"，在"汇总方式"下拉列表中选择汇总方式"求和"，在"选定汇总项"列表中选择要汇总的项目"销售额"（可以选择多个汇总项），如图 4-73 所示。

步骤3▶ 单击"确定"按钮，即可将工作表中的数据按销售员对销售额进行汇总，如图 4-74 所示。最后另存工作簿为"空调销售表（按销售员分类汇总）"。

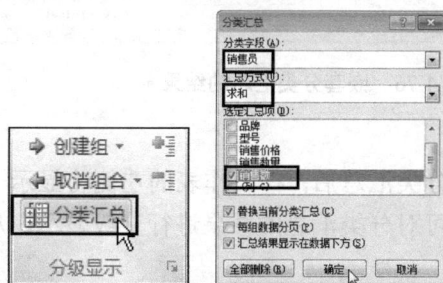

图 4-73　设置简单分类汇总的参数　　　　　图 4-74　简单分类汇总的结果

> **提 示**
>
> 若希望对该表继续以"销售员"作为分类字段，选择其他"汇总方式"、"选定汇总项"进行分类汇总，可再次打开"分类汇总"对话框，在"汇总方式"下拉列表选择其他汇总方式，如"计数"，在"选定汇总项"下拉列表中选择"型号"，再取消选择"替换当前分类汇总"复选框，单击"确定"按钮。该方式也被称为多重分类汇总。

2. 嵌套分类汇总

嵌套分类汇总用于对多个分类字段进行汇总。例如，若希望在"空调销售表"中分别以"销售员"和"品牌"作为分类字段，对"销售额"进行求和汇总，其操作步骤如下：

步骤1▶ 打开"空调销售表"，进行多关键字排序。其中，主要关键字为"销售员"，

按升序排列；次要关键字为"品牌"，按降序排列。

步骤2▶ 参考简单分类汇总的操作，以"销售员"作为分类字段，对"空调销售表"进行第一次分类汇总（参数设置与前面的操作相同）。

步骤3▶ 再次打开"分类汇总"对话框，设置"分类字段"为"品牌"，"汇总方式"为"求和"，"选定汇总项"为"销售额"，并取消"替换当前分类汇总"复选框，单击"确定"按钮，如图4-75所示，效果如图4-76所示。

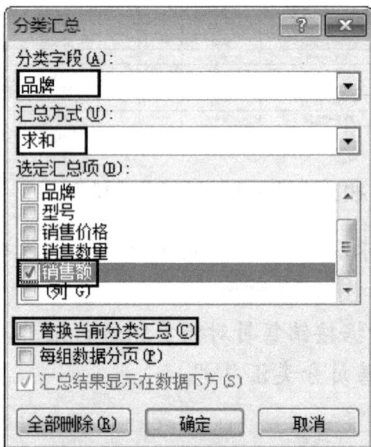

图 4-75　第二次分类汇总的参数　　　　图 4-76　嵌套分类汇总的结果

3．分级显示数据

从图4-76可以看出，对工作表中的数据执行分类汇总后，在工作表的左侧将显示一些符号，如 1 2 3 4 、⊟等，通过单击这些符号可对分类汇总的结果进行分级显示，从而显示或隐藏工作表中的明细数据。

> **分级显示明细数据**：单击分级显示符号 1 2 3 4 可显示相应级别的数字，较低级别的明细数据会隐藏起来。

> **隐藏与显示明细数据**：单击工作表左侧的折叠按钮 ⊟ 可以隐藏对应汇总项的原始数据，此时该按钮变为 ⊞，单击该按钮将显示原始数据。

> **清除分级显示**：不需要分级显示时，可以根据需要将其部分或全部删除。要取消部分分级显示，可先选择要取消分级显示的行，然后单击"数据"选项卡上"分级显示"组中的"取消组合">"清除分级显示"项。要取消全部分级显示，可单击分类汇总工作表中的任意单元格，然后选择"清除分级显示"项。

4．取消分类汇总

要取消分类汇总，可打开"分类汇总"对话框，单击"全部删除"按钮。删除分类汇总的同时，Excel会删除与分类汇总一起插入到列表中的分级显示。

任务六　制作销售图表和数据透视表

通过制作空调销售图表以比较各销售员的销售数据，学习在 Excel 中创建、编辑和美化图表方法。此外，还将通过创建空调销售数据透视图，以查看、汇总、筛选和分析各销售员或各品牌的销售数据，学习创建数据透视图的方法。

相关知识

一、认识图表

利用 Excel 图表可以直观地反映工作表中的数据，方便用户进行数据的比较和预测。

创建和编辑图表，首先需要认识图表的组成元素（称为图表项），以柱形图为例，它主要由图表区、标题、绘图区、坐标轴、图例、数据系列等组成，如图 4-77 所示。

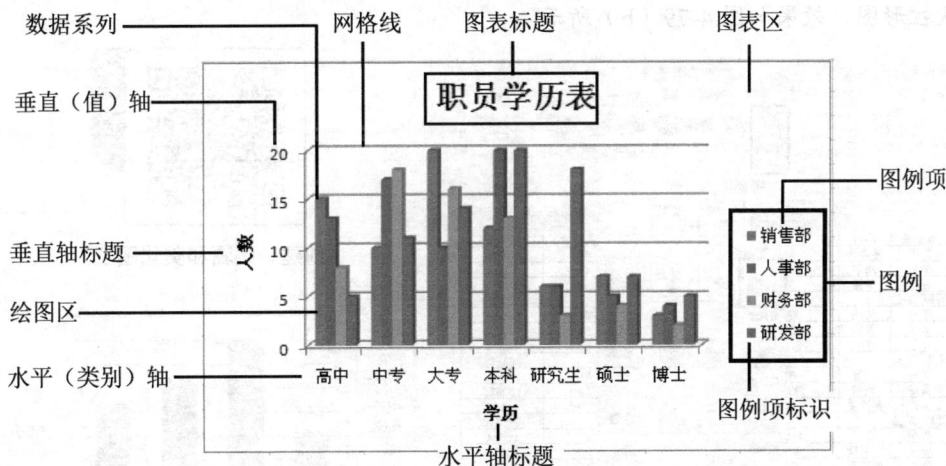

图 4-77　图表组成元素

Excel 2010 支持创建各种类型的图表，如柱形图、折线图、饼图、条形图、面积图、散点图等，可以用多种方式表示工作表中的数据，如图 4-78 所示。例如，可以用柱形图比较数据间的多少关系；用折线图反映数据的变化趋势；用饼图表现数据间的比例分配关系。

图 4-78　图表类型

二、认识数据透视表

数据透视表能够将数据筛选、排序和分类汇总等操作依次完成（不需要使用公式和函数），并生成汇总表格，这是 Excel 强大数据处理能力的具体体现。

为确保数据可用于数据透视表，在创建数据源时需要做到以下几方面：

➤ 删除所有空行或空列。

➤ 删除所有自动小计。

➤ 确保第一行包含列标签。

➤ 确保各列只包含一种类型的数据，而不能是文本与数字的混合。

任务实施

一、创建图表

"空调销售表（按销售员分类汇总）"中的数据图表创建的具体步骤如下：

步骤1▶ 打开"空调销售表（按销售员分类汇总）"工作簿，然后选中要创建图表的数据区域，本例选择A5，A9，A13，A17，F5，F9，F13，F17单元格，如图4-79（a）所示。

步骤2▶ 单击"插入"选项卡上"图表"组中的"柱形图"按钮，在展开的列表中选择"三维簇状柱形图"，如图4-79（a）所示。此时，系统将在工作表中插入一张嵌入式三维簇状柱形图，效果如图4-79（b）所示。

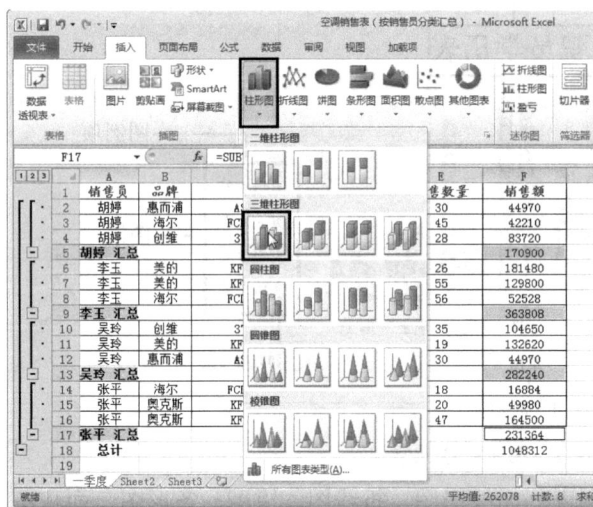

创建、编辑和美化图表

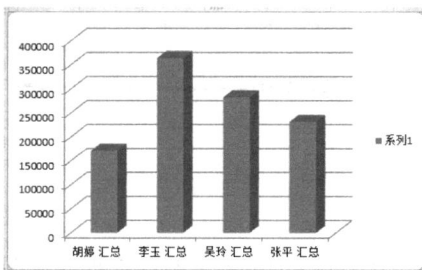

（a）　　　　　　　　　　　　　　（b）

图 4-79　创建图表

二、编辑图表

图表创建后将自动被选中，此时在 Excel 2010 的功能区将出现"图表工具"选项卡，其包括 3 个子选项卡：设计、布局和格式。用户可以利用这 3 个子选项卡对创建的图表进行编辑和美化。"图表工具　布局"选项卡主要用来添加或取消图表的组成元素。

步骤1▶ 单击图表将其激活，在"图表工具　布局"选项卡的"标签"组中单击"图表标题"按钮，在展开的列表中选择"图表上方"，然后将图表标题修改为"一季度空调销售图表"，如图 4-80 所示。

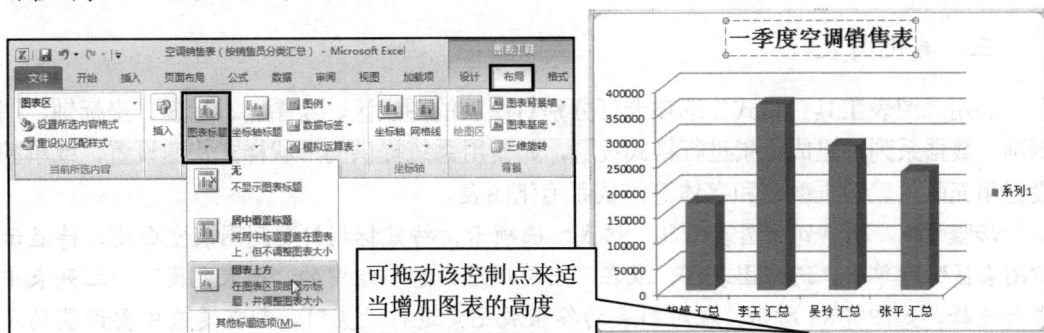

图 4-80 添加图表标题

步骤 2▶ 在"布局"选项卡的"标签"组中单击"坐标轴标题"按钮，在展开的列表中选择"主要横坐标轴标题">"坐标轴下方标题"项，如图 4-81（a）所示，然后输入坐标轴标题名称"销售员"，如图 4-81（b）所示。

（a）　　　　　　（b）

图 4-81 为图表添加横坐标轴标题

步骤 3▶ 在"坐标轴标题"下拉列表中选择"主要纵坐标轴标题">"竖排标题"选项，然后输入标题"销售额"；再参考图 4-82（a）、图 4-82（b）将"图例"项关闭，以及添加"数据标签"，再采用拖动方式适当调整标题"销售员"位置，此时的图表效果如图 4-82（c）所示。

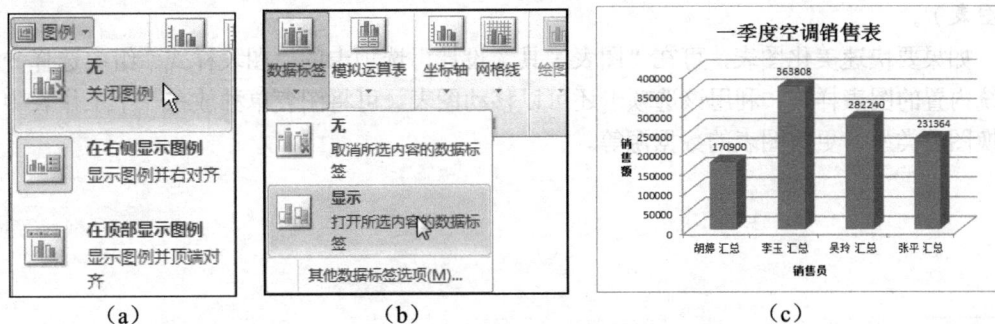

（a）　　　　　　（b）　　　　　　（c）

图 4-82 添加主要纵坐标轴标题和数据标签并关闭图例项

如果要快速设置图表布局，可在"图表工具 设计"选项卡的"图表布局"组中选择一种系统内置的布局样式。

三、美化图表

利用"图表工具 格式"选项卡可分别对图表的图表区、绘图区、标题、坐标轴、图例项、数据系列等组成元素进行格式设置，如使用系统提供的形状样式快速设置，或单独设置填充颜色、边框颜色和字体等，从而美化图表。

步骤1▶ 切换到"图表工具 格式"选项卡，将鼠标指针移到图表空白处，待显示"图表区"时单击，选中图表区，或在"当前所选内容"组中的"图表元素"下拉列表中进行选择，如图 4-83 所示。在对图表的各组成元素进行设置时，都需要选中要设置的元素，用户可参考选择图表区的方法来选择图表的其他组成元素。

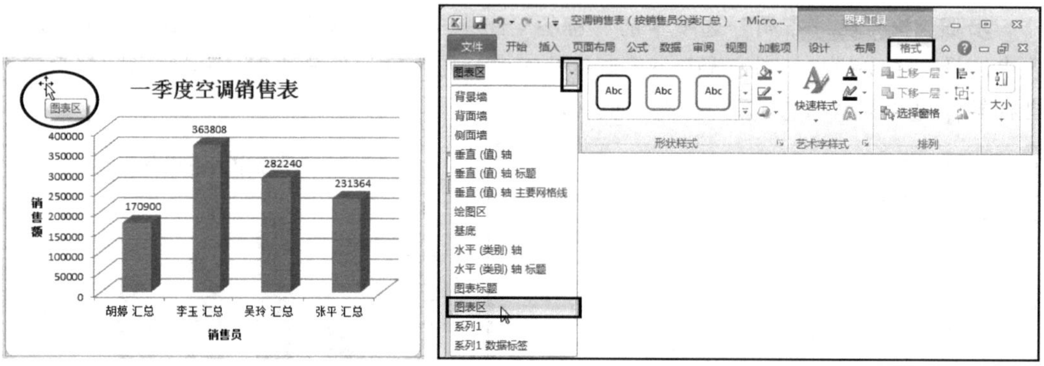

图 4-83 选择图表元素"图表区"

步骤2▶ 单击"形状样式"组中的"形状填充"按钮，在弹出的颜色列表中为图表区设置颜色，如橙色，如图 4-84（a）所示。

步骤3▶ 在"当前所选内容"组中的"图表元素"下拉列表中选择"绘图区"，选中图表的绘图区，然后在"形状样式"组的列表中选择一种样式，如图 4-84（b）所示。

步骤4▶ 参考前面的方法，选择"系列 1"并为其应用系统内置的样式，然后适当调整坐标轴标题的位置，效果如图 4-84（c）所示。最后将工作簿另存为"空调销售表（美化图表）"。

如果要快速美化图表，可在"图表工具 设计"选项卡的"图表样式"组中选择一种系统内置的图表样式。利用该选项卡还可以移动图表（可将图表单独放在一个工作表中），转换图表类型，更改图表的数据源等。

图 4-84　美化图表

四、创建数据透视表

创建数据透视表的操作很简单，读者要重点掌握的是如何利用它筛选和分类汇总数据，以对数据进行立体化的分析。

步骤 1▶ 打开本书配套"空调销售表（透视表素材）"工作簿，为了更好地说明数据透视表的应用，在原"空调销售表"中添加了"销售部"列，如图 4-85（a）所示。

创建和应用数据透视表

步骤 2▶ 单击任意非空单元格，然后单击"插入"选项卡"表格"组中的"数据透视表"按钮，在展开的列表中选择"数据透视表"选项，如图 4-85（a）所示。

步骤 3▶ 在打开对话框的"表/区域"编辑框中自动显示了工作表名称和单元格区域的引用，如图 4-85（b）所示。如果显示的单元格区域引用不正确，可以单击其右侧的压缩对话框按钮，然后在工作表中重新选择。确认选中"新工作表"单选按钮（表示将数据透视表放在新工作表中），然后单击"确定"按钮。

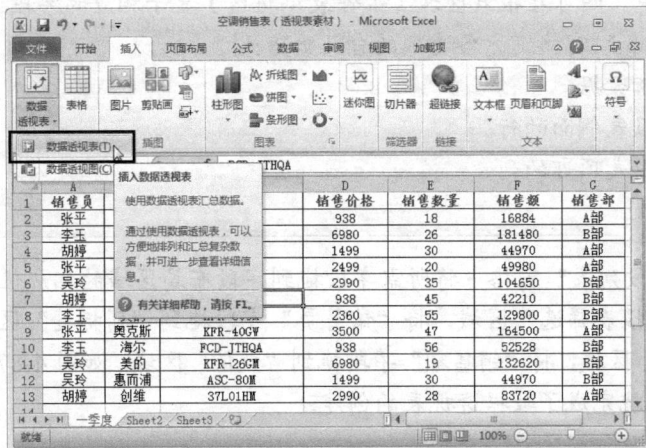

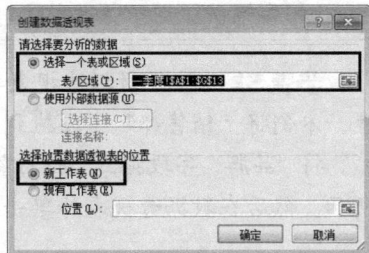

（a）

（b）

图 4-85　选择"数据透视表"项打开"创建数据透视表"对话框

步骤 4▶ 创建一个新工作表并在其中添加一个空的数据透视表。此时，Excel 2010 的功能区自动显示"数据透视表工具"选项卡，包括两个子选项卡，工作表编辑区的右侧将显示出"数据透视表字段列表"窗格，以便用户添加字段、创建布局和自定义数据透视表，如图 4-86 所示。

图 4-86 空的数据透视表

提 示

默认情况下，"数据透视表字段列表"窗格显示两部分：上方的字段列表区是源数据表中包含的字段（列标签），将其拖入下方字段布局区域中的"报表筛选"、"列标签"、"行标签"和"数值"等列表框中，即可在报表区域（工作表编辑区）显示相应的字段和汇总结果。"数据透视表字段列表"窗格下方各选项的含义如下：

数值：用于显示需要汇总数值数据。

行标签：用于将字段显示为报表侧面的行。

列标签：用于将字段显示为报表顶部的列。

报表筛选：用于筛选整个报表。

步骤 5▶ 在"数据透视表字段列表"窗格中将所需字段拖到字段布局区域的相应位置。本例将"销售部"字段拖到"报表筛选"区域，将"销售员"字段拖到"列标签"区域，将"品牌"字段拖到"行标签"区域，将"销售额"字段拖到"数值"区域，如图 4-87 所示。然后在数据透视表外单击，就完成了数据透视表的创建。

如果选择字段左侧的复选框，则默认情况下，非数值字段会被添加到"行标签"区域，数值字段会被添加到"值"区域。也可以右击字段名，然后在弹出的菜单中选择要添加到的位置

图 4-87　对数据透视表进行布局

步骤 6▶　要分别查看各销售部门的汇总数据，可单击"销售部"右侧的筛选按钮，从弹出的下拉列表中选择要查看的部门，单击"确定"按钮，如图 4-88 所示。

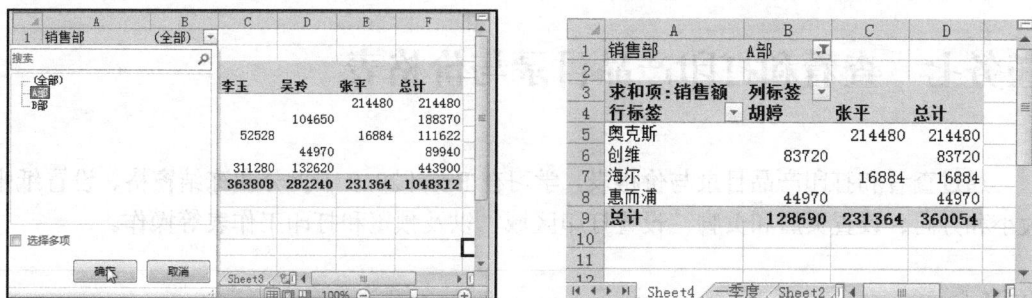

图 4-88　筛选需要汇总的数据

步骤 7▶　还可分别单击"行标签"或"列标签"右侧的筛选按钮，在弹出的列表中选择或取消选择需要单独汇总的记录。

提　示

创建了数据透视表后，单击透视表区域任一单元格，将显示"数据透视表字段列表"窗格，用户可在其中更改字段。其中，在字段布局区单击添加的字段，从弹出的列表中选择"删除字段"项可删除字段；对于添加到"数值"列表中的字段，还可选择"值字段设置"选项，在打开的对话框中重新设置字段的汇总方式，如将"求和"改为"平均值"，如图 4-89 所示。

创建数据透视表后，还可利用"数据透视表工具 选项"选项卡更改数据透视表的数据源，添加数据透视图等。例如，单击"数据透视图"按钮，打开"插入图表"对话框，选择一种图表类型，单击"确定"按钮即可插入数据透视图。

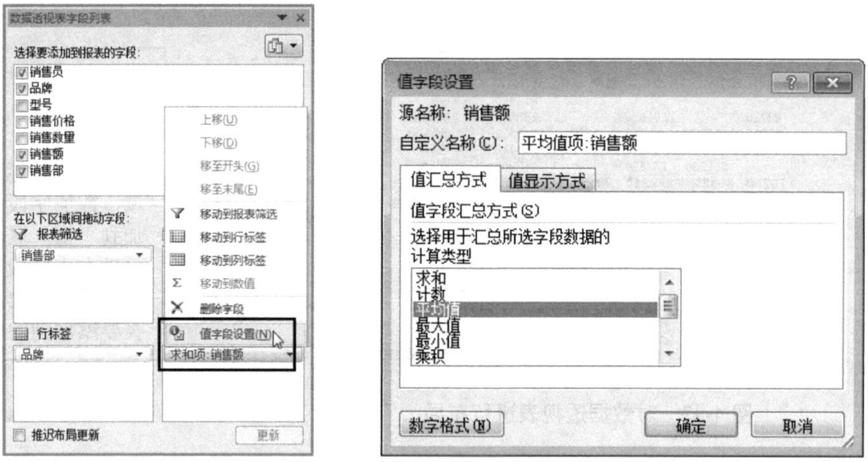

图 4-89　更改数据透视表

任务七　查看和打印产品目录与价格表

通过查看和打印产品目录与价格表，学习在 Excel 2010 中拆分和冻结窗格、设置纸张大小和方向、设置页眉和页脚，设置打印区域，以及预览和打印工作表等操作。

相关知识

- > **拆分窗格**：在对大型表格进行编辑时，由于屏幕所能查看的范围有限而无法做到数据的上下、左右对照，此时就可利用 Excel 提供的拆分功能，对表格进行"横向"或"纵向"分割，以便同时观察或编辑表格的不同部分。
- > **冻结窗格**：在查看大型报表时，往往因为行、列数太多，数据内容与行列标题无法对照。此时，虽可通过拆分窗格来查看，但还是会常常出错。使用"冻结窗格"命令则可解决此问题，从而大大地提高工作效率。
- > **页面设置**：在打印工作表前，首先需要对要打印的工作表进行页面设置，如打印纸张的大小、页边距、打印方向、页眉、页脚和打印区域等。
- > **预览和打印文件**：设置好页面和分页符后，便可将工作表打印出来了，但在打印前最好对打印效果进行预览。

任务实施

一、拆分和冻结窗格

1．拆分窗格

通过拆分窗格可以同时查看分隔较远的工作表数据。

步骤1▶　打开本书配套素材"项目四"文件夹中的"产品目录与价格表"文件。

步骤2▶　水平拆分。将鼠标指针移到窗口右上角的水平拆分框上，当鼠标指针变为拆分形状"✛"时，如图 4-90（a）所示，按住鼠标左键向下拖动，至适当的位置松开鼠标左键，即可在该位置生成一条拆分条，将窗格一分为二。

步骤3▶　垂直拆分。将鼠标指针移至窗口右下角的垂直拆分框上，如图 4-90（b）所示，然后按住鼠标左键并向左拖动，至适当的位置松开鼠标左键，可将窗格左右拆分。窗口拆分效果如图 4-90（c）所示。

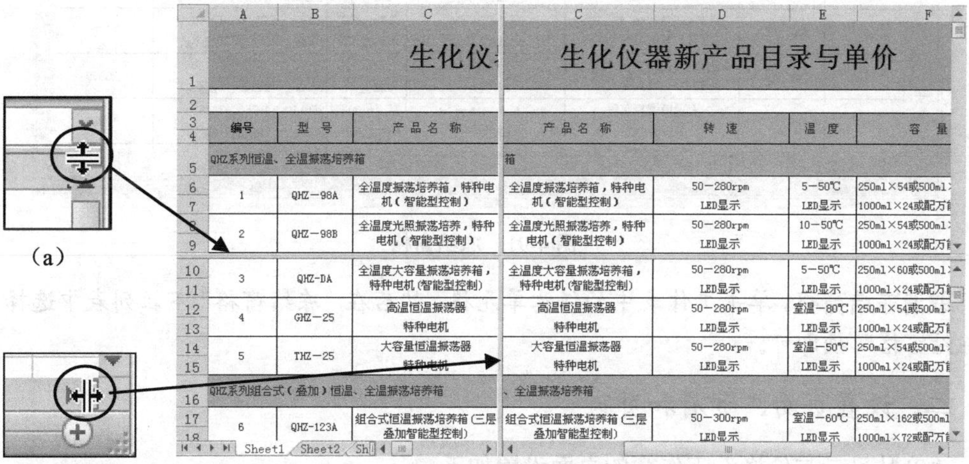

图 4-90　上下、左右拆分窗格效果

步骤4▶　拆分窗格后，单击某个窗格中的任意单元格，然后滚动鼠标滚轮，可上下滚动显示该窗格中隐藏的数据，其他窗格不受影响。

步骤5▶　取消拆分。双击拆分条或单击"视图"选项卡上"窗口"组中的"拆分"按钮 ▭，可取消拆分。需要注意的是，若先前没对工作表进行拆分，则单击该按钮可在当前所选的行、列或单元格位置对工作表进行拆分。

2．冻结窗格

利用冻结窗格功能，可以保持工作表的某一部分数据在其他部分滚动时始终可见。例如在查看过长的表格时保持首行可见，在查看过宽的表格时保持首列可见。

冻结窗格。单击"产品目录与价格"表的第 5 行的任意单元格，然后单击"视图"选项卡上"窗口"组中的"冻结窗格"按钮 ▦，在展开的列表中选择"冻结拆分窗格"项，如图 4-91 所示。此时，所选单元格以上行被冻结，当滚动鼠标滚轮或拖动垂直滚动条向下查看工作表内容时，这些行始终显示。

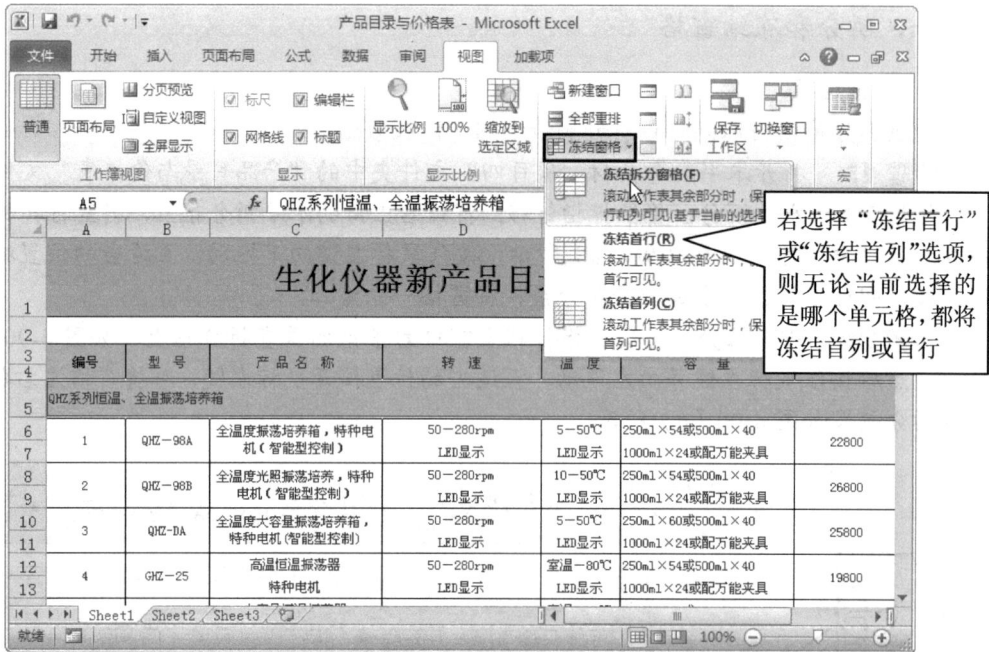

图 4-91　冻结窗格

取消冻结窗格。单击工作表中的任意单元格，然后在"冻结窗格"下拉列表中选择"取消冻结窗格"项即可。

二、设置页面、页眉和页脚

"产品目录与价格"工作簿的页面设置如下：

设置纸张大小、方向和页边距。用户可利用功能区"页面布局"选项卡"页面设置"组中的相应按钮设置这些参数，也可利用"页面设置"对话框进行设置。这里单击"页面设置"组右下角的对话框启动器按钮，打开"页面设置"对话框。

在"页面"选项卡中参考图 4-92（a）所示设置纸张方向和大小；在"页边距"选项卡中参考图 4-92（b）所示设置页边距以及表格在纸张上的位置。

设置页眉和页脚。将"页面设置"对话框切换到"页眉/页脚"选项卡，在"页脚"下拉列表框中选择 Excel 内置的页脚，如"第 1 页（共?页）"，再单击"自定义页眉"按钮，如图 4-93（a）所示，打开"页眉"对话框，在各编辑框中输入页眉文本，如在"中"编辑框中输入页眉文本"金鑫生物科技有限公司"，在"右"编辑框中输入"2013 年 7 月"，如图 4-93（b）所示，依次单击"确定"按钮，完成设置。

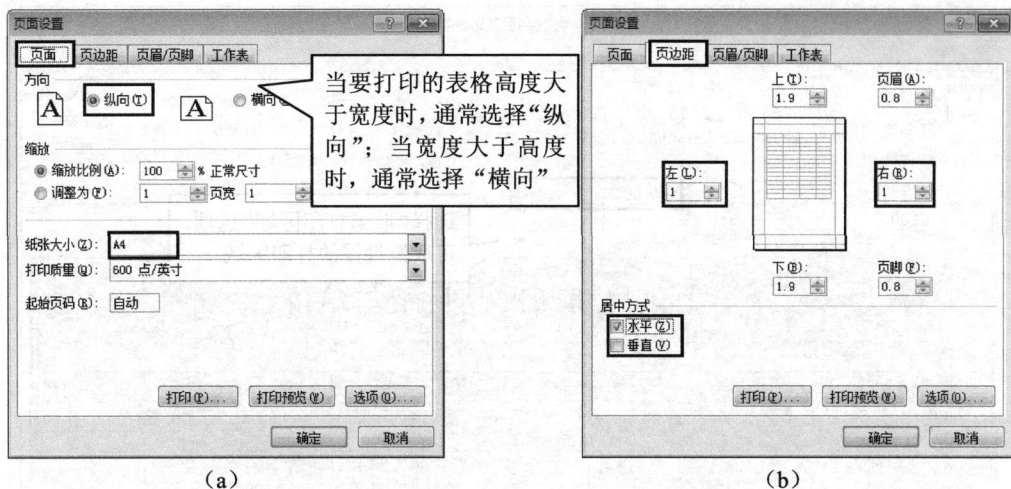

（a）　　　　　　　　　　　　　　　　（b）

图 4-92　设置纸张大小、方向和页边距

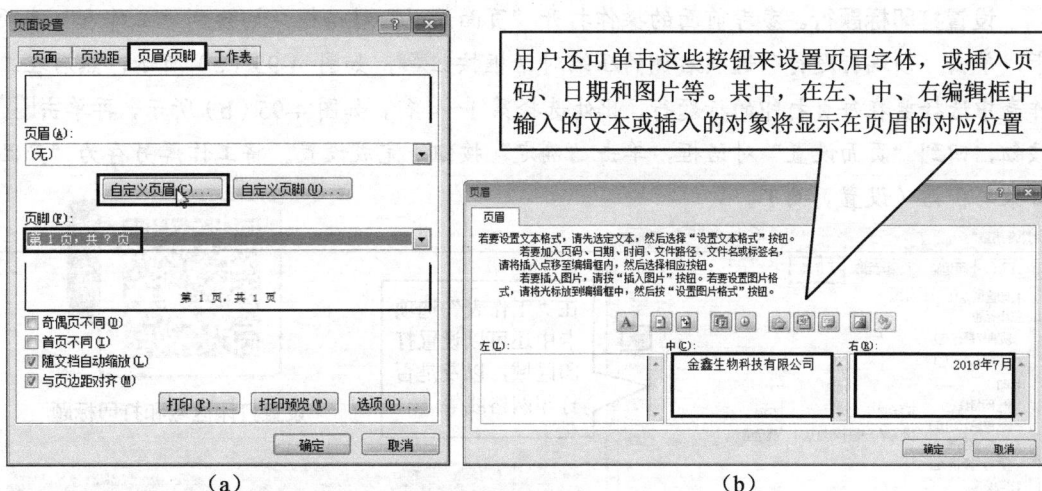

（a）　　　　　　　　　　　　　　　　（b）

图 4-93　设置页眉和页脚

三、设置打印区域和打印标题

默认情况下，Excel 会自动选择有文字的最大行和列作为打印区域，而通过设置打印区域可以只打印工作表中的部分数据。此外，如果工作表有多页，正常情况下，只有第 1 页能打印出标题行或标题列，为方便查看表格，通常需要为工作表的每页都加上标题行或标题列。以"产品目录与价格"工作簿为例，具体操作如下：

设置打印区域。选择 A1:G100 单元格区域，然后在"页面布局"选项卡的"页面设置"组中单击"打印区域"按钮，从弹出的列表中选择"设置打印区域"选项，如图 4-94 所示，将所选单元格区域设置为打印区域。

173

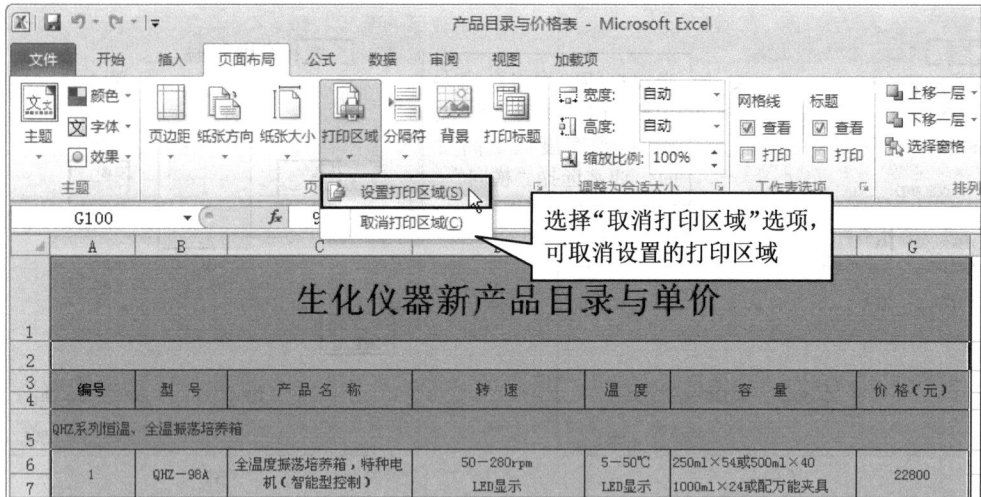

图 4-94　设置打印区域

设置打印标题行。参考前面的操作打开"页面设置"对话框，切换到"工作表"选项卡，单击"顶端标题行"选项右侧的压缩对话框按钮，如图 4-95（a）所示，然后在工作表中选择要在每页打印的标题行，此处选择第 1～4 行，如图 4-95（b）所示，再单击按钮，回到"页面设置"对话框，单击"确定"按钮，完成设置。将工作簿另存为"产品目录与价格（设置页面）"。

（a）

设置打印区域和打印标题

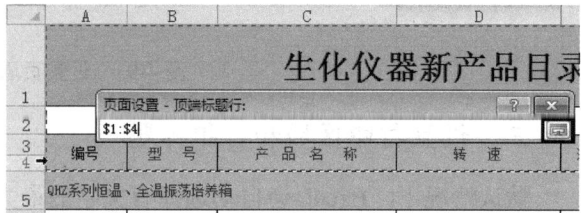

（b）

图 4-95　设置打印标题行

四、预览和打印工作表

步骤 1▶　单击功能区的"文件"选项卡标签，在打开的"文件"选项卡中单击"打印"项，可以在其右侧的窗格中查看打印前的实际打印效果，如图 4-96 所示，从中可看到设置的页眉和页脚，以及在每页打印标题等。

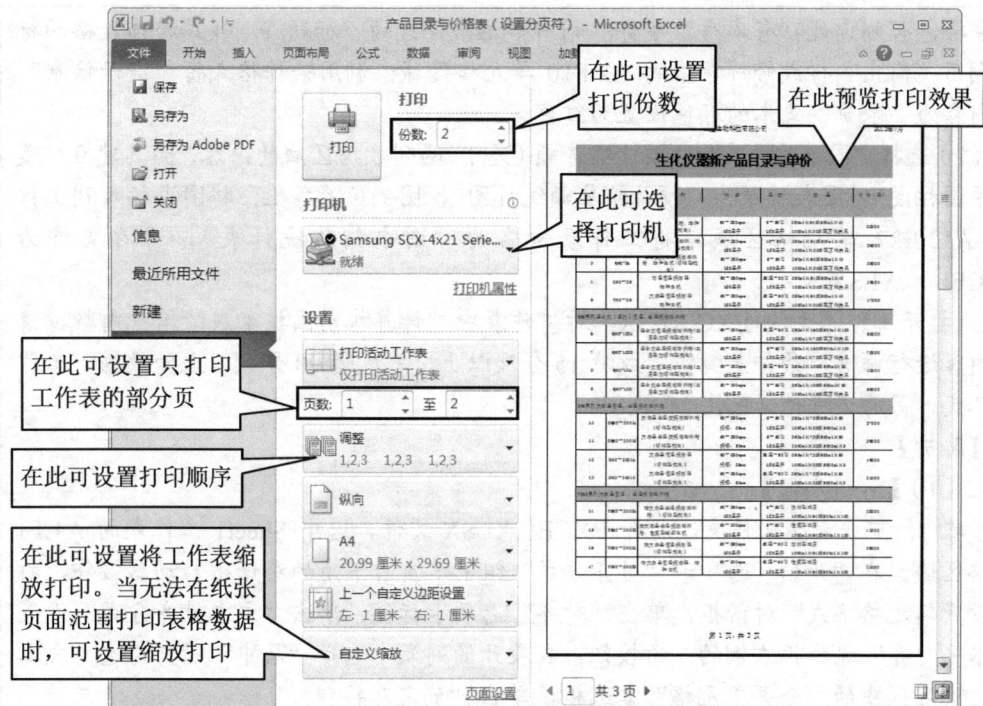

图 4-96 打开工作表的打印预览模式

步骤2▶ 单击右侧窗格左下角的"上一页"按钮 ◀ 和"下一页"按钮 ▶，可查看前一页或下一页的预览效果。在这两个按钮之间的编辑框中输入页码数字，然后按 Enter 键，可快速查看该页的预览效果。

步骤3▶ 若对预览效果满意，在"份数"编辑框中输入打印份数，在"页数……至……"编辑框中打印的页面范围，然后单击"打印"按钮，即可按设置打印工作表。

真题解析一

（注：以下电子表格题为 2017 年 9 月全国计算机等级考试一级 MS Office 真题）

1. 打开工作簿文件 EXCEL.XLSX（见图 4-97），然后完成如下操作：

	A	B	C	D	E	F
1	某书店图书销售情况表					
2	图书编号	库存数量	预订出数量	图书单价（元）	预计销售额（元）	提示信息
3	0123	1500	1256	11.6		
4	0124	1500	1758	19.8		
5	0125	1500	1467	36.5		
6	0126	1500	1543	23.5		
7	0127	1500	897	31.2		
8	0128	1500	965	19.8		
9	0129	1500	2298	34.1		
10	0130	1500	976	45.7		

图 4-97 示例表格

（1）将 Sheet1 工作表的 A1:F1 单元格合并为一个单元格，内容水平居中；计算"预计销售额（元）"，给出"提示信息"列的内容，如果库存数量低于预订出数量，出现"缺货"字样,否则出现"有库存"字样;利用单元格样式的"标题 1"样式修饰表格的标题,利用"输出"样式修饰表格的 A2:F10 单元格区域;利用条件格式将"提示信息"列中内容为"缺货"文本的颜色设置为红色。

(2)选择"图书编号"和"预计销售额(元)"两列数据区域的内容,为其建立"簇状水平圆柱图",图表标题为"预计销售额统计图",图例位置靠上;将图表插入到工作表的 A12:E27 单元格区域,将工作表命名为"图书销售统计表",另存文件为(EXCEL).XLSX。

2. 打开工作簿文件 EXC.XLSX,对工作表中"计算机动画技术成绩单"内数据清单的内容进行筛选,条件是:实验成绩 15 分及以上,总成绩 90 分及以上的数据,工作表名不变,另存文件为(EXC).XLSX。

【解析】

1.(1)【解题步骤】

步骤 1:双击考生文件夹,打开 EXCEL.XLSX 文件,选中 Sheet1 工作表的 A1:F1 单元格区域,在"开始"选项卡"对齐方式"组中单击右下角的对话框启动器按钮,打开"设置单元格格式"对话框,单击"对齐"选项卡标签,单击"文本对齐方式"设置区"水平对齐"编辑框右侧的三角按钮,在展开的列表中选择"居中"项,勾选"文本控制"设置区中的"合并单元格"复选框,单击"确定"按钮。

步骤 2:在 E3 单元格中输入公式=C3*D3 并按 Enter 键,将鼠标指针移动到 E3 单元格右下角的填充柄上,待鼠标指针变成黑色十字形状后按住鼠标左键不放,向下拖动到 E10 单元格,即可计算出其他行的值。在 F3 单元格中输入公式"=IF(B3<03,"缺货","有库存")"并按 Enter 键,再将鼠标指针移动到 F3 单元格右下角的填充柄上,按住鼠标左键不放,向下拖动到 F10 单元格即可得到其他行的值。

(注:当鼠标指针放在已插入公式的单元格的右下角时,它会由空心的十字形变为实心的十字形,按住鼠标左键拖动其到相应的单元格,即可进行数据的自动填充。)

步骤 3:选中"某书店图书销售情况表"行内容,单击"开始"选项卡"样式"组中的"单元格样式"按钮,在展开的列表中选择"标题"设置区的"标题 1"项,即可完成表标题的格式设置。然后选中单元格区域 A2:F10,单击"开始"选项卡"样式"组中的"单元格样式"按钮,在展开的列表中选择"数据和模型"设置区的"输出"项,即可完成对列标题的格式设置。

步骤 4:选中单元格区域 F3:F10,单击"开始"选项卡"样式"组中的"条件格式"按钮,在展开的列表中选择"突出显示单元格规则">"其他规则"项,打开"新建格式规则"对话框,在"编辑规则说明"下设置"单元格值等于缺货",单击"预览"按钮右侧的"格式"按钮,打开"设置单元格格式"对话框,在"字体"选项卡单击"颜色"按钮,在展开的列表中选择"标准色"中的"红色",单击"确定"按钮返回"新建格式规则"对话框,此时的对话框如图 4-98 所示,再单击"确定"按钮,即可对"提示信息"列中的"缺货"字样标红。

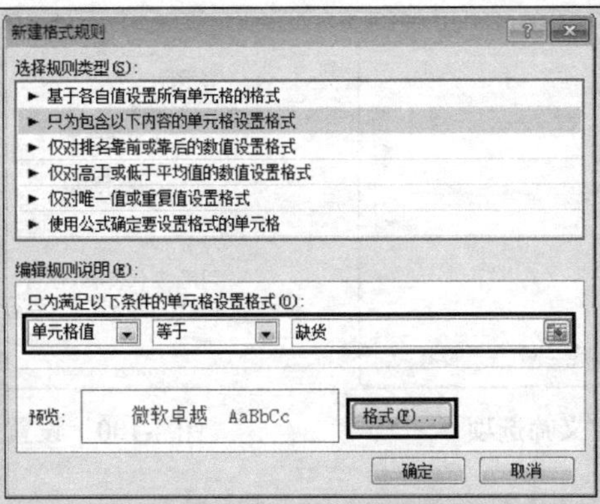

图 4-98　自定义条件格式

（2）【解题步骤】

步骤 1：按住 Ctrl 键同时选中"图书编号"列（A2:A10）和"预计销售额（元）"列（E2:E10）数据区域的内容，在"插入"选项卡的"图表"组中单击"条形图"按钮，在展开的列表中选择"圆柱图"下的"簇状水平圆柱图"项。

步骤 2：把图表标题"预计销售额（元）"更改为"预计销售额统计图"。在"图表工具　布局"选项卡单击"标签"组中的"图例"按钮，在展开的列表中选择"其他图例选项"，打开"设置图例格式"对话框，在"图例选项"中选择"图例位置"下的"靠上"单选按钮，单击"关闭"按钮。

步骤 3：选中图表，按住鼠标左键不放并拖动图表，使其左上角在 A12 单元格，然后调整图表区大小，使其在 A12:E27 单元格区域内。

步骤 4：将鼠标指针移动到工作表下方的表名处，双击"Sheet1"工作表标签，然后输入"图书销售统计表"。

步骤 5：另存文件。

2.【解题步骤】

步骤 1：双击考生文件夹，打开 EXC.XLSX 文件，在有数据的区域内单击任一单元格，在"数据"选项卡的"排序和筛选"组中单击"筛选"按钮，此时，数据列表中每个字段名的右侧将出现一个三角按钮。

步骤 2：单击 E1 单元格右侧的三角按钮，在展开的列表中选择"数字筛选"项，再在打开的子列表中选择"大于或等于"项，打开"自定义自动筛选方式"对话框，单击"大于或等于"项，然后再单击文本框右侧的三角按钮，在展开的列表中选择 15（或直接输入 15），如图 4-99 所示，单击"确定"按钮。

步骤 3：单击 F1 单元格右侧的三角按钮，在展开列表中选择"数字筛选"项，在打开的子列表中选择"大于或等于"项，打开"自定义自动筛选方式"对话框，单击"大于或等于"选项，然后再单击文本框右侧的三角按钮，在展开的列表中选择 90（或直接输入 90），如图 4-100 所示，单击"确定"按钮。

图 4-99 设置自定义筛选项（一）   图 4-100 设置自定义筛选项（二）

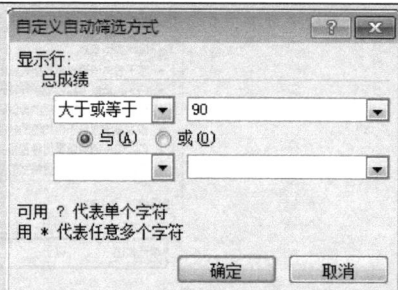

步骤 4：另存文件。

真题解析二

（注：以下电子表格题为 2017 年 3 月全国计算机等级考试一级 MS Office 真题）

1. 打开工作簿文件 EXCEL.XLSX（见图 4-101），然后进行如下操作：

图 4-101 示例表格

（1）将 Sheet1 工作表的 A1:E1 单元格区域合并为一个单元格，内容水平居中；计算实测值与预测值之间的误差的绝对值"误差（绝对值）"列；评估"预测准确度"列，评估规则为："误差"低于或等于"实测值"10%的，"预测准确度"为"高"；"误差"大于"实测值"10%的，"预测准确度"为"低"（使用 IF 函数）；利用条件格式"数据条"下的"渐变填充"修饰 A3:C14 单元格区域。

（2）选择"实测值""预测值"两列数据建立"带数据标记的折线图"，图表标题为"测试数据对比图"，位于图的上方，并将其嵌入到工作表的 A17:E37 单元格区域中。将工作表 Sheet1 更名为"测试结果误差表"。

2. 打开工作簿文件 EXC.XLSX（见图 4-102），对"产品销售情况表"内数据清单的内容建立数据透视表，行标签为"分公司"，列标签为"季度"，求和项为"销售数量"，并置于现工作表的 I8:M22 单元格区域，工作表名不变，另存文件。

	A	B	C	D	E	F	G
1	季度	分公司	产品类别	产品名称	销售数量	销售额（万元）	销售额排名
2	1	西部2	K-1	空调	89	12.28	26
3	1	南部3	D-2	电冰箱	89	20.83	9
4	1	北部2	K-1	空调	89	12.28	26
5	1	东部3	D-2	电冰箱	86	20.12	10
6	1	北部1	D-1	电视	86	38.36	1
7	3	南部2	K-1	空调	86	30.44	4
8	3	西部2	K-1	空调	84	11.59	28
9	2	东部2	K-1	空调	79	27.97	6
10	3	西部1	D-1	电视	78	34.79	2
11	3	南部3	D-2	电冰箱	75	17.55	18
12	2	北部1	D-1	电视	73	32.56	3
13	2	西部3	D-2	电冰箱	69	22.15	8
14	1	东部1	D-1	电视	67	18.43	14
15	3	东部1	D-1	电视	66	18.15	16
16	2	东部3	D-2	电冰箱	65	15.21	23
17	1	南部1	D-1	电视	64	17.60	17
18	3	北部1	D-1	电视	64	28.54	5
19	2	南部2	K-1	空调	63	22.30	7
20	1	西部3	D-2	电冰箱	58	18.62	13
21	3	西部3	D-2	电冰箱	57	18.30	15
22	2	东部1	D-1	电视	56	15.40	22
23	2	西部2	K-1	空调	56	7.73	30
24	1	南部2	K-1	空调	54	19.12	11
25	3	北部3	D-2	电冰箱	54	17.33	19
26	3	北部2	K-1	空调	53	7.31	31
27	2	北部3	D-2	电冰箱	48	15.41	21
28	3	南部1	D-1	电视	46	12.65	25
29	2	南部3	D-2	电冰箱	45	10.53	29
30	3	东部2	K-1	空调	45	15.93	20
31	1	北部3	D-2	电冰箱	43	13.80	24
32	2	西部1	D-1	电视	42	18.73	12

图 4-102 示例表格

【解析】

1.（1）【解题步骤】

步骤 1：双击考生文件夹，打开 EXCEL.XLSX 文件，选中 Sheet1 工作表的 A1:E1 单元格区域，在“开始”选项卡“对齐方式”组中单击右下角的对话框启动器按钮，打开“设置单元格格式”对话框。单击“对齐”选项卡标签，单击“文本对齐方式”设置区“水平对齐”下方编辑框右侧的三角按钮，在展开的列表中选择“居中”项，勾选“文本控制”设置区中的“合并单元格”复选框，单击“确定”按钮。

步骤 2：在 D3 单元格中输入=ABS(B3-C3)后按 Enter 键，将鼠标指针移动到 D3 单元格的右下角，按住鼠标左键不放向下拖动到 D14 单元格即可计算出其他行的值。

步骤 3：在 E3 单元格中输入“=IF(D3>B3*10%,"低","高")”后按 Enter 键，将鼠标指针移动到 E3 单元格的右下角，按住鼠标左键不放向下拖动到 E14 单元格。

步骤 4：选中 A3:C14 单元格区域，在“开始”选项卡的“样式”组中单击“条件格式”按钮，在展开的列表中选择“数据条”>“渐变填充”>“蓝色数据条”，如图 4-103 所示。

（2）【解题步骤】

步骤 1：选中单元格区域 B2:C14，在“插入”选项卡的“图表”组中单击“折线图”按钮，在展开的列表中选择“带数据标记的折线图”。

步骤 2：在“图表工具 布局”选项卡中，单击“标签”组中的“图表标题”按钮，在展开的列表中选择“图表上方”项，输入图表标题“测试数据对比图”。

步骤 3：选中图表，按住鼠标左键不放并拖动图表，使其左上角在 A17 单元格，调整图表区大小使其在 A17:E37 单元格区域内。

图4-103 选择数据条

步骤4：将鼠标指针移动到工作表下方的工作表名称处，双击 Sheet1 工作表标签，然后输入"测试结果误差表"。

步骤5：另存文件。

2.【解题步骤】

步骤1：双击考生文件夹，打开 EXC.XLSX 文件，在有数据的区域内单击任一单元格，在"插入"选项卡的"表格"组中单击"数据透视表"按钮，打开"创建数据透视表"对话框，在"选择放置数据透视表的位置"设置区选择"现有工作表"单选按钮，在"位置"编辑框中输入"M22"，单击"确定"按钮。

步骤2：在"数据透视字段列表"任务窗格中拖动"分公司"到行标签区域，拖动"季度"到列标签区域，拖动"销售数量"到数值区域。

步骤3：完成数据透视表的建立，另存文件。

项目总结

本项目学习了使用 Excel 制作电子表格的操作，包括工作簿和工作表基本操作、输入数据和编辑工作表、美化工作表、使用公式和函数、管理数据、制作图表和数据透视表、打印工作表等内容。其中，需要重点掌握使用公式和函数，对数据进行排序、筛选和分类汇总，以及制作图表和数据透视表的操作。

项目实训

一、制作水电费统计表

按要求制作如图 4-104 所示的 8、9 月份，以及这两个月合计的水电费统计表，并将工作簿保存为“水电费统计表”。

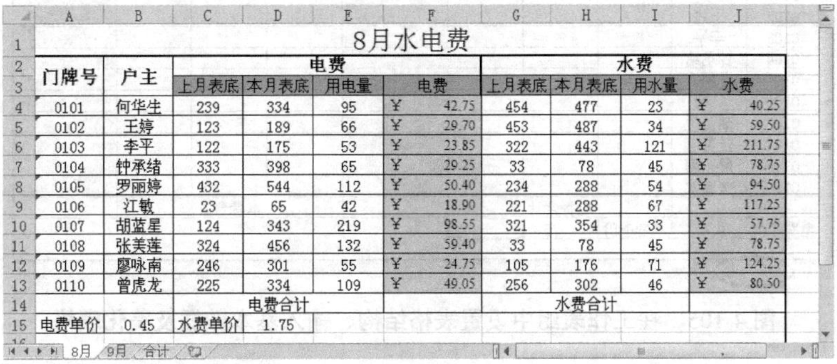

8月水电费									
门牌号	户主	电费				水费			
		上月表底	本月表底	用电量	电费	上月表底	本月表底	用水量	水费
0101	何华生	239	334	95	¥ 42.75	454	477	23	¥ 40.25
0102	王婷	123	189	66	¥ 29.70	453	487	34	¥ 59.50
0103	李平	122	175	53	¥ 23.85	322	443	121	¥ 211.75
0104	钟承绪	333	398	65	¥ 29.25	33	78	45	¥ 78.75
0105	罗丽婷	432	544	112	¥ 50.40	234	288	54	¥ 94.50
0106	江敏	23	65	42	¥ 18.90	221	288	67	¥ 117.25
0107	胡蓝星	124	343	219	¥ 98.55	321	354	33	¥ 57.75
0108	张美莲	324	456	132	¥ 59.40	33	78	45	¥ 78.75
0109	廖咏南	246	301	55	¥ 24.75	105	176	71	¥ 124.25
0110	曾虎龙	225	334	109	¥ 49.05	256	302	46	¥ 80.50
		电费合计				水费合计			
电费单价	0.45	水费单价	1.75						

（a）

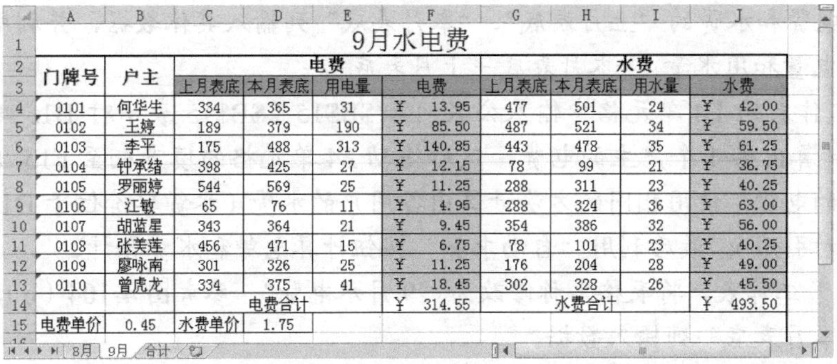

9月水电费									
门牌号	户主	电费				水费			
		上月表底	本月表底	用电量	电费	上月表底	本月表底	用水量	水费
0101	何华生	334	365	31	¥ 13.95	477	501	24	¥ 42.00
0102	王婷	189	379	190	¥ 85.50	487	521	34	¥ 59.50
0103	李平	175	488	313	¥ 140.85	443	478	35	¥ 61.25
0104	钟承绪	398	425	27	¥ 12.15	78	99	21	¥ 36.75
0105	罗丽婷	544	569	25	¥ 11.25	288	311	23	¥ 40.25
0106	江敏	65	76	11	¥ 4.95	288	324	36	¥ 63.00
0107	胡蓝星	343	364	21	¥ 9.45	354	386	32	¥ 56.00
0108	张美莲	456	471	15	¥ 6.75	78	101	23	¥ 40.25
0109	廖咏南	301	326	25	¥ 11.25	176	204	28	¥ 49.00
0110	曾虎龙	334	375	41	¥ 18.45	302	328	26	¥ 45.50
		电费合计			¥ 314.55	水费合计			¥ 493.50
电费单价	0.45	水费单价	1.75						

（b）

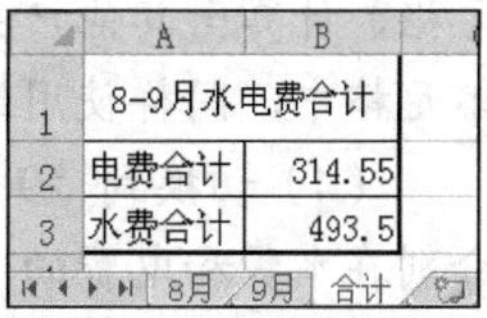

8-9月水电费合计	
电费合计	314.55
水费合计	493.5

（c）

图 4-104　水电费统计表效果

（1）将系统默认创建的 3 个工作表分别重命名为“8 月”、“9 月”和“合计”，然后同时选中“8 月”和“9 月”工作表，使其成为工作表组，参考图 4-105 在“8 月”工作表中输入表格基本数据、设置表格结构及美化表格。此时，在“9 月”工作表中也将创建相同的表格。具体设置如下：

- 居中合并 A1:J1 单元格区域，设置字号为 20；分别居中合并 A2:A3，B2:B3，C2:F2，G2:J2，A14:B14，C14:E14，G14:I14 单元格区域；设置 A2:B3、C2:J2 单元格区域的字号为 14 号，加粗显示；设置 C3:J3，A4:J15 区域的字体为 12 号，居中显示。
- 设置 F4:F14，以及 J4:J14 单元格区域的数字格式为“会计专用”。
- 为 A2:J16 单元格区域添加粗外框实线，细内框实线，再取消 E15:J16 单元格区域的内框线，以及 A16:D16 单元格区域的内框线和右外框线，最后将 F2:F3 单元格区域的右侧框线改为粗实线。

➢ 为C3:J3单元格区域设置浅绿底纹，为F4:F13，J4:J13单元格区域设置浅灰色底纹。

➢ 将第1行的行高调整为25，第2至第16行的行高调整为15；将F列和J列的列宽调整为12。

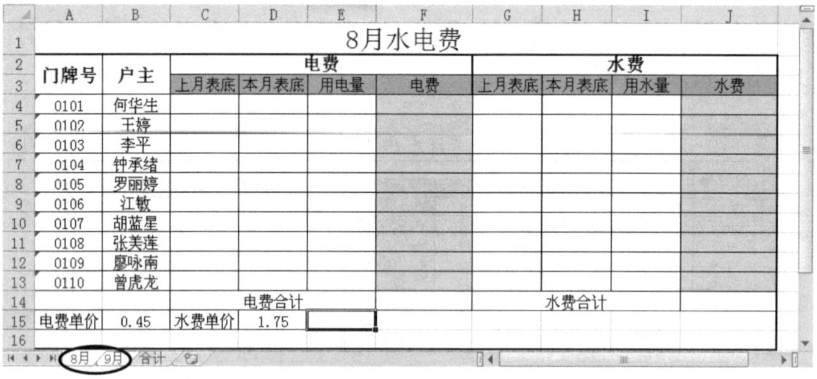

门牌号	户主	电费				水费			
		上月表底	本月表底	用电量	电费	上月表底	本月表底	用水量	水费
0101	何华生								
0102	王婷								
0103	李平								
0104	钟承绪								
0105	罗丽婷								
0106	江敏								
0107	胡蓝星								
0108	张美莲								
0109	廖咏南								
0110	曾虎龙								
		电费合计				水费合计			
电费单价	0.45	水费单价	1.75						

图4-105　在工作表组中设置表格结构、输入基本数据及美化表格

（2）单击“合计”工作标签取消工作表组，然后切换到“8 月”工作表，参考图4-104（a），分别在电费和水费的“上月表底”、“本月表底”列输入具体数据，并利用公式计算出各户主的用电量和用水量（=本月表底－上月表底）。

（3）在“8 月”工作表的F4单元格中输入公式=E4*B15（B15表示对B15单元格采用绝对引用），计算出第1个户主的电费，然后拖动F4单元格的填充柄至F13单元格，计算出其他户主的电费；使用相同的方法计算出各用户的水费（水费单价位于D15单元格中，同样使用绝对引用）；最后利用“自动求和”按钮计算电费和水费合计。

（4）切换到“9 月”工作表，将表格名称修改为“9 月水电费”，参考图4-104（b），分别在水费和电费的“本月表底”列输入数据。

（5）在电费“上月表底”的第1个单元格（C4单元格）中输入“=”号，然后切换到“8 月”工作表，单击D4单元格，按Enter键，从而引用该单元格中的数据。此时将自动返回“9 月”工作表，可向下拖动C4单元格的填充柄至C13单元格，完成各户主电费“上月表底”的输入。参考此方法完成水费“上月表底”各户主数据的输入。

（6）计算9月份各户主的电费和水费，以及电费和水费合计。

（7）参考图4-104（c），在“合计”工作表中输入基本数据，并利用求和公式，通过引用“8 月”和“9 月”工作表中的水费和电费合计，计算这两个月的水电费合计。

二、制作成绩评定表

按要求制作如图4-106所示的成绩评定表，并将工作簿保存为“成绩评定表”。

（1）参考图4-106，在工作表中输入成绩评定表基本数据（“学号”列的具体数据可用拖动填充柄方式输入，“平均分”、“名次”和“级别”列的具体数值暂不输入）。

	学号	姓名	国际贸易	网络营销	ERP	网站建设与管理	英语2	就业指导	平均分	名次	级别
1	学号	姓名	国际贸易	网络营销	ERP	网站建设与管理	英语2	就业指导	平均分	名次	级别
2	04416001	丰巧碧	95	89	93	84	92	90	90.50	2	优
3	04416002	莫宽秀	88	73	84	82	99	81	84.50	3	良
4	04416003	翟福树	96	96	95	82	98	84	91.83	1	优
5	04416004	黄艳艳	78	80	75	85	81	85	80.67	6	良
6	04416005	陈慧萍	69	77	79	79	78	83	77.50	9	中
7	04416006	梁辉宏	72	74	75	62	78	81	73.67	17	中
8	04416007	马晓梅	70	76	77	84	75	81	77.17	10	中
9	04416008	赖长妹	74	71	73	63	77	78	72.67	18	中
10	04416009	李华明	72	66	85	66	80	84	75.50	13	中
11	04416010	何启倩	74	75	74	79	79	82	77.17	10	中
12	04416011	陈仁	74	55	65	72	87	80	72.17	20	中
13	04416012	黄云	87	66	45	79	81	77	72.50	19	中
14	04416013	刘金兰	68	78	75	81	65	79	74.33	16	中
15	04416014	刘乐萍	71	75	45	78	80	79	71.33	21	中
16	04416015	钟世恩	75	55	64	75	75	79	70.83	22	中
17	04416016	周付强	90	51	95	61	86	69	75.33	14	中
18	04416017	陈春红	82	70	65	70	89	81	76.17	12	中
19	04416018	陈旺	80	70	65	74	82	81	75.33	14	中
20	04416019	梁媚	80	68	95	70	74	85	78.67	8	中
21	04416020	覃小凤	68	83	88	85	87	84	82.50	4	良
22	04416021	李丽琴	89	75	80	60	94	84	80.33	7	良
23	04416022	何启倩	60	60	60	60	50	60	58.33	23	不及格
24	04416023	申兆	85	67	86	82	92	80	82.00	5	良
25	注：成绩评定条件（以平均分为依据）：90-100分为：优，80-90分为：良，60-80分为：中，60分以下为：不合格										

图 4-106 成绩评定表效果

（2）设置所有单元格的字号为 12，以及设置除最后一行外的单元格居中对齐；设置 A1:K1 单元格区域的字形为加粗；合并 A25:K25 单元格区域；调整所有行的行高为 18，以及调整相应列的列宽为最合适。

（3）为 A1:K25 单元格区域设置细边框；分别为 A1:K1，A2:A24，B2:B24 和 A25:K25 单元格区域设置不同颜色的底纹。

（4）使用函数计算"平均分"和"名次"列的数据。

（5）在 K2 单元格中输入公式"=IF(I2>90,"优",IF(I2>80,"良",IF(I2>60,"中","不及格")))"（注意：所有符号都需要在英文状态下输入），然后通过拖动填充柄复制公式的方式，判断出其他学生的考试成绩级别。

三、制作进货表并筛选和汇总数据

制作如图 4-107 所示的进货表，然后按要求筛选和分类汇总数据，并分别将筛选和分类汇总后的工作簿保存为"进货表（筛选）"和"进货表（分类汇总）"。

（1）筛选出进货地点为"乙批发部"，且金额高于 20000 的数据。

（2）利用嵌套分类汇总功能，汇总不同经手人在不同进货地点所进货物的数量和金额总计（先以"经手人"和"进货地点"作为关键字对表格进行排序，然后分别利用这两个字段作为分类字段进行汇总）。

	A	B	C	D	E	F	G	H	I
1				进货表					
2	编号	进货日期	进货地点	货物名称	单位	单价	数量	金额	经手人
3	1	2018/9/1	甲批发部	星期六靴子	双	560	100	56000	吴小姐
4	2	2018/9/1	甲批发部	百丽靴子	双	710	150	106500	吴小姐
5	3	2018/9/1	甲批发部	红蜻蜓靴子	双	680	80	54400	吴小姐
6	4	2018/9/1	甲批发部	森达靴子	双	450	200	90000	吴小姐
7	5	2018/9/5	乙批发部	秋鹿睡衣（男款）	件	80	100	8000	李先生
8	6	2018/9/5	乙批发部	秋鹿睡衣（女款）	件	100	90	9000	李先生
9	7	2018/9/5	乙批发部	鄂尔多斯羊毛衫	件	300	150	45000	李先生
10	8	2018/9/5	乙批发部	达芙妮单鞋	双	150	80	12000	李先生
11	9	2018/9/5	乙批发部	曼可妮单鞋	双	160	80	12800	吴小姐
12	10	2018/9/5	乙批发部	361°运动鞋	双	180	50	9000	吴小姐
13	11	2018/9/5	乙批发部	红蜻蜓靴子	双	680	50	34000	吴小姐
14	12	2018/9/12	丙批发部	夏克露斯	件	200	50	10000	李先生
15	13	2018/9/12	丙批发部	Voca外套	件	450	50	22500	李先生
16	14	2018/9/12	丙批发部	木真了外套	件	350	50	17500	李先生
17	15	2018/9/12	丙批发部	圣诺兰外套	件	520	50	26000	吴小姐
18	16	2018/9/15	丙批发部	爱神外套	件	450	50	22500	吴小姐
19	17	2018/9/15	乙批发部	秋水伊人外套	件	120	100	12000	吴小姐
20	18	2018/9/15	乙批发部	红袖坊外套	件	260	80	20800	李先生
21	19	2018/9/15	乙批发部	蒂爱纳外套	件	220	100	22000	李先生
22	20	2018/9/23	甲批发部	达芙妮单鞋	双	150	100	15000	李先生
23	21	2018/9/23	甲批发部	曼可妮单鞋	双	160	80	12800	李先生
24	22	2018/9/23	甲批发部	361运动鞋	双	180	50	9000	吴小姐
25	23	2018/9/23	乙批发部	李宁运动鞋	双	240	120	28800	吴小姐
26	24	2018/9/23	乙批发部	运动外套	件	150	100	15000	吴小姐

图 4-107　进货表效果图

四、制作家庭开支比例饼图

按以下操作提示制作家庭开支比例饼图，并将工作簿保存为"家庭开支比例饼图"。

（1）参考图 4-108（a），在工作表中输入相关数据。

（2）选中单元格区域 A1:D2，然后插入三维饼图，并在"图表工具　设计"选项卡的"图表布局"组中选择"布局2"，接着输入饼图标题，效果如图 4-108（b）所示。

	A	B	C	D	E
1	住房	饮食	衣服	其他	总支出
2	1600	800	200	1000	3600
3					
4					

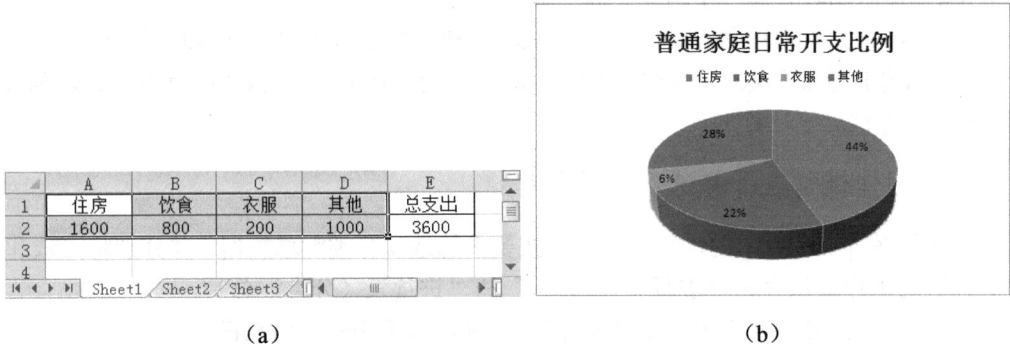

（a）　　　　　　　　　　　　　　　　（b）

图 4-108　普通日常开支比例饼图

五、制作汽油销售数据透视表

按以下操作提示制作汽油销售数据透视表，并将工作簿保存为"汽油销售数据透视表"。

（1）参考图 4-109（a），在工作表中输入相关数据并对表格进行美化。

（2）在当前工作表中创建数据透视表，然后在"数据透视表字段列表"窗格中将"加油站"字段拖到"报表筛选"区域，"销售方式"字段拖到"列标签"区域，"数量"字段拖到"数值"区域，"油品名称"字段拖到"行标签"区域。

（3）单击数据透视表中"加油站"右侧"全部"右侧的三角按钮，在展开的列表中选择"中山路"加油站，单独查看该加油站的销售情况，如图 4-109（b）所示。

	A	B	C	D	E	F
1	加油站	油品名称	数量	单价	金额	销售方式
2	中山路	70#汽油	68	￥2,178.00	￥148,104.00	零售
3	中山路	70#汽油	105	￥2,045.00	￥214,725.00	批发
4	韶山路	70#汽油	78	￥2,067.00	￥161,226.00	批发
5	韶山路	70#汽油	78	￥2,067.00	￥161,226.00	批发
6	中山路	90#汽油	105	￥2,045.00	￥214,725.00	零售
7	韶山路	90#汽油	100	￥2,178.00	￥217,800.00	零售
8	中山路	90#汽油	68	￥2,178.00	￥148,104.00	批发
9	中山路	90#汽油	105	￥2,045.00	￥214,725.00	批发

（a）

10			
11	加油站	中山路	
12				
13	求和项:数量	列标签		
14	行标签	零售	批发	总计
15	70#汽油	68	105	173
16	90#汽油	105	173	278
17	总计	173	278	451

（b）

图 4-109　创建数据透视表并查看数据

项目考核

一、选择题

1. 在 Excel 的工作表中，每个单元格都有其固定的地址，如 A5 表示（　　）。

    A．A代表A列，5代表第5行

    B．A代表A行，5代表第5列

    C．A5代表单元格的数据

    D．以上都不是

2. 引用单元格时，A1:F5 表示（　　）。

    A．A1和F5单元格

    B．A1或F5单元格

    C．A1和F5单元格及它们之间的所有单元格

    D．以上都不是

3. 如果要对单元格进行绝对引用，需要在单元格的列标和行号前加上（　　）符号。

    A．$　　　　　　B．?　　　　　　C．!　　　　　　D．^

4. 以下不能用于选择单元格的操作是（　　）。

    A．单击单元格

    B．在要选择的单元格区域拖动鼠标

    C．配合Ctrl键选择同时选择多个单元格区域

    D．在编辑栏中输入单元格地址并按Enter键

5. 下列函数中用于求平均值的函数是（　　）。

　　A. SUM　　　　　B. AVERAGE　　　C. MIN　　　　　D. COUNT

6. 下列关于函数和公式的说法，错误的是（　　）。

　　A. 要输入公式，必须先输入=号，然后输入操作数和运算符

　　B. 函数必须包含在公式中

　　C. 函数和公式是相互独立的，没有任何关系

　　D. 公式中的操作数可以是常量、单元格引用和函数等

7. 在 Excel 表格中，在对数据表进行分类汇总前，必须做的操作是（　　）。

　　A. 排序　　　　　B. 筛选　　　　　C. 合并计算　　D. 指定单元格

二、简答题

1. 对工作表重命名的作用是什么？如何重命名工作表？

2. 如果希望将一个工作表中的指定数据复制到另一个工作表中，该如何操作？

3. 对于相同或有序数据，有哪些快速输入方法？

4. 要将某个单元格区域的数字格式设置为数值，小数位数为 2 位，该如何操作？

5. 要增大工作表中 D 列的列宽，可以使用哪几种方法？

6. 要删除工作表中的第 2，3 行，可以使用哪几种方法？

7. 公式和函数的作用是什么？如何在工作表中输入公式？如何复制公式？

8. 假设有一个工资表，现需要将"基本工资"列中大于 4000 的数据筛选出来，该如何操作？要清除筛选，该如何操作？如果希望按"部门"对基本工资进行"求平均值"和"求和"分类汇总，该如何操作？

项目五　使用 PowerPoint 2010 制作演示文稿

【项目导读】

PowerPoint 是 Office 系列办公软件中的另一个重要组件，它是一款专业的演示文稿制作工具，可以制作各种用途的演示文稿，如讲义、课件、公司宣传、产品介绍等。制作者可以在演示文稿中设置各种引人入胜的视觉、听觉效果。

利用 PowerPoint 2010 中设置演示文稿内容的操作与利用 Word 2010 处理文档有许多相同之处，因此，对于前面已经学习过的知识，本项目将不再具体讲解。本项目将以演示文稿的制作流程和应用为主线，学习演示文稿的制作方法。

【学习目标】

➤ 了解演示文稿的基本概念，掌握 PowerPoint 演示文稿基本操作和内容设置，如输入和设置文本，以及插入和设置文本框、图片、图形、艺术字、声音和视频等对象。

➤ 掌握管理幻灯片和修饰演示文稿的操作，如选择、插入、复制和移动幻灯片，为演示文稿应用主题，设置背景，以及使用母版统一设置幻灯片内容和格式等。

➤ 掌握为幻灯片及幻灯片中的对象设置动画和放映演示文稿的操作。

任务一　PowerPoint 2010 使用基础

本任务读者需了解演示文稿的组成和设计原则，熟悉 PowerPoint 2010 的工作界面，以及掌握创建演示文稿的方法。

PowerPoint 使用基础

相关知识

一、演示文稿的组成和制作原则

演示文稿是由一张或若干张幻灯片组成的，每张幻灯片一般包括两部分内容：幻灯片标题（用来表明主题）、若干文本条目（用来论述主题）。另外，还可以包括图片、图形、图表、表格等其他对于论述主题有帮助的内容。

如果是由多张幻灯片组成的演示文稿，通常在第一张幻灯片上单独显示演示文稿的主标题和副标题，在其余幻灯片上分别列出与主标题有关的子标题和文本条目。

制作演示文稿的最终目的是给观众演示，能否给观众留下深刻的印象是评定演示文稿效果的主要标准。为此，在进行演示文稿设计时一般应遵循以下原则：

➢ 重点突出。

➢ 简捷明了。

➢ 形象直观。

在演示文稿中应尽量减少文字的使用，因为大量的文字说明往往使观众感到乏味，应尽可能地使用其他更直观的表达方式，如图片、图形和图表等。如果可能的话，还可以加入声音、动画和视频等，来加强演示文稿的表达效果。

二、认识 PowerPoint 2010 的工作界面

单击"开始"按钮，然后依次单击"所有程序">Microsoft Office>Microsoft PowerPoint 2010 菜单，即可启动 PowerPoint 2010。默认情况下，PowerPoint 2010 会创建一个演示文稿，其中会有一张包含标题占位符和副标题占位符的空白幻灯片，其工作界面组成元素如图 5-1 所示。

图 5-1　PowerPoint 2010 的工作界面

➢ **幻灯片/大纲窗格**：利用"幻灯片"窗格或"大纲"窗格（单击窗格上方的标签可在这两个窗格之间切换）可以快速查看和选择演示文稿中的幻灯片。其中，"幻灯片"窗格显示了幻灯片的缩略图，单击某张幻灯片的缩略图可选中该幻灯片，此时即可在右侧的幻灯片编辑区编辑该幻灯片内容；"大纲"窗格显示了幻灯片的文本大纲。

> **幻灯片编辑区**：是编辑幻灯片的主要区域，在其中可以为当前幻灯片添加文本、图片、图形、声音和影片等，还可以创建超链接或设置动画。

提　示

幻灯片编辑区有一些带有虚线边框的编辑框它被称为占位符，用于指示可在其中输入标题文本（标题占位符，单击即可输入文本）、正文文本（文本占位符），或者插入图表、表格和图片（内容占位符）等对象。幻灯片版式不同，占位符的类型和位置也不同。

> **备注栏**：用于为幻灯片添加一些备注信息，放映幻灯片时，观众无法看到这些信息。
> **视图切换按钮**：单击不同的按钮 🖵🎟🎟🖵🖵，可切换到不同的视图模式。

提　示

PowerPoint 2010 提供了普通视图、幻灯片浏览视图、阅读视图和幻灯片放映视图几种视图模式。其中，普通视图是 PowerPoint 2010 默认的视图模式，主要用于制作演示文稿；在幻灯片浏览视图中，幻灯片以缩略图的形式显示，从而方便用户浏览所有幻灯片的整体效果；阅读视图是以窗口的形式来查看演示文稿的放映效果；幻灯片放映视图用来从选定的幻灯片开始，以全屏形式放映演示文稿中的幻灯片。

三、演示文稿新建要点

在 PowerPoint 2010 中，可以创建空白演示文稿，或者根据模板或主题来创建演示文稿，操作方法与 Word 2010 相似。

单击"文件"选项卡标签，在打开的界面中单击"新建"按钮，然后单击要创建的演示文稿类型，如图 5-2 所示。如果是根据"主题"或模板创建演示文稿，则还需要在打开的界面中选择具体的主题或模板，然后单击"创建"或"下载"按钮。

提　示

利用主题可以创建具有特定版面、格式，但无内容的演示文稿；利用模板可以创建具有特定内容和格式的演示文稿。利用模板创建演示文稿后，只需修改相关内容，就可快速制作出各种专业的演示文稿。

读者也可从 Office.com 网站下载微软提供的演示文稿模板，方法是：在"新建"界面中间窗格的"Office.com 模板"分类下选择需要使用的模板类型，此时系统会从网上搜索有关该分类的所有模板，搜索完毕，在中间区域选择所需模板，然后单击"下载"按钮，即可在线下载该模板并应用。此外，也可以从某些网站下载演示文稿模板，只需使用 PowerPoint 打开该模板并将其另存，然后进行编辑操作即可。

图 5-2　根据主题创建幻灯片

任务实施——创建和保存旅行社宣传册演示文稿

根据主题创建并保存名为"旅行社宣传册"的演示文稿。

步骤 1▶　启动 PowerPoint 2010，单击"文件"选项卡标签，在打开的界面中选择"新建"选项，在中间窗格单击"主题"，然后在展开的主题列表中选择一个主题，如"暗香扑面"，如图 5-3（a）所示。

步骤 2▶　单击右侧窗格的"创建"按钮，即可根据所选主题创建演示文稿，如图 5-3（b）所示。

步骤 3▶　单击"快速访问"工具栏中的"保存"按钮，打开"另存为"对话框，在左侧的导航窗格中选择保存位置，在"文件名"编辑框中输入文件名"旅行社宣传册"，单击"保存"按钮保存演示文稿，如图 5-4 所示。

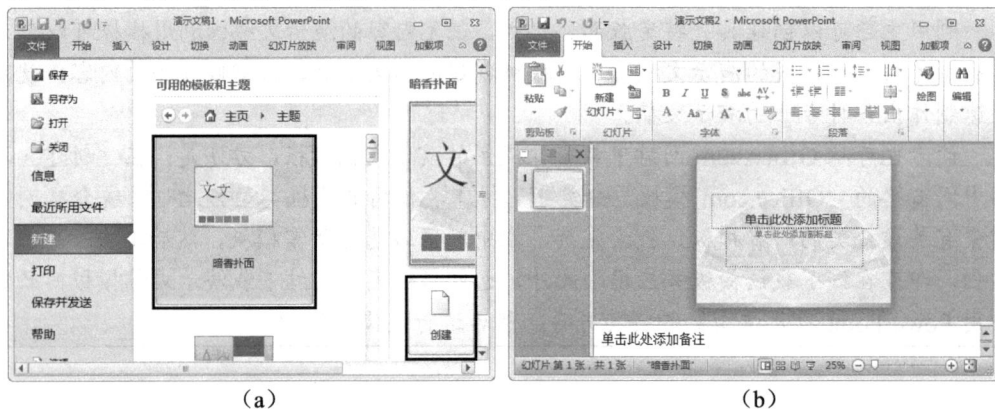

（a）

（b）

图 5-3　根据主题创建演示文稿

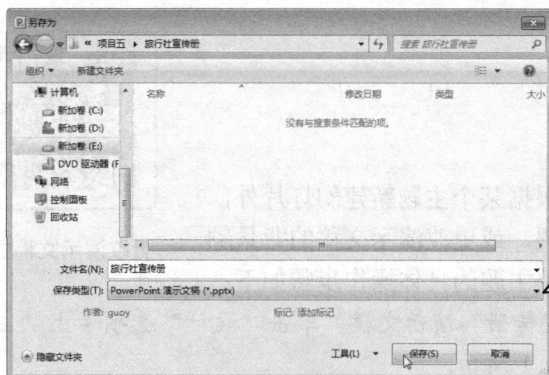

图 5-4　保存演示文稿

任务二　制作旅行社宣传册第 1 张幻灯片

通过制作旅行社宣传册第 1 张幻灯片（见图 5-5），学习更换演示文稿主题、设置背景，以及在幻灯片中输入文字等操作。

图 5-5　旅行社宣传册演示文稿第 1 张幻灯片效果

相关知识

主题是主题颜色、主题字体、主题效果等格式的集合。PowerPoint 2010 内置了多个由专家们精心制作的主题，这些主题不仅造型精美，而且颜色搭配非常合理，灵活地使用主题可以快速制作出具有专业品质的演示文稿。

当用户为演示文稿应用了某主题之后，演示文稿中默认的幻灯片背景，以及图形、表格、图表、艺术字或文字等都将自动与该主题匹配，使用该主题规定的格式。此外，还可以自定义主题的颜色、字体和效果等，以及设置幻灯片背景等。

任务实施

扫一扫

一、更改演示文稿主题

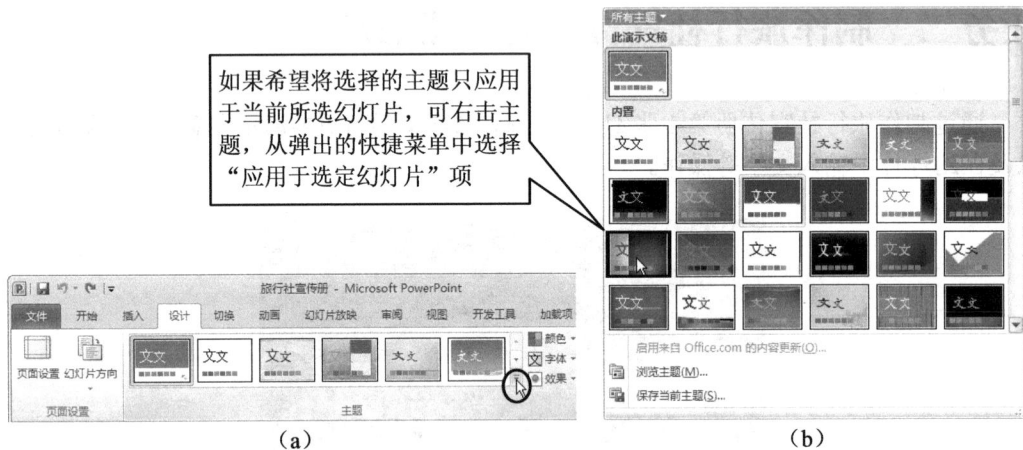

更改演示文稿主题

用户除了可以在新建演示文稿时根据某个主题新建幻灯片外，也可在创建演示文稿后再应用某个主题，或更改演示文稿的背景颜色等。更改"旅行社宣传册"演示文稿主题的具体操作步骤如下：

步骤 1▶ 打开新建的"旅行社宣传册"演示文稿，单击"设计"选项卡上"主题"组右侧的"其他"按钮 ，如图 5-6（a）所示。

步骤 2▶ 在展开的主题列表中单击选择要应用的主题，如"华丽"，如图 5-6（b）所示，即可为演示文稿中的所有幻灯片应用系统内置的某一主题。

如果希望将选择的主题只应用于当前所选幻灯片，可右击主题，从弹出的快捷菜单中选择"应用于选定幻灯片"项

（a）　　　　　　　　　　　　　　　　　（b）

图 5-6　应用主题

提　示

在对幻灯片应用了某个主题后，如果对主题不满意，还可自行设置主题的颜色、字体和效果。方法是：单击"设计"选项卡"主题"组右侧的"颜色"、"字体"或"效果"按钮，从弹出的下拉列表中进行选择，如图 5-7 所示。

主题颜色：PowerPoint 提供了一套控制颜色的机制，它以预设的方式控制着演示文稿的一些基本颜色特征，如幻灯片背景、标题文本和所绘图形等对象的默认颜色。

主题字体：是指演示文稿中所有标题文字和正文文字的默认字体。

主题效果：是幻灯片中图形轮廓和填充效果设置的组合，其中包含了多种常用的阴影和三维设置组合。

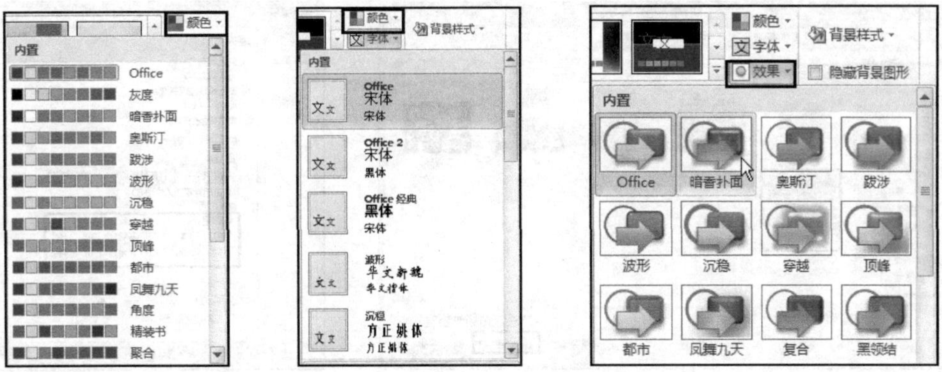

图 5-7　设置主题颜色、字体和效果

二、设置演示文稿背景

默认情况下，演示文稿中的幻灯片使用主题规定的背景，用户也可重新为幻灯片设置纯色、渐变色、图案、纹理和图片等背景，使制作的课件更加美观。

设置演示文稿背景

步骤1▶ 继续在打开的演示文稿中进行操作。单击"设计"选项卡上"背景"组中的"背景样式"按钮，展开背景样式列表，如图 5-8（a）所示，从中单击要更换的背景样式，此时所有幻灯片的背景都会应用该样式。如果对列表中的背景样式都不满意，可选择"设置背景格式"选项，打开"设置背景格式"对话框。

步骤2▶ 在"填充"分类中选择一种填充类型（纯色填充、渐变填充、图片或纹理填充等），本例选择"图片或纹理填充"单选按钮，再单击"文件"按钮，如图 5-8（b）所示。

步骤3▶ 弹出"插入图片"对话框，在其中找到本书配套素材"项目五" > "旅行社宣传册"文件夹中的"延伸"图片，如图 5-9（a）所示，单击"插入"按钮返回"设置背景格式"对话框，然后在"偏移量"的各编辑框中设置数值如图 5-9（b）所示。

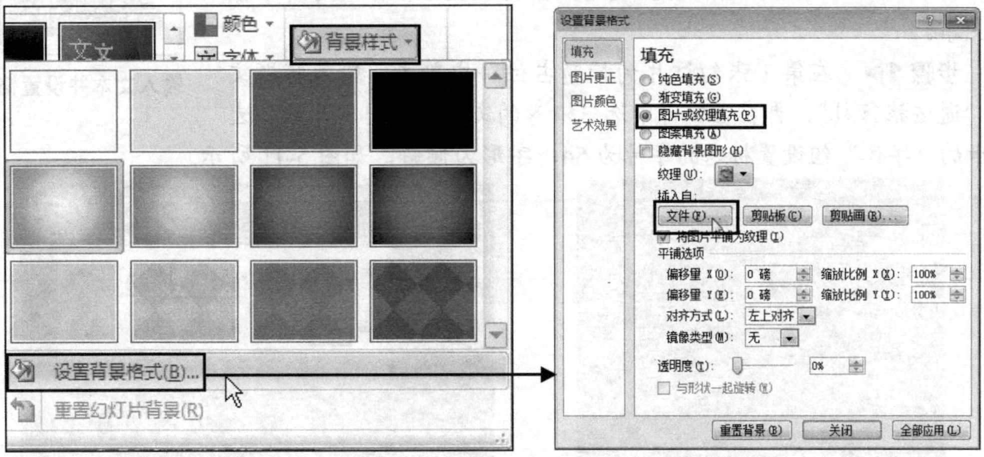

（a）　　　　　　　　　　　　　　　　　（b）

图 5-8　背景样式列表和"设置背景格式"对话框

（a）　　　　　　　　　　　　　　　（b）

图 5-9　插入图片并设置偏移量

步骤 4▶　单击"关闭"按钮，将设置的背景应用于当前幻灯片中，效果如图 5-10 所示。若单击"全部应用"按钮，则可将设置的背景应用于演示文稿中的所有幻灯片。

"设置背景格式"对话框中各填充类型的作用如下：

➤ **纯色填充**：用来设置纯色背景，可设置所选颜色的透明度。

➤ **渐变填充**：选择该单选按钮后，可通过选择渐变类型，设置色标等来设置渐变填充。

➤ **图片或纹理填充**：选择该单选按钮后，若要使用纹理填充，可单击"纹理"右侧的按钮，在弹出的列表中选择一种纹理即可。

➤ **图案填充**：用来设置图案填充。设置时，只需选择需要的图案，并设置图案的前景色、背景色即可。

若在对话框中选择"隐藏背景图形"复选框，设置的背景将覆盖幻灯片母版中的图形、图像和文本等对象，也将覆盖主题中自带的背景。

三、输入文本并设置格式

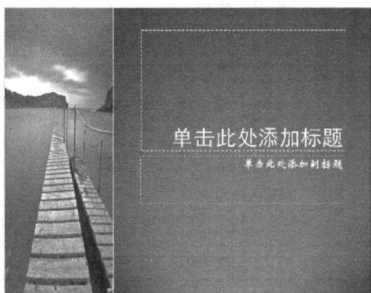

在 PowerPoint 中，用户可以使用占位符或文本框在幻灯片中输入文本。

步骤 1▶　在第 1 张幻灯片的标题占位符中单击，输入标题文本"通达旅行社"，再在占位符中选中输入的文本，利用"开始"选项卡的"字体"组设置标题的字号为 54，字形为倾斜，如图 5-11 所示。

输入文本并设置格式

图 5-10　更换第 1 张幻灯片的背景效果　　图 5-11　输入文本并设置格式

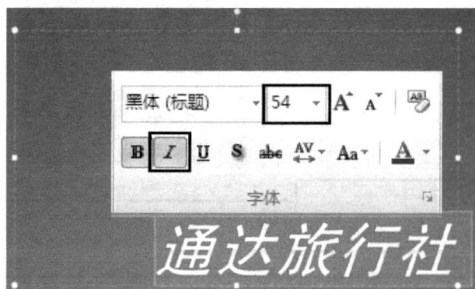

步骤2▶ 在副标题占位符中输入"服务为先,信誉为本"文本,然后将鼠标指针移至副标题占位符的边缘,待鼠标指针变成十字形状时按住鼠标左键向左适当拖动,使其效果如图 5-12 所示。选择占位符、调整占位符大小以及移动占位符等操作与在 Word 文档中调整文本框相同。

图 5-12 输入副标题文本

步骤3▶ 单击"开始"选项卡上"绘图"组中的"文本框" 按钮,如图 5-13(a)所示,在幻灯片左上角拖动鼠标绘制一个横排文本框,然后输入如图 5-13(b)所示文本。

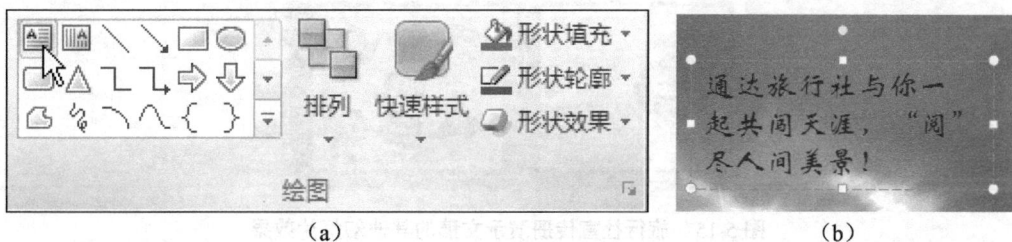

(a)   (b)

图 5-13 绘制文本框并输入文本

提 示

与 Word 中的文本框不同的是,在 PowerPoint 中拖动鼠标绘制的文本框没有固定高度,其高度会随输入的文本自动调整。若选择文本框工具后在幻灯片中单击,则文本框没有固定宽度,其宽度将随输入的文本自动调整。

步骤4▶ 切换到"绘图工具 格式"选项卡,在"形状样式"组中为文本框选择一种系统内置的样式,如"中等效果,紫色,强调颜色 2",在"艺术字样式"组中为文本框中的文字选择一种艺术字样式,如"填充-紫色-强调文字颜色 2,粗糙棱台",如图 5-14 所示。

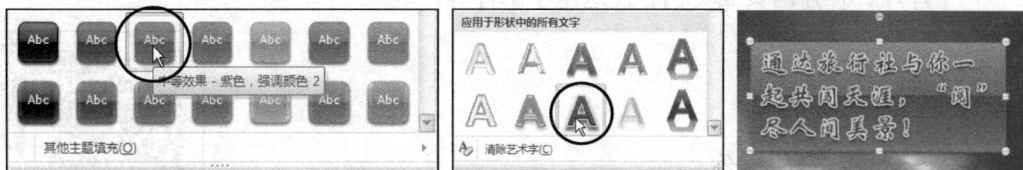

图 5-14 设置文本框和文字的样式

任务三　制作旅行社宣传册其他幻灯片

通过制作旅行社宣传册演示文稿的其他幻灯片，学习幻灯片的插入、复制和移动，在幻灯片中插入和编辑图片、图形和声音等对象，使用母版统一设置幻灯片内容，以及设置超链接与创建动作按钮等操作，任务完成效果如图 5-15 所示。

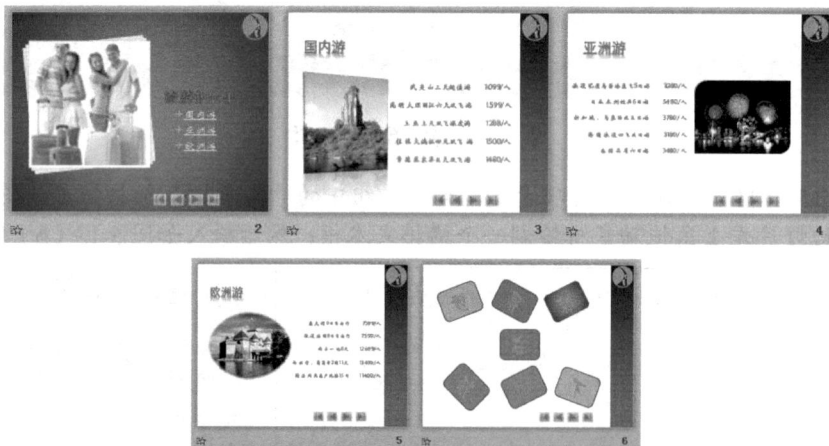

图 5-15　旅行社宣传册演示文稿的其他幻灯片效果

相关知识

➤ **插入、复制和移动幻灯片**：默认情况下，新建演示文稿时只包含一张幻灯片，但演示文稿通常都是由多张幻灯片组成的，故需要插入、复制、删除和移动幻灯片。

➤ **在幻灯片中插入和编辑图片、图形和图表等对象**：与在 Word 文档中的操作相同。

➤ **在幻灯片中插入和编辑声音和影片**：可以根据需要在演示文稿中插入声音和影片，还可以对插入的声音和影片进行编辑，如设置播放方式。

➤ **使用幻灯片母版**：利用幻灯片母版可以统一设置演示文稿中各张幻灯片的内容和格式。

➤ **设置超链接和创建动作按钮**：放映幻灯片时，通过超链接和动作按钮可以切换幻灯片、打开网页或文档、发送电子邮件等。

任务实施

一、幻灯片基本操作

幻灯片的基本操作包括选择、插入、复制、移动和删除幻灯片

幻灯片基本操作

等。以"旅行社宣传册"演示文稿为例，具体操作步骤如下：

步骤1▶　要在演示文稿中某张幻灯片后面添加一张新幻灯片，可首先在"幻灯片"窗格中单击该幻灯片将其选中，这里单击第1张幻灯片（当演示文稿中只有一张幻灯片时，也可不进行选择）。

步骤2▶　单击"开始"选项卡"幻灯片"组中"新建幻灯片"按钮如图5-16所示，即可新建一张幻灯片。

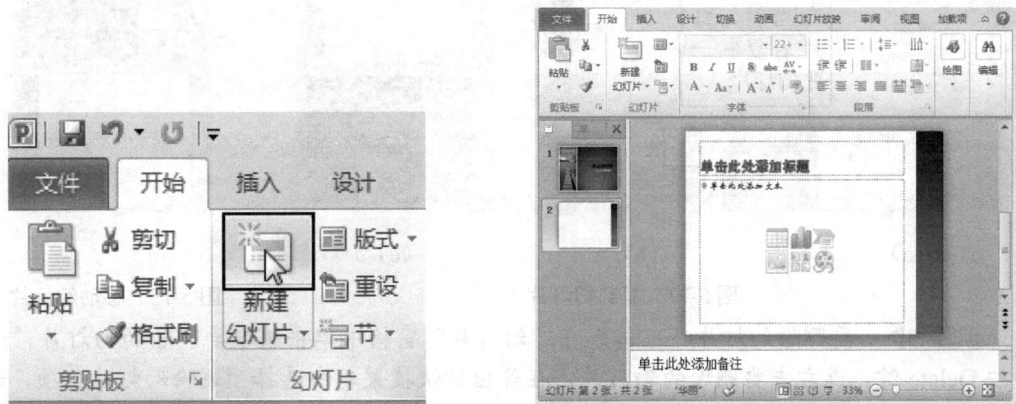

图5-16　添加新幻灯片

技巧

用户也可在选择幻灯片后，按Enter键或Ctrl+M组合键，按默认版式在在所选幻灯片的后面添加一张幻灯片。

步骤3▶　要复制幻灯片，可在"幻灯片"窗格中右击要复制的幻灯片，在弹出的快捷菜单中选择"复制"项，如图5-17（a）所示，然后在"幻灯片"窗格中要插入复制的幻灯片的位置右击鼠标，从弹出的快捷菜单中选择一种粘贴方式，如"使用目标主题"项，如图5-17（b）所示，即可将复制的幻灯片插入到该位置，效果如图5-17（c）所示。

提示

在复制幻灯片、调整幻灯片排列顺序和删除幻灯片时，可同时选中多张幻灯片进行操作。要同时选中不连续的多张幻灯片，可按住Ctrl键在"幻灯片"窗格中依次单击要选择的幻灯片；要同时选中连续的多张幻灯片，可按住Shift键单击开始和结束位置的幻灯片。

步骤4▶　播放演示文稿时，将按照幻灯片在"幻灯片"窗格中的排列顺序进行播放。若要调整幻灯片的排列顺序，可在"幻灯片"窗格中单击选中要调整顺序的幻灯片，然后按住鼠标左键将其拖到需要的位置即可，如图5-18所示。

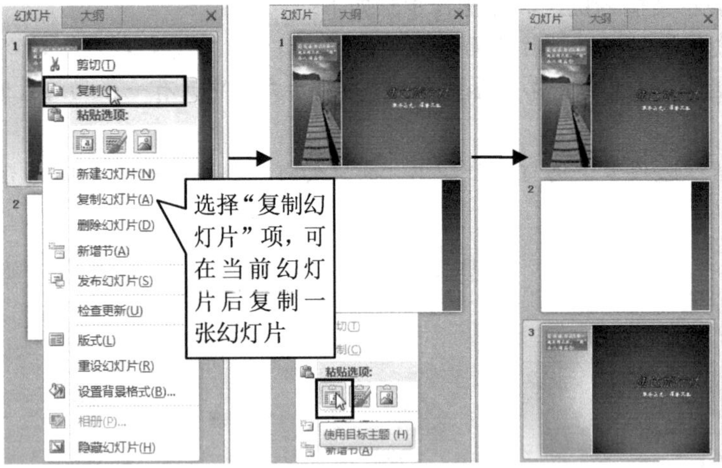

（a）　　　　　　　（b）　　　　　　　（c）

图 5-17　复制幻灯片　　　　　　　　　　图 5-18　移动幻灯片

步骤 5▶　要删除幻灯片，可首先在"幻灯片"窗格中单击选中要删除的幻灯片，然后按 Delete 键，或右击要删除的幻灯片，在弹出的快捷菜单中选择"删除幻灯片"项，这里将复制过来的幻灯片删除。

二、设置幻灯片版式

幻灯片版式在 PowerPoint 中具有非常实用的功能，它通过占位符的方式为用户规划好了幻灯片中内容的布局，只需选择一个符合需要的版式，然后在其规划好的占位符中输入或插入内容，便可快速制作出符合要求的幻灯片。

默认情况下，添加的幻灯片的版式为"标题和内容"，可以根据需要改变其版式。例如，在"幻灯片"窗格中单击第 2 张幻灯片，然后单击"开始"选项卡上"幻灯片"组中的"版式"按钮，在展开的列表中选择一种幻灯片版式，如选择"图片与标题"版式，即可为所选幻灯片应用该版式，如图 5-19 所示。

图 5-19　设置幻灯片版式

提 示

用户除了可在创建好幻灯片后更改版式外，也可在新建幻灯片时应用版式，方法是单击"新建幻灯片"按钮下方的三角按钮，在展开的幻灯片版式列表中进行选择。

三、在幻灯片中插入和美化对象

在幻灯片中插入图片、绘制图形并进行美化的具体操作步骤如下：

步骤 1▶ 单击第 2 张幻灯片左侧的 图标，打开"插入图片"对话框，选择本书配套素材"项目五">"旅行社宣传册"文件夹中的"旅行"图片，如图 5-20 所示，然后单击"插入"按钮，即可在该占位符处插入一张图片。

扫一扫

插入和美化对象

图 5-20 利用图片占位符插入图片

步骤 2▶ 在第 2 张幻灯片右侧的标题占位符中输入文本"旅游报价单"，选中文本并设置字号为 40；在文本占位符中输入"国内游"、"亚洲游"和"欧洲游"文本，各文本均为独立的段落，选中文本并设置字号为 32，如图 5-21 所示。

步骤 3▶ 保持文本占位符中文本的选中状态，单击"开始"选项卡"段落"组中"项目符号"按钮 右侧的三角按钮，在弹出的列表中选择"项目符号和编号"选项，如图 5-22 所示，打开"项目符号和编号"对话框。

步骤 4▶ 在"项目符号和编号"对话框中单击"自

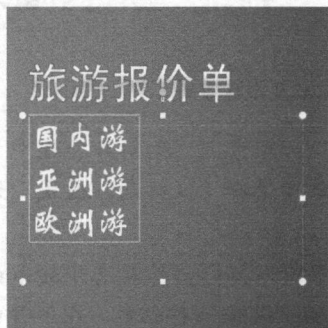

图 5-21 输入文本并设置字号

图 5-22 "项目符号"列表

定义"按钮，打开"符号"对话框，在"字符"下拉列表中选择 Windings，然后在下方的列表中选择要使用的符号（本例选择➜符号），如图 5-23 所示。

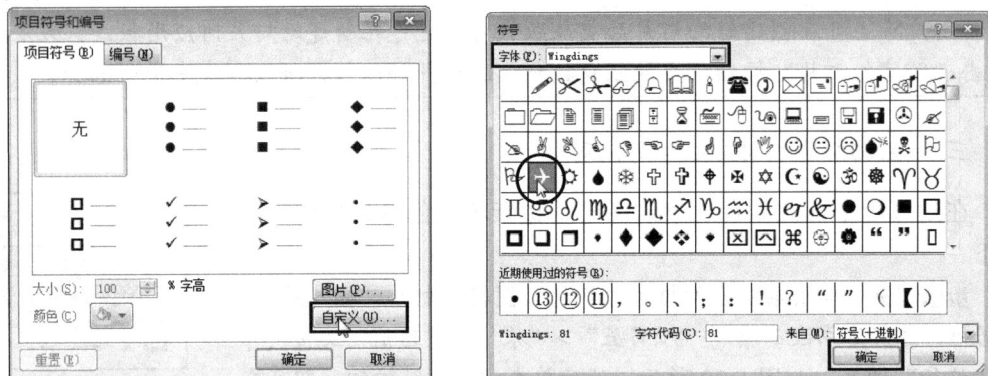

图 5-23　设置项目符号

步骤 5▶　单击"确定"按钮返回"项目符号和编号"对话框，然后设置项目符号的大小为 100%，颜色为默认，单击"确定"按钮。

步骤 6▶　保持文本的选中状态，然后利用"绘图工具　格式"选项卡美化文本。这里单击"艺术字样式"组中的"文本效果"按钮，在弹出的列表中为文本选中一种阴影样式和映像样式［见图 5-24（a）、图 5-24（b）］。至此，第 2 张幻灯片便制作好了，效果如图 5-25 所示。

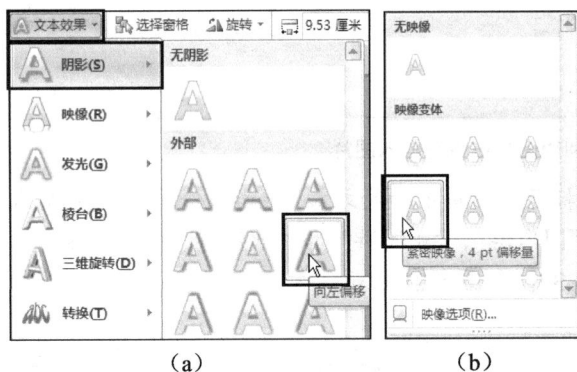

（a）　　　　　　（b）

图 5-24　美化文本及设置效果　　　　图 5-25　第 2 张幻灯片效果

步骤 7▶　单击"开始"选项卡上"幻灯片"组中"新建幻灯片"按钮下方的三角按钮，在展开的幻灯片版式列表中选择"仅标题"版式，如图 5-26 所示，在第 2 张幻灯片后添加一张幻灯片。

步骤 8▶　在新幻灯片中输入标题，然后选中输入的文本，单击"绘图工具　格式"选项卡"艺术字样式"组中的"其他"按钮，在展开的列表中选择"应用于形状中的所有文字"中的"填充-粉红，强调文字颜色 1，塑料棱台，映像"样式，如图 5-27 所示。

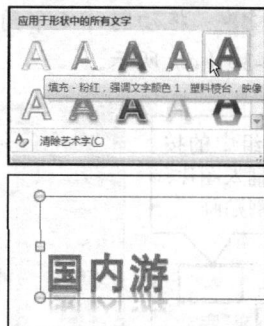

图 5-26　添加幻灯片　　　　　　　图 5-27　输入标题并为其添加艺术字样式

步骤 9▶　单击"插入"选项卡"文本"组中"文本框"按钮下方的三角按钮，在展开的列表中选择"横排文本框"选项，如图 5-28（a）所示，然后在幻灯片编辑区右侧绘制一个文本框，输入如图 5-28（b）所示的文本。

步骤 10▶　输入完成后选中文本框，单击"开始"选项卡上"段落"组中的"文本右对齐"按钮，使文本框中的文本右对齐，再拖动文本框左侧边框上的控制点调整其宽度，效果如图 5-28（c）所示。

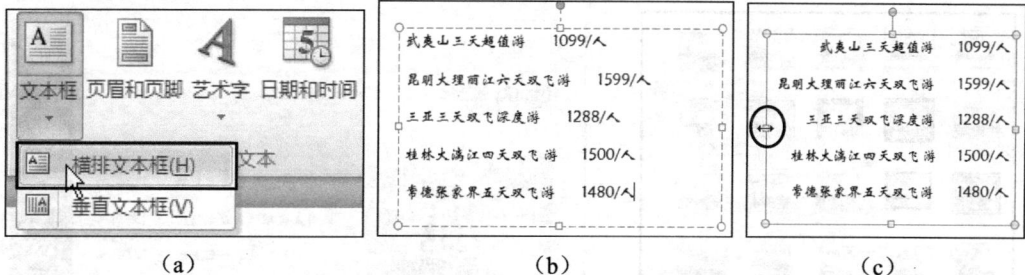

（a）　　　　　　　　　（b）　　　　　　　　　（c）

图 5-28　添加文本框、输入文本并设置对齐

步骤 11▶　保持文本框的选中状态，然后单击"绘图工具　格式"选项卡"艺术字样式"组中的"其他"按钮，在展开的列表中选择"应用于形状中的所有文字"中的"填充-紫色，强调文字颜色 2，暖色粗糙棱台"样式，如图 5-29 所示。

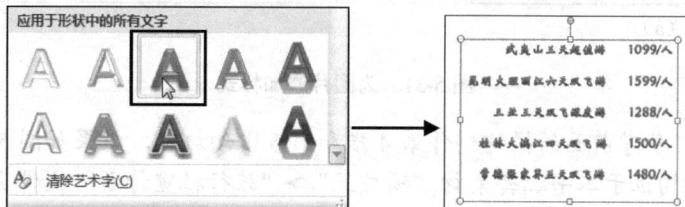

图 5-29　为文本添加艺术字样式

步骤 12▶　单击"插入"选项卡上"图像"组中的"图片"按钮，如图 5-30（a）所示，在打开的"插入图片"对话框中选择本书配套素材"项目五" > "旅行社宣传册"文件夹中的"武夷山"图片，单击"插入"按钮插入图片，如图 5-30（b）所示。

步骤 13▶ 拖动图片 4 个角上的控制点调整其大小，然后将图片移动到幻灯片的左侧，如图 5-30（c）所示。

图 5-30　插入图片并调整大小

步骤 14▶ 保持图片的选中状态，然后单击"图片工具　格式"选项卡"图片样式"组中的"其他"按钮，在展开的列表中选择"映像右透视"图片样式，如图 5-31（a）所示，第 3 张幻灯片的最终效果如图 5-31（b）所示。

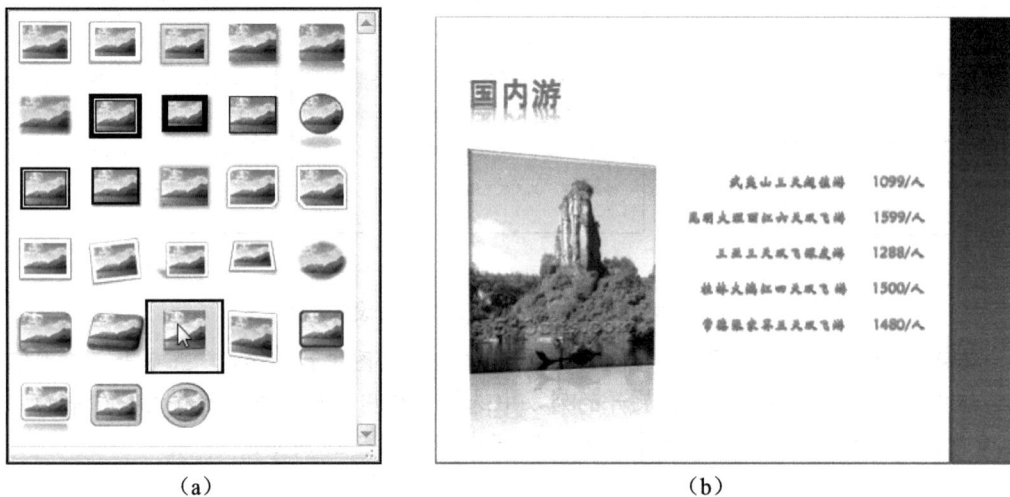

（a）　　　　　　　　　　　　　　　（b）

图 5-31　为图片添加样式

步骤 15▶ 参考前面的操作制作第 4 张和第 5 张幻灯片，效果如图 5-32 所示，其中用到的图片素材均位于本书配套素材"项目五" > "旅行社宣传册"文件夹中。

图5-32 第4张和第5张幻灯片效果

步骤16▶ 在第5张幻灯片后添加一张空白版式的幻灯片，然后单击"插入"选项卡"插图"组中的"形状"按钮，在展开的列表中选择"圆角矩形"，如图5-33（a）所示。

步骤17▶ 在幻灯片的左上角位置按下鼠标左键并拖动，绘制一个圆角矩形，如图5-33（b）所示。

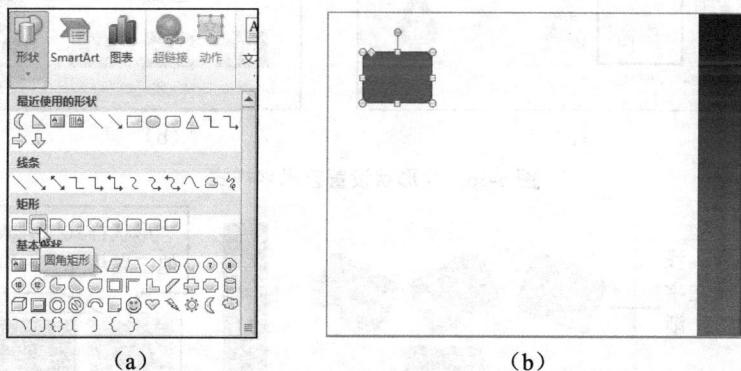

（a）　　　　　　　　　　　　　　　（b）

图5-33 绘制圆角矩形

步骤18▶ 保持圆角矩形的选中状态，输入"世"字并设置字符格式，如图5-34所示。

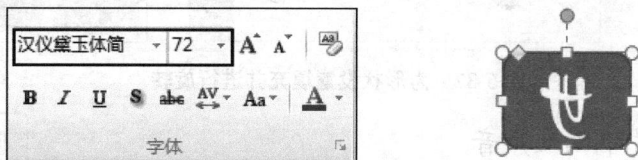

图5-34 输入文字并设置字符格式

步骤19▶ 将鼠标指针移到形状的边框线上，待鼠标指针变成十字形状后按住Ctrl键并向右拖动，复制形状，如图5-35（a）、图5-35（b）所示。用同样的方法再复制5个形状，并修改其中的文本内容，使其效果如图5-35（c）所示。

（a）　　　　　　　（b）　　　　　　　（c）

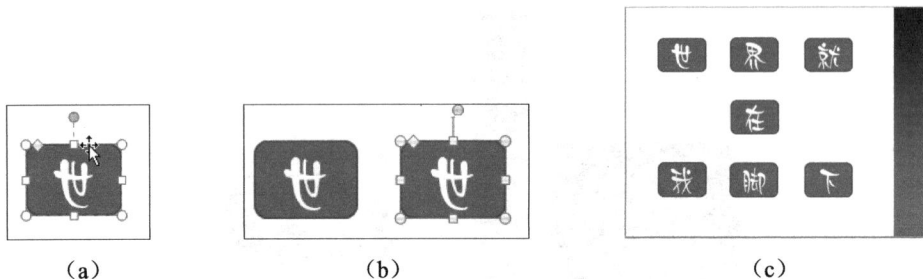

图 5-35　复制形状并修改内容

步骤 20▶　选中所有形状，然后在"绘图工具　格式"选项卡的"艺术字样式"列表中选择如图 5-36（a）所示的样式，此时的形状效果如图 5-36（b）所示。

步骤 21▶　利用"绘图工具　格式"选项卡分别为每个形状填充不同的颜色，然后将其适当旋转，使其效果如图 5-37 所示。至此，第 6 张幻灯片就制作好了。

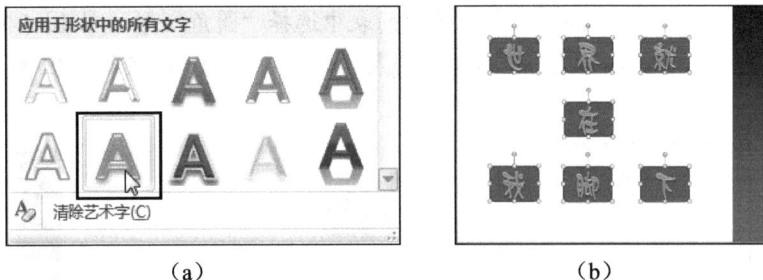

（a）　　　　　　　　　　（b）

图 5-36　为形状设置艺术字样式

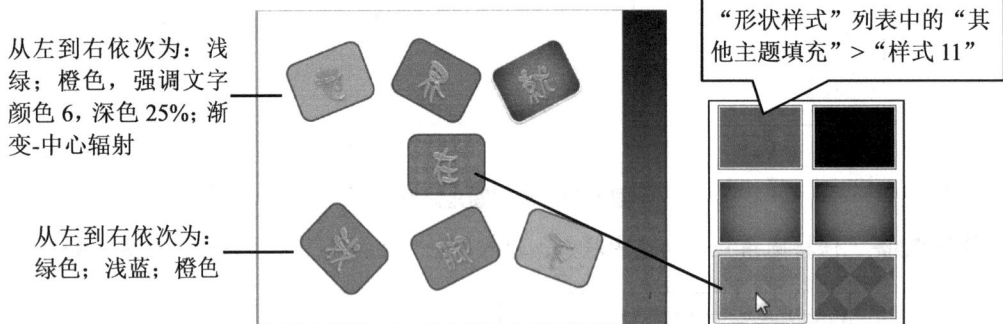

从左到右依次为：浅绿；橙色，强调文字颜色 6，深色 25%；渐变-中心辐射

从左到右依次为：绿色；浅蓝；橙色

"形状样式"列表中的"其他主题填充"＞"样式 11"

图 5-37　为形状设置填充并进行旋转

四、在幻灯片中插入声音

步骤 1▶　在"幻灯片"窗格中单击第 1 张幻灯片切换到该幻灯片，然后单击"插入"选项卡"媒体"组中"音频"按钮下方的三角按钮，在展开的列表中单击"文件中的音频"选项，如图 5-38（a）所示。

扫一扫

插入声音

步骤 2▶ 在打开的"插入音频"对话框中选择声音所在的文件夹，然后选择所需的声音文件（本书配套素材"项目五" > "旅行社宣传册"文件夹中的"背景音乐"），单击"插入"按钮，如图 5-38（b）所示。

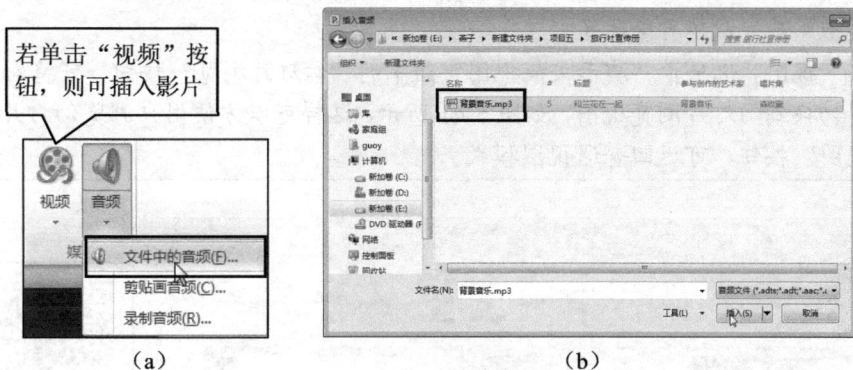

图 5-38 插入文件中的声音

步骤 3▶ 插入声音文件后，系统将在幻灯片中间位置添加一个声音图标，如图 5-39（a）所示，用户可以用操作图片的方法调整该图标的位置及尺寸，如图 5-39（b）所示。

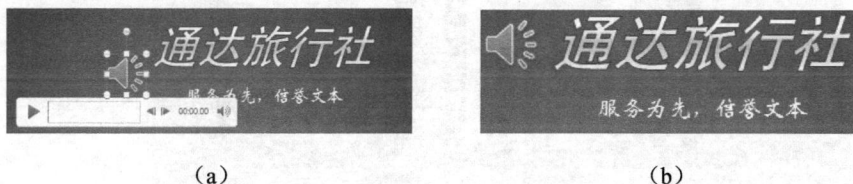

图 5-39 插入声音并调整其位置

步骤 4▶ 选择"声音"图标后，自动出现"音频工具"选项卡，它包括"格式"和"播放"两个子选项卡，如图 5-40 所示。单击"播放"选项卡上"预览"组中的"播放"按钮可以试听声音；在"音频选项"组中可设置放映时声音的开始方式，这里选择"跨幻灯片播放"，还可设置播放时的音量高低及是否循环播放声音等，这里选中"播放时隐藏"和"循环播放，直到停止"复选框。

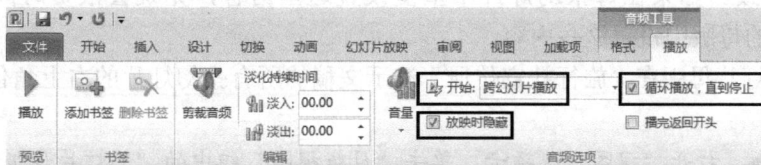

图 5-40 "音频工具 播放"选项卡

在"开始"下拉列表中选择"自动"选项表示放映幻灯片时自动播放声音；选择"单击时"选项表示单击声音图标才能开始播放声音；选择"跨幻灯片播放"选项表示声音自动且跨多张幻灯片播放。

205

读者还可以在演示文稿中插入影片、剪贴画、图表等，操作方法与插入图片和声音的操作类似，此处就不再赘述了。

单击"视图"选项卡"演示文稿视图"组中的"幻灯片浏览"按钮，可将幻灯片从普通视图切换到幻灯片浏览视图，如图 5-41 所示，这样可以方便用户浏览幻灯片。单击"普通视图"按钮，可返回普通视图模式。

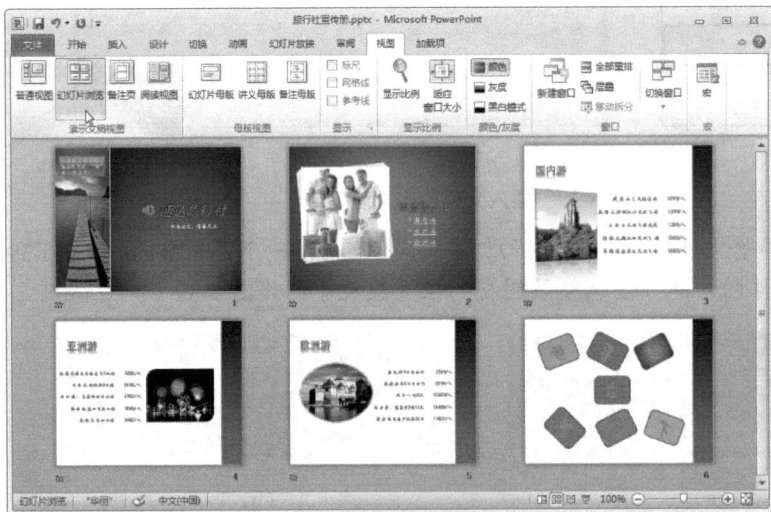

编辑幻灯片母版

图 5-41　幻灯片浏览视图

五、编辑幻灯片母版

制作演示文稿时，通常需要为指定幻灯片设置相同的内容或格式。例如，在每张幻灯片中都加入公司的徽标（Logo），且每张幻灯片标题占位符和文本占位符的字符格式和段落格式都一致。如果在每张幻灯片中重复设置这些内容，无疑会浪费时间，此时可在 PowerPoint 的母版中设置这些内容。

利用幻灯片母版在"旅行社宣传册"演示文稿的所有张幻灯片的右上角位置添加一个标志图形。

步骤 1▶ 打开"视图"选项卡，单击"母版视图"组中的"幻灯片母版"按钮，进入母版视图，此时系统自动打开"幻灯片母版"选项卡，如图 5-42 所示。

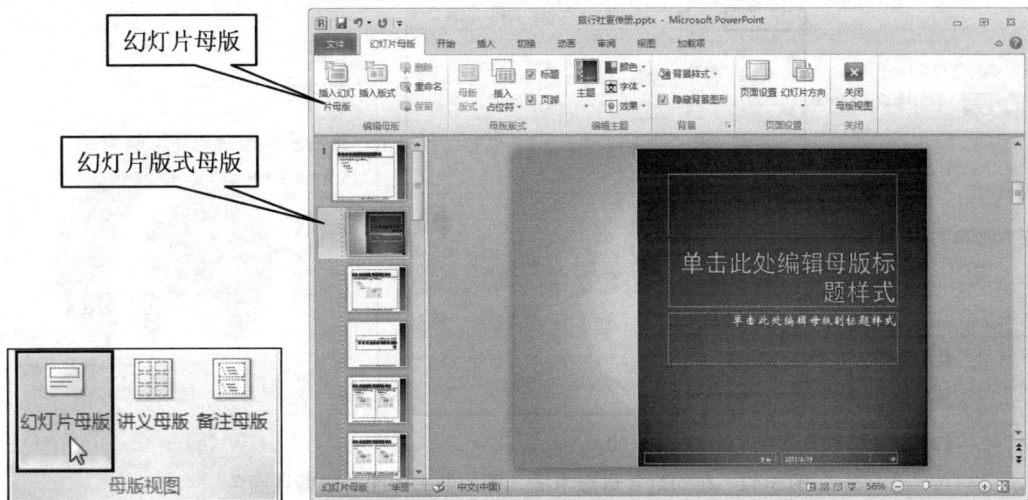

图 5-42　幻灯片母版视图

提　示

　　默认情况下，在"幻灯片母版"视图左侧任务窗格中的第 1 个母版（比其他母版稍大）称为"幻灯片母版"，在其中设置的内容和格式将影响当前演示文稿中的所有幻灯片；其下方的多个母版为幻灯片版式母版，在某个版式母版中进行的设置将影响使用了对应幻灯片版式的幻灯片（将鼠标指针移至母版上方，将显示母版名称，以及其应用于演示文稿的哪些幻灯片）。用户可根据需要选择相应的母版进行设置。

　　步骤 2▶　在"幻灯片"窗格中单击最上方的"幻灯片母版"，如图 5-43（a）所示，然后单击"插入"选项卡上"图像"组中的"图片"按钮，在打开的"插入图片"对话框中找到"项目五">"旅行社宣传册"文件夹中"标志"图片，单击"插入"按钮，将其插入到幻灯片中。

　　步骤 3▶　在"图片工具　格式"选项卡的"调整"组中单击"颜色"按钮，在展开的列表中选择"设置透明色"项，如图 5-43（b）所示，然后将鼠标指针移到图片的白色区域上单击，去掉图片的背景颜色，效果如图 5-43（c）所示。

　　步骤 4▶　将标志图片缩小并移动至幻灯片编辑区的右上角，然后按 Ctrl+C 组合键复制图片，再分别切换到"标题幻灯片　版式"和"图片和标题　版式"幻灯片，按 Ctrl+V 组合键粘贴标志图片，效果如图 5-44 所示。

（a）　　　　　　　　（b）　　　　　　　　（c）

图 5-43　在幻灯片母版中插入图片并去掉图片的背景颜色

图 5-44　缩小、移动和复制图片

💡 **提　示**

　　虽然位于"幻灯片母版"幻灯片中的内容将应用于演示文稿中的所有幻灯片，但本例中的"标题幻灯片 版式"和"图片和内容 版式"幻灯片中的背景默认被设置为隐藏，导致这两个版式的幻灯片中的标志图片被隐藏，因此需要单独设置。

步骤5▶ 单击"幻灯片母版"选项卡"关闭"组中的"关闭母版视图"按钮，退出幻灯片母版编辑模式，效果如图 5-45 所示。

六、为对象设置超链接

为"旅行社宣传册"演示文稿中的导航文本设置超链接的具体操作步骤如下：

步骤1▶ 在"幻灯片"窗格中选择第 2 张幻灯片，然后拖动鼠标选中

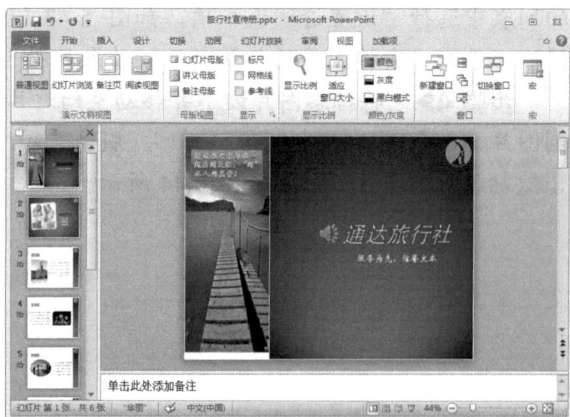

图 5-45　完成幻灯片母版的编辑

"国内游"文本，再单击"插入"选项卡上"链接"组中的"超链接"按钮，如图 5-46 所示。

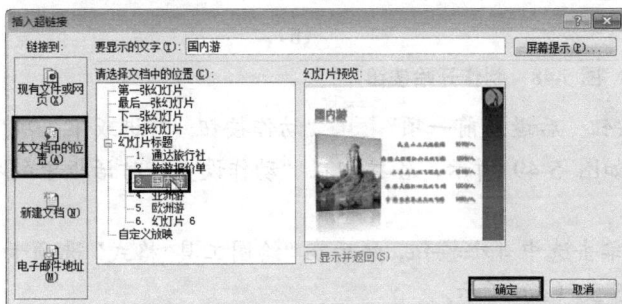

设置超链接

图 5-46　选中文本并单击"超链接"按钮

步骤 2▶　在打开的"插入超链接"对话框的"链接到"列表中单击"本文档中的位置"选项，然后在"请选择文档中的位置"列表中选择第 3 张幻灯片，如图 5-47（a）所示，单击"确定"按钮，为文本添加超链接，效果如图 5-47（b）所示。放映演示文稿时，单击该超链接文本，将切换到第 3 张幻灯片。

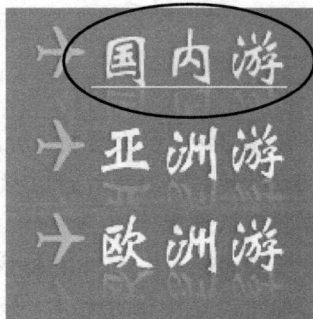

（a）　　　　　　　　　　　　　　　（b）

图 5-47　为所选文本插入超链接

> 选择"原有文件或网页"项，并在"地址"编辑框中输入要链接到的网址，可将所选对象链接到网页。
> 选择"新建文档"项，可新建一个演示文稿文档并将所选对象链接到该文档。
> 选择"电子邮件地址"项，可将所选对象链接到一个电子邮件地址。

步骤 3▶　参考前面的操作，将"亚洲游"文本链接到第 4 张幻灯片，将"欧洲游"文本链接到第 5 张幻灯片。

七、创建动作按钮

为"旅行社宣传册"演示文稿创建向前、向后翻页等动作按钮的具体操作步骤如下：

创建动作按钮

步骤 1▶　切换到第 1 张幻灯片，单击"插入"选项卡"插图"组中的"形状"按钮，在展开的列表中选择"动作按钮：开始" ◁，如图 5-48（a）所示。

步骤 2▶　在幻灯片的中部偏右下方拖动鼠标绘制一个大小适中的按钮，此时会弹出"动作设置"对话框，选中"超链接到"单选按钮，然后在其下方的下拉列表中选择"第一张幻灯片"选项，如图 5-48（b）所示，单击"确定"按钮。

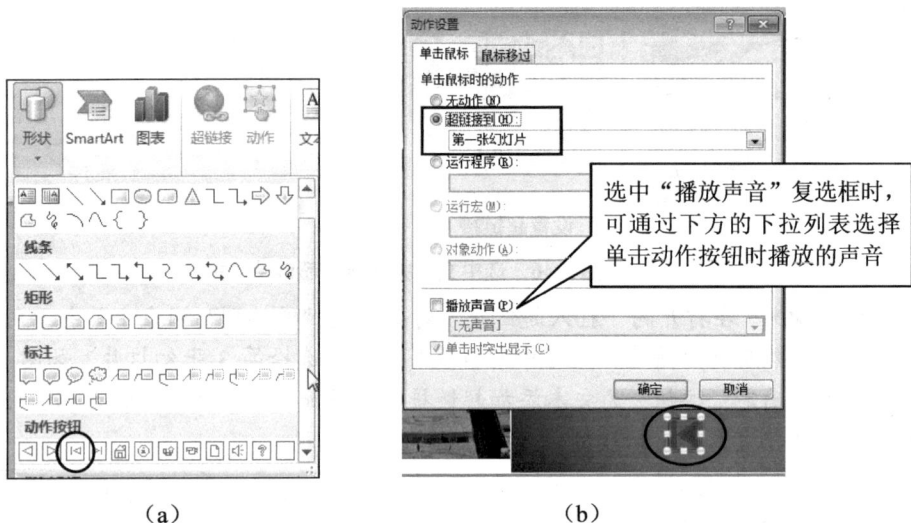

（a）　　　　　　　　　　　　　　（b）

图 5-48　制作开始按钮

步骤 3▶ 依次绘制"动作按钮：后退或前一项" ◁ 、"动作按钮：前进或下一项" ▷ 和"动作按钮：结束" ▷| ，效果如图 5-49 所示。各按钮在"动作设置"对话框中的参数都保持默认设置。

步骤 4▶ 按住 Shift 键依次单击选中 4 个按钮，然后在"绘图工具 格式"选项卡"大小"组中设置按钮的大小，如图 5-50（a）所示。

步骤 5▶ 单击"排列"组中的"对齐"按钮，在弹出的列表中选择"上下居中"和"横向分布"选项，将几个按钮上下居中对齐，以及左右均匀分布，如图 5-50（b）所示；再单击"组合"按钮，在弹出的列表中选择"组合"项，组合所选按钮，效果如图 5-50（c）所示。

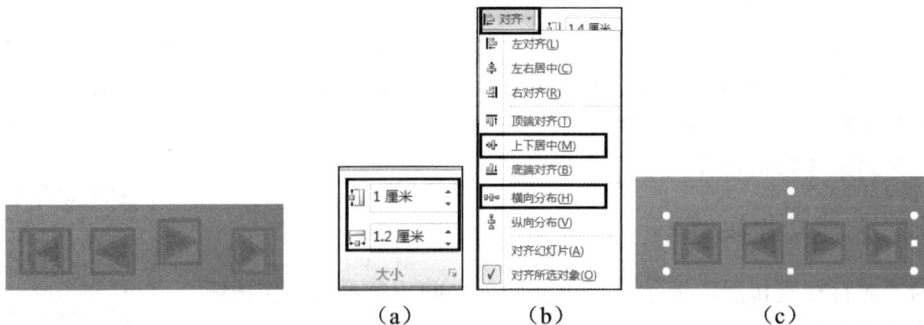

（a）　　　（b）　　　　　　　（c）

图 5-49　绘制其他按钮　　　图 5-50　设置按钮的大小、对齐和组合按钮

步骤 6▶ 单击"绘图工具 格式"选项卡"形状样式"组中的"其他"按钮，在展开的下拉列表中选择"强烈效果-金色，强调颜色 4"选项，为所选按钮添加系统内置的样式，如图 5-51 所示。

图 5-51　为按钮添加系统内置样式

步骤 7▶　保持按钮的选中状态，按 Ctrl+C 组合键，然后切换到第 2 张幻灯片，按 Ctrl+V 组合键，将按钮复制到第 2 张幻灯片；利用相同的方法，将按钮复制到后面的几张幻灯片中。至此，"旅行社宣传册"演示文稿的内容便制作好了。

提 示

为文字、图片等对象设置动作时，只需选中对象，然后单击"插入"选项卡"链接"组中的"动作"按钮，在打开的"动作设置"对话框中进行设置即可。

任务四　为旅行社宣传册设置动画效果

通过为旅行社宣传册演示文稿设置动画效果，学习为幻灯片设置切换效果，以及为幻灯片中的对象设置动画效果的操作。

相关知识

➤ **为幻灯片设置切换效果**：幻灯片的切换效果是指放映幻灯片时从一张幻灯片过渡到下一张幻灯片时的动画效果。默认情况下，各幻灯片之间的切换是没有任何效果的。可以通过设置，为每张幻灯片添加具有动感的切换效果以丰富其放映过程，还可以控制每张幻灯片切换的速度，以及添加切换声音等。

➤ **为幻灯片中的对象设置动画效果**：可以为幻灯片中的文本、图片和图形等对象应用各种动画效果，以使演示文稿的播放更加精彩。

任务实施

一、为幻灯片设置切换效果

为幻灯片添加切换效果的具体操作步骤如下：

步骤 1▶　在"幻灯片"窗格中选中要设置切换效果的幻灯片，然后单击"切换"选

设置切换效果

项卡上"切换到此幻灯片"组中的"其他"按钮 ，在展开的列表中选择一种幻灯片切换方式，例如，选择"推进"。

步骤 2▶ 在"计时"组中的"声音"和"持续时间"下拉列表框中可选择切换幻灯片时的声音效果和幻灯片的切换速度，在"换片方式"设置区中可设置幻灯片的换片方式，本例保持默认选中的"单击鼠标时"复选框，如图 5-52 所示。

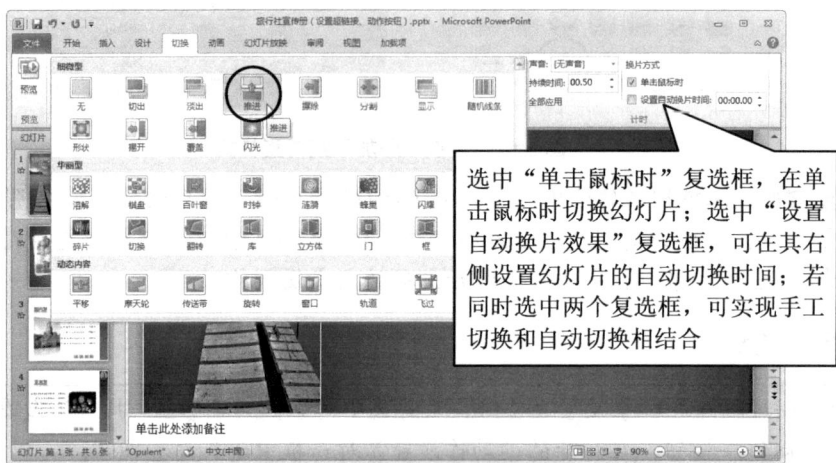

选中"单击鼠标时"复选框，在单击鼠标时切换幻灯片；选中"设置自动换片效果"复选框，可在其右侧设置幻灯片的自动切换时间；若同时选中两个复选框，可实现手工切换和自动切换相结合

图 5-52　设置幻灯片切换方式

步骤 3▶ 要想将设置的幻灯片切换效果应用于全部幻灯片，可单击"计时"组中的"全部应用"按钮，本例选择该项。否则，当前的设置将只应用于当前所选的幻灯片。

二、为幻灯片中的对象设置动画效果

利用 PowerPoint 2010 的"动画"选项卡，可以为幻灯片中的对象设置各种动画效果，利用"动画窗格"可以对添加的动画效果进行管理。

步骤 1▶ 切换到第 2 张幻灯片，选中要添加动画效果的对象，如左侧的图片，单击"动画"选项卡"高级动画"组中的"动画窗格"按钮，打开"动画窗格"，如图 5-53 所示。

步骤 2▶ 在"动画"组的动画列表中选择一种动画类型，以及该动画类型下的效果。例如，选择"进入"类型的"飞入"动画效果，如图 5-54（a）所示。各动画类型的作用如下：

➤ **进入**：设置放映幻灯片时对象进入放映界面时的动画效果。
➤ **强调**：为已进入幻灯片的对象设置强调动画效果。
➤ **退出**：设置对象离开幻灯片的动画效果，让对象离开幻灯片。
➤ **动作路径**：让对象在幻灯片中沿着系统自带的或用户绘制的路径运动。

步骤 3▶ 在"动画"组的"效果选项"下拉列表中设置动画的运动方向，如选择"自左侧"；在"计时"组中设置动画的开始播放方式和动画的播放速度，本例设置如图 5-54（b）所示。"开始"下拉列表中各选项的作用如下：

➤ **单击时**：在放映幻灯片时，需单击鼠标才开始播放动画。

> ➢ **与上一动画同时**：在放映幻灯片时，自动与上一动画效果同时播放。
> ➢ **上一动画之后**：在放映幻灯片时，播放完上一动画效果后自动播放该动画效果。

图 5-53 打开"自定义动画"任务窗格

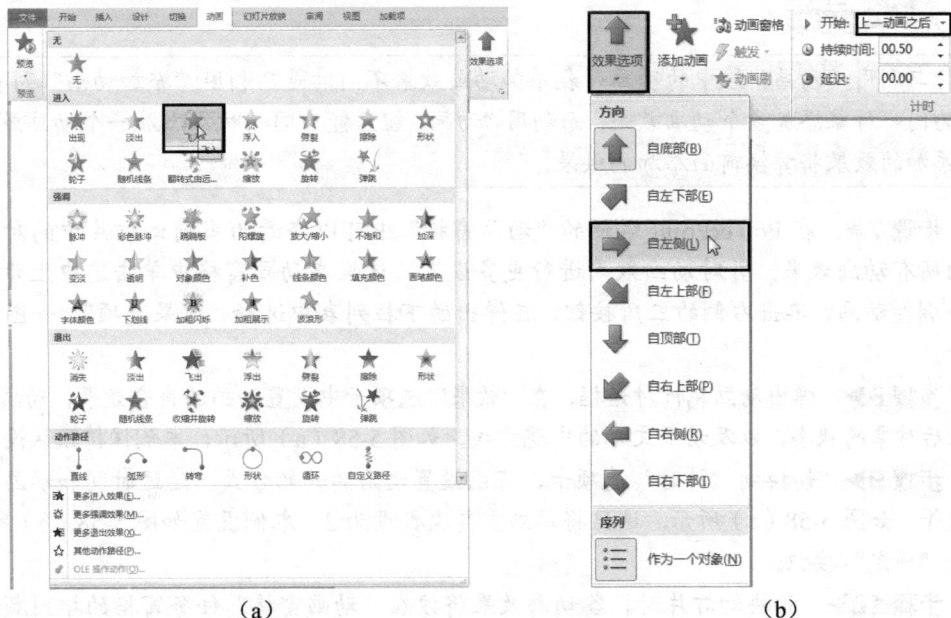

（a）   （b）

图 5-54 为对象添加动画效果

步骤 4▶ 同时选中幻灯片右侧的 2 个文本框，如图 5-55（a）所示，在图 5-54（a）所示的"动画"列表下方单击"更多进入效果"项，打开"更改进入效果"对话框，选择"下浮"动画效果，单击"确定"按钮，如图 5-55（b）所示。

步骤 5▶ 在"计时"选项卡设置其开始播放方式和持续时间，如图 5-55（c）所示。

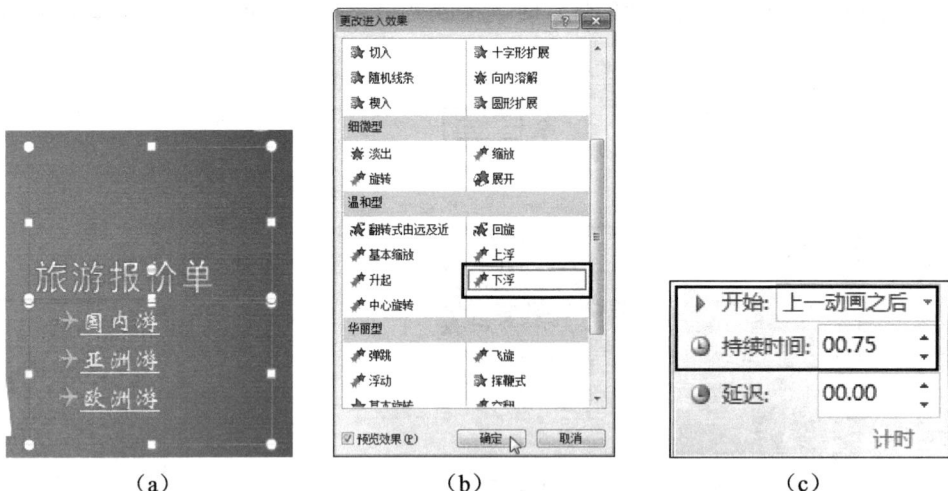

（a）　　　　　　　　（b）　　　　　　　　（c）

图 5-55　为文本添加动画效果

步骤 6▶ 选中"旅游报价单"标题占位符，单击"高级动画"组中的"添加动画"按钮，在弹出的动画列表中选择"强调"类的"补色"动画效果，如图 5-56 所示。

提　示

与利用"动画"组中的动画列表添加动画效果不同的是，利用"添加动画"列表可以为同一对象添加多个动画效果；而利用"动画"组只能为同一对象添加一个动画效果，后添加的效果将替换前面添加的效果。

步骤 7▶ 在 PowerPoint 右侧的"动画窗格"中可以查看为当前幻灯片中的对象添加的所有动画效果，并对动画效果进行更多设置。这里在动画窗格中单击选中上步添加的强调类动画，单击右侧的三角按钮，在弹出的下拉列表中选择"效果选项"，如图 5-57 所示。

步骤 8▶ 弹出动画属性对话框，在"效果"选项卡中设置动画的声音效果，动画播放结束后对象的状态，以及动画文本的出现方式，如图 5-58（a）所示，本例保持默认设置。

步骤 9▶ 切换到"计时"选项卡，可以设置动画的开始方式、延迟时间和动画重复次数等，如图 5-58（a）所示。这里将动画重复次数设为 3，本例设置如图 5-58（b）所示。单击"确定"按钮。

步骤 10▶ 放映幻灯片时，各动画效果将按在"动画窗格"任务窗格的排列顺序进行播放，也可以通过拖动方式调整动画的播放顺序，或在选中动画效果后，单击"动画窗格"下方的"重新排序"按钮 ⬆⬇ 来排列动画的播放顺序。

图 5-56 添加"强调"类动画效果

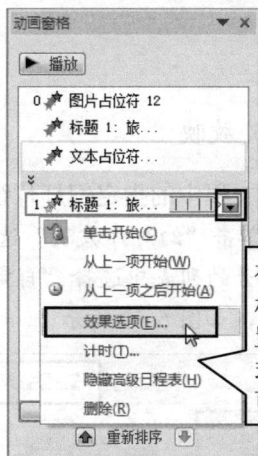

图 5-57 动画窗格

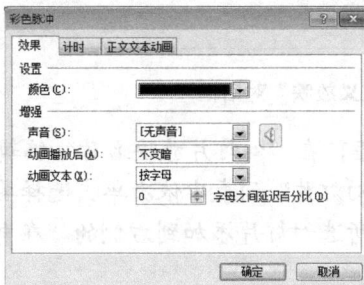

（a）

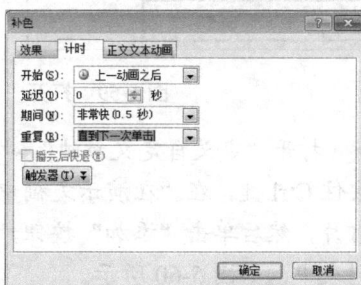

（b）

图 5-58 设置动画效果

任务五 放映和打包旅行社宣传册

通过设置旅行社宣传册的放映方式并放映、打包，学习放映和打包演示文稿的操作。

相关知识

> **放映前的设置**：在放映幻灯片前，可以创建自定义放映集、隐藏不需要放映的幻灯片等。

> **放映幻灯片**：放映幻灯片时，可以通过鼠标和键盘对放映过程进行控制，以及添加墨迹注释等。

> **打包演示文稿**：为了方便在其他计算机中放映演示文稿，可以将演示文稿打包。

任务实施

一、自定义放映

将现有演示文稿中的指定幻灯片组成一个新的放映集进行放映的具体操作步骤如下：

步骤1▶ 单击"幻灯片放映"选项卡"开始放映幻灯片"组中的"自定义幻灯片放映"按钮，在展开的列表中选择"自定义放映"选项，打开"自定义放映"对话框，再单击"新建"按钮，如图5-59所示。

图5-59 打开"自定义放映"对话框

步骤2▶ 打开"定义自定义放映"对话框，在"幻灯片放映名称"编辑框中输入放映名称；再按住Ctrl键，在"在演示文稿中的幻灯片"列表中依次单击选择要加入自定义放映集的幻灯片，然后单击"添加"按钮，将所选幻灯片添加到右侧的"在自定义放映中的幻灯片"列表中，如图5-60所示。

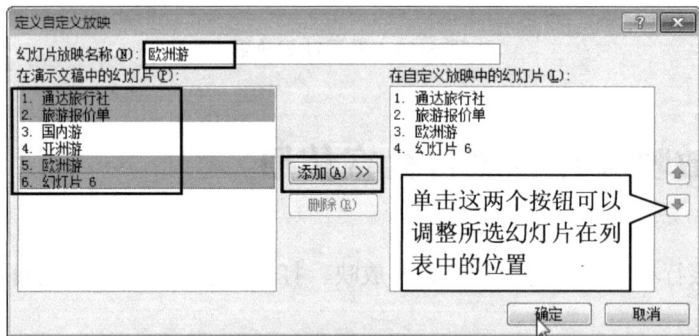

图5-60 输入放映名称并添加要放映的幻灯片

步骤3▶ 单击"定义自定义放映"对话框中的"确定"按钮，返回"自定义放映"对话框，此时在对话框的"自定义放映"列表中将显示创建的自定义放映集，如图5-61（a）所示。单击"关闭"按钮，完成自定义放映集的创建。

步骤4▶ 单击"自定义幻灯片放映"按钮，在展开的列表中可看到新建的自定义放映集，如图5-61（b）所示，单击即可放映。

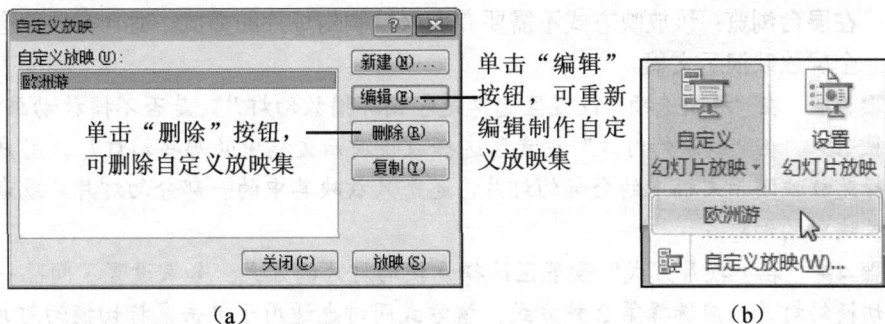

（a）　　　　　　　　　　　　　　　　　（b）

图 5-61　创建的自定义放映

提 示

除了通过自定义放映方式放映指定的幻灯片外，也可在"幻灯片"窗格中选择希望在放映时隐藏的幻灯片，单击"幻灯片放映"选项卡"设置"组中的"隐藏幻灯片"按钮将其隐藏。再次执行该操作可显示隐藏的幻灯片。

二、设置放映方式

根据不同的场所，可对演示文稿设置不同的放映方式，如可以由演讲者控制放映，也可以由观众自行浏览，或让演示文稿自动运行。此外，对于每一种放映方式，还可以控制是否循环播放，指定播放哪些幻灯片以及确定幻灯片的换片方式等。具体操作步骤如下：

步骤1▶　单击"幻灯片放映"选项卡中的"设置幻灯片放映"按钮，打开"设置放映方式"对话框，如图 5-62 所示。

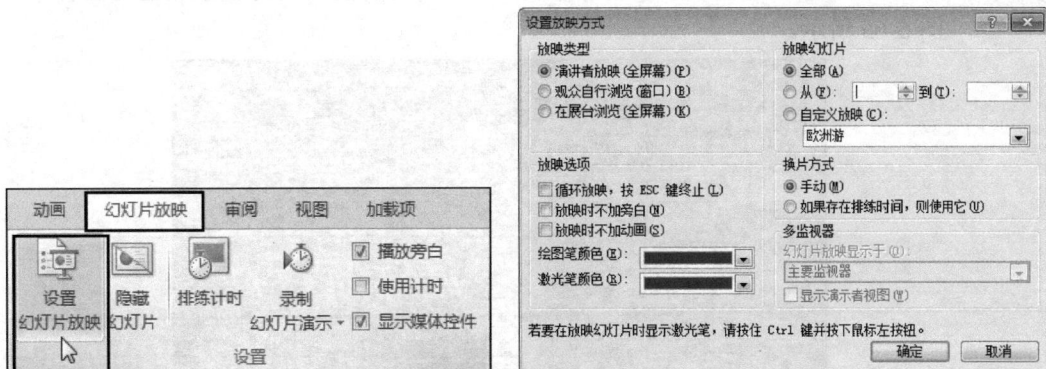

图 5-62　设置放映方式

➢ **演讲者放映**：这是最常用的放映类型。放映时幻灯片将全屏显示，演讲者对课件的播放具有完全的控制权。例如，切换幻灯片，播放动画，添加墨迹注释等。

➢ **观众自行浏览**：放映时在标准窗口中显示幻灯片，显示菜单栏和 Web 工具栏，方便用户对换片进行切换、编辑、复制和打印等操作。

➤ **在展台浏览**：该放映方式不需要专人来控制幻灯片的播放，适合在展览会等场所全屏放映演示文稿。

步骤2▶ 在"放映选项"设置区选择是否循环播放幻灯片，是否不播放动画效果等。

步骤3▶ 在"放映幻灯片"设置区选择放映演示文稿中的哪些幻灯片。用户可根据需要选择是放映演示文稿中的全部幻灯片，还是只放映其中的一部分幻灯片，或者只放映自定义放映中的幻灯片。

步骤4▶ 在"换片方式"设置区选择切换幻灯片的方式。如果设置了间隔一定的时间自动切换幻灯片，应选择第2种方式。该方式同时也适用于单击鼠标切换幻灯片。

步骤5▶ 单击"确定"按钮，完成放映方式的设置。

三、放映演示文稿

步骤1▶ 用户可利用以下几种方法来启动幻灯片放映：

➤ 在"幻灯片放映"选项卡的"开始放映幻灯片"组中单击"从头开始"按钮，或者按F5键，从第1张幻灯片开始放映演示文稿。

➤ 在"幻灯片放映"选项卡的"开始放映幻灯片"组中单击"从当前幻灯片开始"按钮，或者按Shift+F5键，可从当前幻灯片开始放映。

步骤2▶ 在放映过程中，可根据制作演示文稿时的设置来切换幻灯片或显示幻灯片内容。例如，通过单击切换幻灯片和显示动画，通过单击超链接跳转到指定的幻灯片。

步骤3▶ 在放映过程中，将鼠标指针移至放映画面左下角位置，会显示一组控制按钮，利用它们可进行以下操作：

➤ **添加墨迹注释**：单击 ✎ 按钮，在弹出的列表中选择一种绘图笔，然后在放映画面中按住鼠标左键并拖动，可为幻灯片中一些需要强调的内容添加墨迹注释，如图 5-63 所示。

图 5-63　添加墨迹注释

➤ **跳转幻灯片**：单击 或 按钮可跳转到上一张或下一张幻灯片；单击 按钮将打开一个列表，从中选择相应的选项也可跳转到指定幻灯片。

步骤 4▶ 放映演示文稿时，PowerPoint 还提供了许多控制播放进程的技巧，归纳如下：

➤ 按↓、→、Enter、空格、PageDown 键均可快速显示下一张幻灯片。

➤ 按↑、←、BackSpace、PageUp 键均可快速显示前一张幻灯片。

➤ 同时按住鼠标左右键不放，可快速返回第一张幻灯片。

步骤 5▶ 演示文稿放映完毕后，可按 Esc 键结束放映，如果想在中途终止放映，也可按【Esc】键。如果在幻灯片放映中添加了墨迹标记，结束放映时会弹出提示框，单击"放弃"按钮，可不在幻灯片中保留墨迹。

四、打包演示文稿

当用户将演示文稿拿到其他计算机中播放时，如果该计算机没有安装 PowerPoint 程序，或者没有演示文稿中所链接的文件以及所采用的字体，那么演示文稿将不能正常放映。此时，可利用 PowerPoint 提供的"打包成 CD"功能，将演示文稿及与其关联的文件、字体等打包，这样即使其他计算机中没有安装 PowerPoint 程序也可以正常播放演示文稿。

步骤 1▶ 单击"文件"选项卡标签，在打开的界面中依次单击"保存并发送" > "将演示文稿打包成 CD" > "打包成 CD"项，如图 5-64 所示。

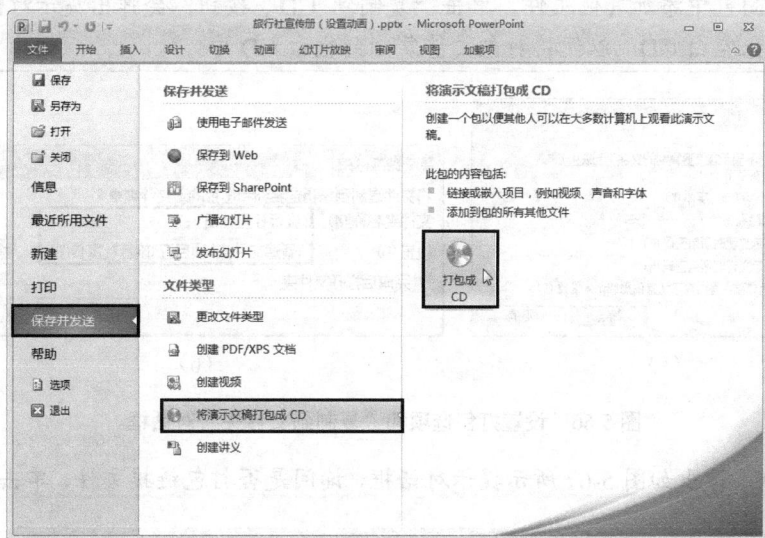

图 5-64 单击"打包成 CD"项

步骤 2▶ 在打开的"打包成 CD"对话框中的"将 CD 命名为"编辑框中为打包文件命名，如图 5-65 所示。

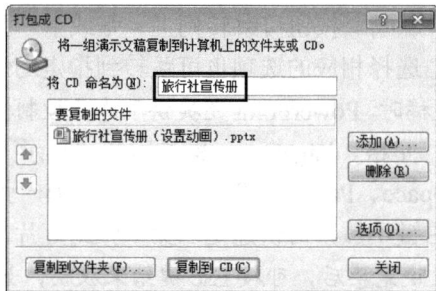

图 5-65　命名打包文件

步骤 3▶　单击"打包成 CD"对话框中的"选项"按钮，打开"选项"对话框，如图 5-66（a）所示，利用该对话框可为打包文件设置包含文件以及打开和修改文件的密码等，完成后单击"确定"按钮。

步骤 4▶　单击"复制到文件夹"按钮，打开"复制到文件夹"对话框，设置打包的文件夹名称及保存位置，如图 5-66（b）所示，单击"确定"按钮。

提　示

在"打包成 CD"对话框中单击"添加"按钮，打开"添加文件"对话框，利用该对话框可以向包中添加其他文件。单击"复制到 CD"按钮，会弹出提示对话框，提示用户插入一张空白 CD，以便将打包文件复制到空白 CD 中。

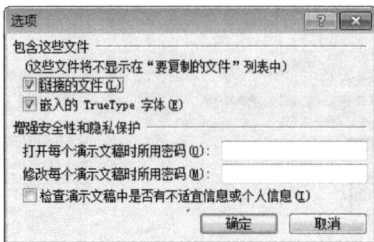

（a）　　　　　　　　　　　　　　　　（b）

图 5-66　设置打包选项和"复制到文件夹"对话框

步骤 5▶　弹出如图 5-67 所示提示对话框，询问是否打包链接文件，单击"是"按钮。

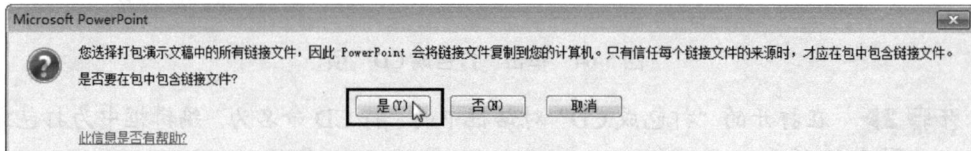

图 5-67　提示对话框

步骤 6▶　等待一段时间后，即可将演示文稿打包到指定的文件夹中，并自动打开该文件夹，显示其中的内容，如图 5-68 所示。最后单击"打包成 CD"对话框中的"关闭"按钮，将该对话框关闭。

名称	修改日期	类型	大小
PresentationPackage	2017/11/1 10:24	文件夹	
AUTORUN	2018/6/20 11:20	安装信息	1 KB
旅行社宣传册（设置动画）	2018/5/24 17:03	Microsoft Office...	4,509 KB

图 5-68　打包文件夹中的内容

步骤 7▶　将演示文稿打包后，可找到存放打包文件的文件夹，然后利用 U 盘或网络等方式，将其拷贝或传输到别的计算机中进行播放。要播放演示文稿，可双击打包文件夹中的演示文稿，如图 5-68 所示，然后进行播放即可。

真题解析一

　　（注：以下演示文稿题为 2017 年 9 月全国计算机等级考试一级 MS Office 真题）
　　打开考生文件夹下的演示文稿 yswg.pptx（见图 5-69），按照下列要求完成对此文稿的修饰并另存为（yswg）。

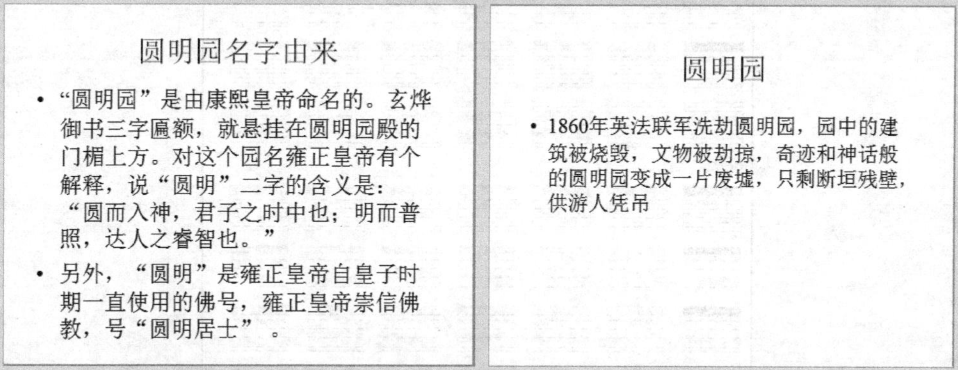

　　　　　　圆明园名字由来

- "圆明园"是由康熙皇帝命名的。玄烨御书三字匾额，就悬挂在圆明园殿的门楣上方。对这个园名雍正皇帝有个解释，说"圆明"二字的含义是："圆而入神，君子之时中也；明而普照，达人之睿智也。"
- 另外，"圆明"是雍正皇帝自皇子时期一直使用的佛号，雍正皇帝崇信佛教，号"圆明居士"。

　　　　　　　　圆明园

- 1860 年英法联军洗劫圆明园，园中的建筑被烧毁，文物被劫掠，奇迹和神话般的圆明园变成一片废墟，只剩断垣残壁，供游人凭吊

图 5-69　示例演示文稿

　　1. 使用"跋涉"主题修饰全文，放映方式为"观众自行浏览"。
　　2. 在第 1 张幻灯片前插入版式为"标题和内容"的新幻灯片，标题为"圆明园名字的来历"，内容区插入 3 行 2 列表格，表格样式为"深色样式 2"，第 1 行第 1、2 列内容依次为"说法"和"具体内容"，第 1 列第 2、3 行文字依次为"'圆明'文字含义"和"佛号"，参考第 2 张幻灯片的内容，将"圆而入神，君子之时中也；明而普照，达人之睿智也。"和"雍正皇帝崇信佛教，号'圆明居士'"填入表格适当单元格，表格文字全部设置为 35 磅字。第 3 张幻灯片版式改为"两栏内容"，将考生文件夹下的图片文件 ppt1.jpeg 插入到第 3 张幻灯片右侧的内容区，左侧文字动画设置为"进入"、"弹跳"。使第 3 张幻灯片成为第 1 张幻灯片。删除第 3 张幻灯片。

【解析】

1.【解题步骤】

步骤 1：双击考生文件夹，打开演示文稿文件 yswg.pptx，在"设计"选项卡的"主题"组中单击"其他"按钮，在展开的主题库中选择"跋涉"。

步骤 2：在"幻灯片放映"选项卡的"设置"组中单击"设置幻灯片放映"按钮，打开"设置放映方式"对话框，在"放映类型"设置区选择"观众自行浏览（窗口）"单选按钮，然后单击"确定"按钮。

2.【解题步骤】

步骤 1：在普通视图下选择第 1 张幻灯片，单击"开始"选项卡"幻灯片"组中"新建幻灯片"按钮下方的三角按钮，在展开的列表中选择"标题和内容"。输入标题为"圆明园名字的来历"。单击文本内容区的"插入表格"按钮，打开"插入表格"对话框，在"列数"微调框中输入"2"，在"行数"微调框中输入"3"，单击"确定"按钮；在"表格工具　设计"选项卡"表格样式"组中单击"其他"按钮，在展开的列表中选择"深"下的"深色样式 2"，如图 5-70 所示。

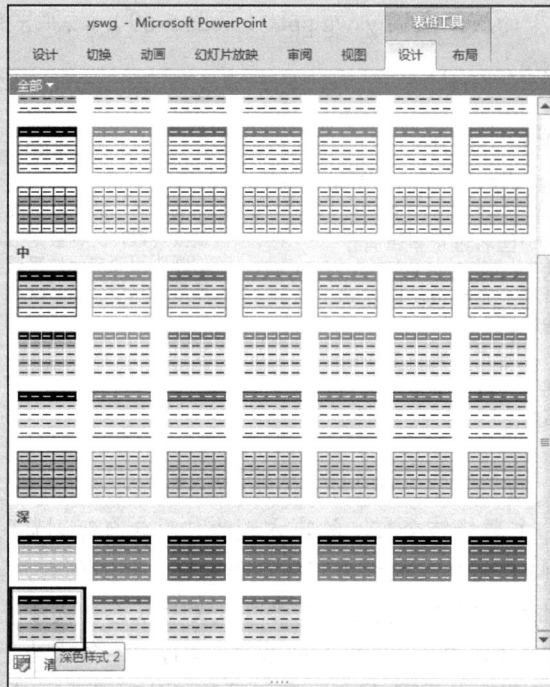

图 5-70　选择表格样式

步骤 2：在上述表格的第 1 行的第 1、2 列依次输入"说法"和"具体内容"，第 1 列的第 2、3 行依次输入"'圆明'文字含义"和"佛号"。选中第 2 张幻灯片的"圆而入神，君子之时中也；明而普照，达人之睿智也。"，单击"开始"选项卡"剪贴板"组中的"复制"按钮，将鼠标光标定位到第 1 张幻灯片表格的第 2 行第 2 列，单击"粘贴"

按钮。按照此方法将第 2 张幻灯片内容区的"雍正皇帝崇信佛教，号'圆明居士'"填入表格第 3 行第 2 列。选中表格中的所有文字，在"开始"选项卡"字体"组的"字号"编辑框中输入"35"。

步骤 3：选中第 3 张幻灯片，在"开始"选项卡的"幻灯片"组中单击"版式"按钮，在展开的列表中选择"两栏内容"。在右侧内容区单击"插入来自文件的图片"按钮，打开"插入图片"对话框，选择素材图片"pptl.jpg"，单击"插入"按钮。选中左侧的文字，在"动画"选项卡的"动画"组中单击"其他"按钮，在展开的列表中选择"进入"下的"弹跳"。

步骤 4：在普通视图下，选中第 3 张幻灯片，按住鼠标左键，将其拖曳到第 1 张幻灯片上方，使其成为第 1 张幻灯片。

步骤 5：在普通视图下，选中第 3 张幻灯片，单击鼠标右键，在弹出的快捷菜单中选择"删除幻灯片"项。

步骤 6：另存演示文稿为（yswg）。

真题解析二

（注：以下演示文稿题为 2017 年 3 月全国计算机等级考试一级 MS Office 真题）

打开考生文件夹下的演示文稿 yswg.pptx（见图 5-71），按照下列要求完成对此文稿的修饰并另存（yswg）。

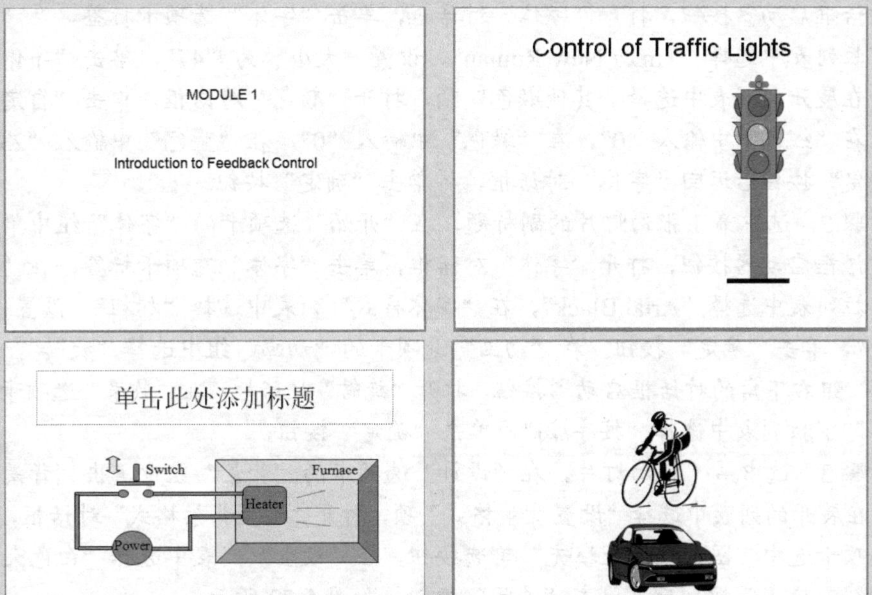

图 5-71　示例演示文稿

1. 使用"暗香扑面"主题修饰全文，全部幻灯片切换方案为"百叶窗"，效果选项为"水平"。

2. 在第 1 张"标题幻灯片"中，主标题字体设置为"Times New Roman"，47 磅字；副标题字体设置为"Anal Black""加粗""55 磅字"。主标题的文字颜色设置成蓝色（RGB模式：红色 0，绿色 0，蓝色 230）。副标题的动画效果设置为"进入""旋转"，效果选项为文本"按字/词"。幻灯片的背景设置为"白色大理石"。第 2 张幻灯片的版式改为"两栏内容"，原有信号灯图片移入左侧的内容区，将第 4 张幻灯片的图片移动到第 2 张幻灯片右侧的内容区。删除第 4 张幻灯片。第 3 张幻灯片的标题为"Open-loop Control"，47 磅字，然后移动它成为第 2 张幻灯片。

【解析】

1.【解题步骤】

步骤 1：双击考生文件夹，打开演示文稿 yswg.pptx，选择"设计"选项卡"主题"组中的"暗香扑面"主题修饰全文。

步骤 2：选中第 1 张幻灯片，在"切换"选项卡的"切换到此幻灯片"组中单击"其他"按钮，在展开的列表中选择"华丽型"下的"百叶窗"，单击"效果选项"按钮，在展开的列表中选择"水平"，再单击"计时"组中的"全部应用"按钮。

2.【解题步骤】

步骤 1：选中第 1 张幻灯片的主标题，在"开始"选项卡的"字体"组中单击右下角的对话框启动器按钮，打开"字体"对话框，单击"字体"选项卡标签，在"西文字体"下拉列表中选择"Times New Roman"，设置"大小"为"47"，单击"字体颜色"按钮，在展开的列表中选择"其他颜色"项，打开"颜色"对话框，单击"自定义"选项卡，在"红色"中输入"0"，在"绿色"中输入"0"，在"蓝色"中输入"230"，单击"确定"按钮后返回"字体"对话框，再单击"确定"按钮。

步骤 2：选中第 1 张幻灯片的副标题，在"开始"选项卡的"字体"组中单击右下角的对话框启动器按钮，打开"字体"对话框，单击"字体"选项卡标签，在"西文字体"下拉列表中选择"Arial Black"，在"字体样式"列表中选择"加粗"，设置"大小"为"55"，单击"确定"按钮。在"动画"选项卡的"动画"组中选择"旋转"，再单击"动画"组右下角的对话框启动器按钮，打开"旋转"对话框，在"效果"选项卡的"动画文本"下拉列表中选择"按字/词"，单击"确定"按钮。

步骤 3：选中第 1 张幻灯片，在"设计"选项卡的"背景"组中单击"背景样式"按钮，在展开的列表中选择"设置背景格式"项，打开"设置背景格式"对话框，在"填充"选项卡选中"图片或纹理填充"单选按钮，在"纹理"列表中选择"白色大理石"，单击"全部应用"按钮后再单击"关闭"按钮，如图 5-72 所示。

步骤 4：选中第 2 张幻灯片，在"开始"选项卡的"幻灯片"组中单击"版式"按钮，在展开的列表中选择"两栏内容"。选中信号灯图片，单击鼠标右键，在弹出的快捷菜单中，选择"剪切"，把鼠标光标定位到左侧内容区，单击"开始"选项卡"剪贴板"组中的"粘贴"按钮。

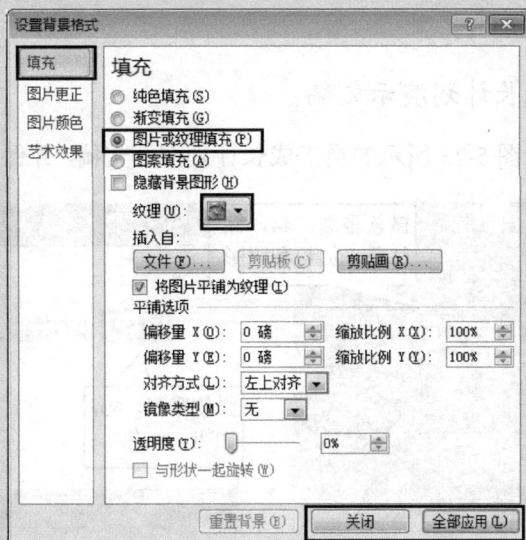

图 5-72　设置填充颜色

步骤 5：在普通视图下选中第 4 张幻灯片，单击鼠标右键，在弹出的快捷菜单中选择"删除幻灯片"项。

步骤 6：在第 3 张幻灯片的标题占位符中输入"Open-loop Control"，选中标题文本，在"开始"选项卡的"字体"组中单击右下角的对话框启动器按钮，打开"字体"对话框，在"字体"选项卡的"大小"下拉列表中选择"47"。

步骤 7：在"幻灯片"窗格选中第 3 张幻灯片，按住鼠标左键，将其拖曳到第 2 张幻灯片的上方，即可使第 3 张成为第 2 张幻灯片。

步骤 8：另存演示文稿为（yswg）。

项目总结

本项目学习了使用 PowerPoint 2010 制作演示文稿的操作，包括创建演示文稿，新建和复制幻灯片，设置幻灯片版式，在幻灯片中输入文本并设置格式，在幻灯片中插入并美化图形、图片、艺术字和声音等对象，修饰和美化幻灯片，为演示文稿设置动画效果，以及放映幻灯片等内容。

项目实训

一、制作员工成长计划演示文稿

按以下提示制作如图 5-73 所示的员工成长计划演示文稿，并保存为"员工成长计划"。

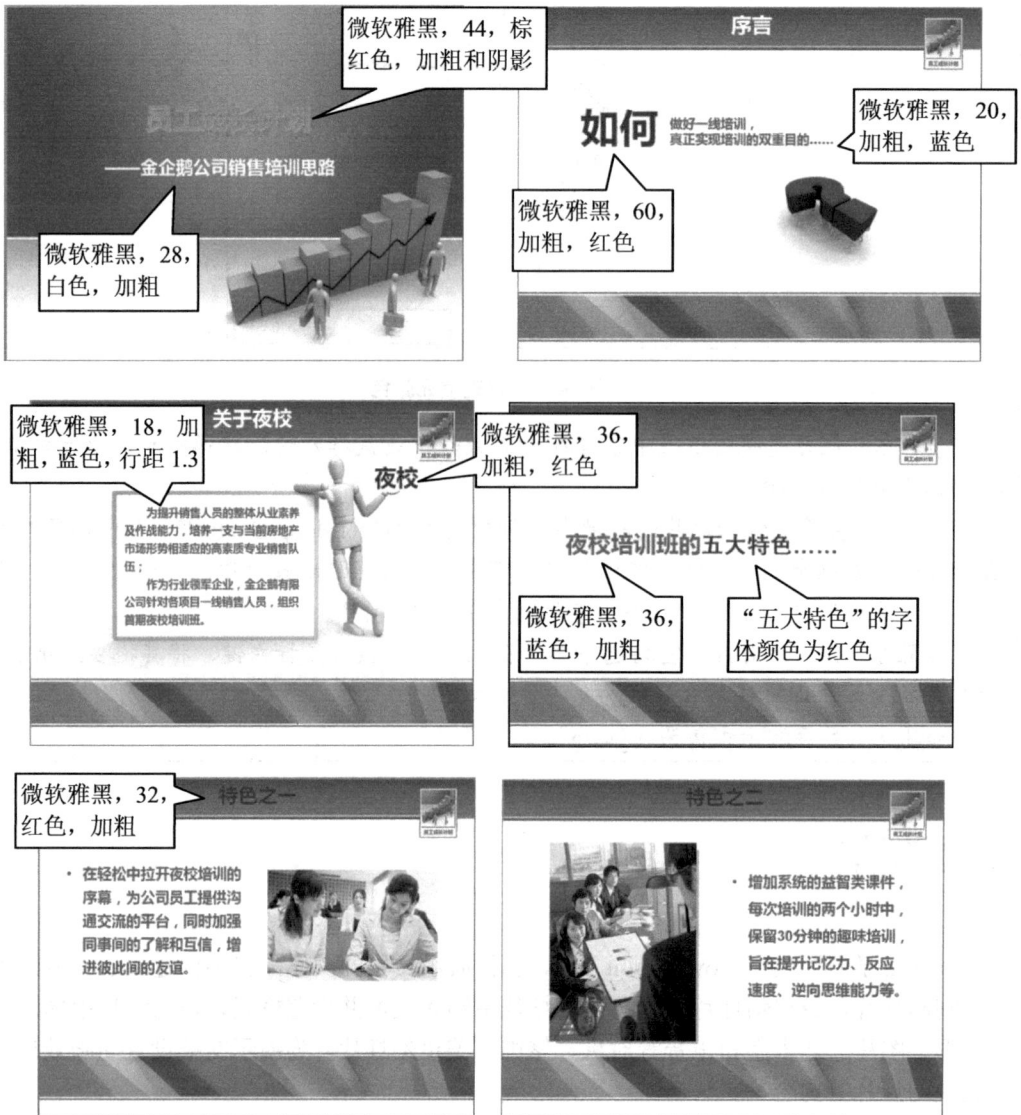

微软雅黑，44，棕红色，加粗和阴影

微软雅黑，28，白色，加粗

微软雅黑，20，加粗，蓝色

微软雅黑，60，加粗，红色

微软雅黑，18，加粗，蓝色，行距 1.3

微软雅黑，36，加粗，红色

微软雅黑，36，蓝色，加粗

"五大特色"的字体颜色为红色

微软雅黑，32，红色，加粗

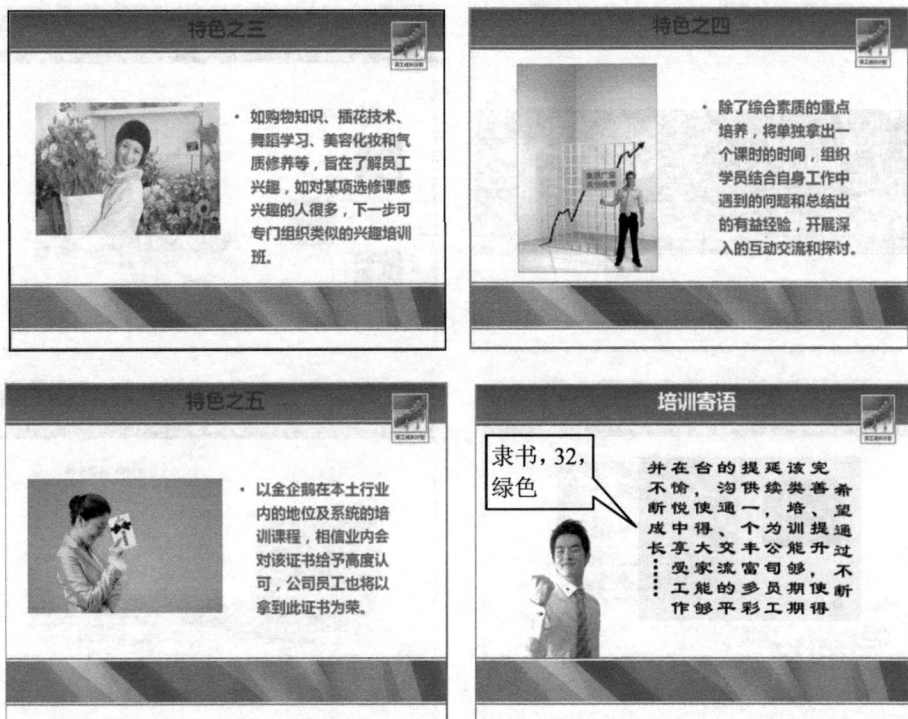

图 5-73 员工成长计划演示文稿效果

（1）新建一空白演示文稿，将本书配套素材"项目五">"员工成长计划"文件夹中的"背景 1"图片设置为所有幻灯片背景；再将"背景 2"图片设置为第 1 张幻灯片背景。

（2）进入母版视图，在"幻灯片母版"中将标题占位符的字体设置为微软雅黑、32、加粗、白色；将文本占位符的字体设置为微软雅黑、24、蓝色，将行距设为 1.3。

（3）参考如图 5-73 所示制作各张幻灯片，其中用到的图片均位于"员工成长计划"文件夹中。此外，第 2，3 和 10 张幻灯片的版式为"仅标题"，第 4 张幻灯片的版式为"空白"，第 5 张至第 9 张幻灯片的版式为"标题和内容"。

二、制作电脑产品宣传演示文稿

按以下提示制作如图 5-74 所示的电脑产品宣传演示文稿，并保存为"电脑产品宣传"。

（1）新建一空白演示文稿，进入母版视图，将本书配套素材"项目五">"电脑产品宣传"文件夹中"背景 1"图片插入"幻灯片母版"，参考图 5-74 第 2 张幻灯片的上方图案进行设置，以及输入需要在除标题幻灯片之外的幻灯片中显示的文本。

（2）将"背景 2"图片插入幻灯片母版视图的"标题幻灯片 版式"中，并设置该母版中标题占位符和副标题占位符的字符格式。

（3）退出母版视图后，参考图 5-74 制作各张幻灯片，以及设置动画效果。

图 5-74　电脑产品宣传演示文稿效果

项目考核

一、选择题

1. 在 PowerPoint 2010 的（　　）窗格显示了幻灯片缩略图。

　　A. 幻灯片　　　　　B. 备注页　　　　　C. 大纲　　　　　D. 任务

2．以下不能输入文本的方法是（　　）。

    A．利用占位符输入　　　　　　　　　B．利用文本框输入

    C．利用备注栏输入　　　　　　　　　D．利用幻灯片窗格输入

3．如果希望对幻灯片进行统一修改，可通过（　　）来快速实现。

    A．应用主题　　　　　　　　　　　　B．修改母版

    C．设置背景　　　　　　　　　　　　D．修改每张幻灯片

4．要将幻灯片中的文字链接到某个网页，可在"插入超链接"对话框中选择（　　）选项。

    A．原有文件或网页　　　　　　　　　B．新建文档

    C．电子邮件地址　　　　　　　　　　D．链接到网页

5．如果想在中途终止幻灯片的播放，可按（　　）键。

    A．Home　　　　　　　　　　　　　　B．End

    C．Esc　　　　　　　　　　　　　　　D．Page Down

二、简答题

1．如果要为段落设置图片项目符号，该如何操作？

2．如果要为当前幻灯片设置渐变背景，该如何操作？

3．母版有几种类型？幻灯片母版和标题母版的作用分别是什么？

4．如何为幻灯片设置切换效果？

5．如何为幻灯片中的对象设置动画效果？

项目六 局域网和 Internet 应用

【项目导读】

计算机网络是计算机科学技术和通信技术相互结合的产物，是计算机应用中的一个重要领域，它给人类带来了巨大便利。如今，人们可以坐在家里一边悠闲地喝着可乐，一边在"魔兽世界"里闯关练级；一边看着网上股票行情，进行买卖交易，一边在网上商店挑选化妆品，以非常低的折扣价兴高采烈地下订单……这些现代人习以为常的生活方式，全都离不开计算机网络的支持。

【学习目标】

➢ 掌握组建与使用家庭（办公）网的方法（包括有线和无线方式）。
➢ 掌握将计算机接入 Internet 的方法。
➢ 掌握浏览 Internet 上的信息和下载资源的方法。
➢ 掌握收发电子邮件的方法。

任务一 组建与使用有线/无线局域网

首先通过"相关知识"简单介绍计算机网络的相关概念，然后通过"任务实施"让读者掌握家庭（办公）网的组建与使用方法。

相关知识

一、认识计算机网络

简单地说，计算机网络就是通过有线、无线方式将分散的计算机互相联通，从而达到相互通信，以及共享彼此资源的综合系统。计算机网络中各计算机之间的互连主要有两种方式：一是通过双绞线、电话线和光纤等有形介质连接；二是通过微波等无形介质连接。

认识计算机网络

二、认识局域网

局域网是局部地区网络的简称。例如，由一栋或几栋建筑物内的计算机、一个小区内的计算机或一个单位内的计算机构成的网络，基本上都属于局域网。

局域网根据其规模的大小又可以细分为小型局域网和大型局域网。小型局域网的特点是地域小，计算机数量不多，网络安装、管理和配置都比较简单。例如，家庭、办公室、游戏厅、网吧以及计算机机房网络都属于小型局域网。大型局域网主要指企业 Intranet 网络、行政网络等，这类网络的特点是设备较多，管理和维护都比较复杂。

局域网一般采用星型拓扑结构进行连接。此连接方式以一个中央节点为中心，其他节点都连接到中央节点上，由中央节点控制各节点之间的通信。目前一般使用交换机作为中央节点，其他计算机（或网络设备）都连接到中央节点上，如图 6-1 所示。

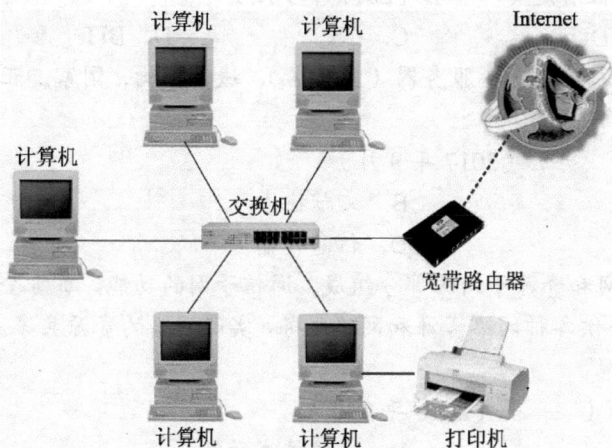

图 6-1 小型局域网连接方式

> **提 示**
>
> 对于小型局域网，可以使用交换机作为中央节点，然后通过宽带路由器共享上网。若局域网中电脑较少，则可直接使用宽带路由器作为中央节点，并共享上网。

三、认识 IP 地址和域名

在计算机网络中，每一台计算机都有一个 IP 地址，用来识别不同的计算机。每台计算机的 IP 地址在其所处的网络中都是唯一的。IP 地址的长度为 32 位，即 4 个字节。将每个字节转换为十进制数表示并用点分隔，即为 IP 地址，如 131.107.16.200。

由于 IP 地址在使用过程中难于记忆和书写，人们又发明了一种与 IP 地址对应的字符来表示计算机在网络上的地址，这就是域名。Internet 上每一个网站都有自己的域名，并且域名是独一无二的。例如，只需在浏览器地址栏中输入域名 www.sohu.com，就可以访问搜狐网站。

真题解析

1. 为实现以 ADSL 方式接入 Internet，至少需要在计算机中内置或外置一个关键设备是（   ）。（2017 年 9 月）

A. 网卡　　　　　　　　　　　　B. 集线器

C. 服务器　　　　　　　　　　　　　　D. 调制解调器（Moden）

【解析】ADSL（非对称数字用户线路）是目前用电话接入 Internet 的主流技术，采用这种方式接入 Internet，需要使用调制解调器。调制解调器是 PC 通过电话接入网络的必需设备，具有调制和解调两种功能，并分为外置和内置两种。正确答案：D。

2. 下列各项中，属于非法的 Internet 的 IP 地址是（　　　）。（2017 年 9 月）

  A. 202.96.12.14　　　　　　　　　　B. 202.196.72.140

  C. 112.256.23.8　　　　　　　　　　 D. 201.124.38.79

【解析】IP 地址是由 4 个字节组成的，习惯写法是将每个字节作为一段并以十进制数来表示，而且段间用"."分隔。每个段的十进制范围是 0～255，选项 C 中的第 2 个字节超出了范围。正确答案：C。

3. 域名 MH.BIT.EDU.CN 中主机名是（　　　）。（2017 年 9 月）

  A. MH　　　　　　B. EDU　　　　　　C. CN　　　　　　D. BIT

【解析】域名标准的 4 个部分，依次是：服务器（主机名）、域、机构、国家。正确答案：A。

4. 计算机网络的目标是实现（　　　）。（2017 年 9 月）

  A. 数据处理　　　　　　　　　　　　B. 文献检索

  C. 资源共享和信息传输　　　　　　　D. 信息传输

【解析】计算机网络由通信子网和资源子网两部分组成。通信子网的功能：负责全网的数据通信；资源子网的功能：提供各种网络资源和网络服务，实现网络的资源共享。正确答案：C。

5. 计算机网络是计算机技术和（　　　）。（2016 年 9 月）

  A. 自动化技术的结合　　　　　　　　B. 通信技术的结合

  C. 电缆等传输技术的结合　　　　　　D. 信息技术的结合

【解析】计算机网络是指在不同地理位置上，具有独立功能的计算机及其外部设备通过通信设备和线路相连接，在功能完备的网络软件支持下实现资源共享和数据传输的系统。正确答案：B。

任务实施

一、硬件准备与连接

　　组建有线/无线混合局域网需要一台无线宽带路由器。此外，对于使用有线连接的计算机，还需要准备网线；对于使用无线连接的计算机，计算机中需要安装有无线网卡（一般笔记本电脑都内置有无线网卡，若没有，则需另行购买安装）。

　　组建有线/无线混合局域网的硬件连接示意图如图 6-2 所示。

扫一扫

硬件准备和连接

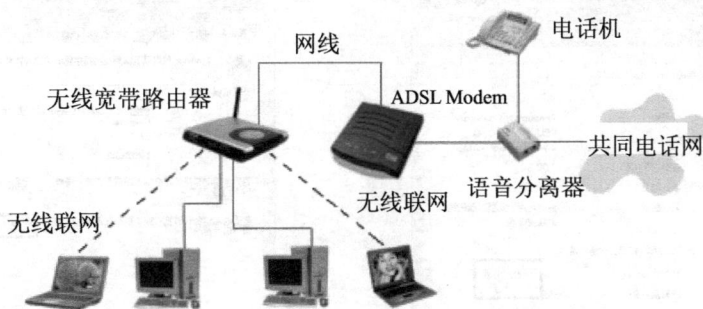

图 6-2　有线/无线混合局域网示意图

其中有线部分的连接步骤如下：

步骤 1▶　将网线的一端插入使用有线连接的电脑网络接口，另一端插入无线宽带路由器的普通接口（LAN 接口）。

步骤 2▶　将 ADSL Modem（用来上网的设备，关于将计算机接入 Internet 的方式，请参看下一任务的内容）自带的网线一端插入 ADSL Modem 网络接口，另一端插入无线宽带路由器的 Uplink 接口。如果是小区宽带，则将网线一端插入无线宽带路由器的 Uplink 接口，另一端插入宽带服务商提供的网络接口即可。

连接无线部分应注意无线宽带路由器的摆放：无线宽带路由器的传输范围是一个球体，通常所说的传输距离是这个球体的半径，因此把无线宽带路由器放置在房屋中间，让球体直径覆盖各个房间，传输效果最理想。

二、设置计算机名称和工作组

硬件连接好后，还需要为有线/无线局域网中的各计算机设置在网络上的名称和工作组，方便在网络中找到相应的计算机。

步骤 1▶　右击桌面上的"计算机"图标，在弹出的快捷菜单中单击"属性"项，在打开的"系统"窗口中单击"更改设置"选项，如图 6-3 所示。

步骤 2▶　弹出"系统属性"对话框，单击"更改"按钮，如图 6-4 所示。

步骤 3▶　弹出"计算机名/域更改"对话框，在"计算机名"编辑框中输入计算机名称，如输入使用者姓名的拼音（也可以使用汉字），在"工作组"编辑框中输入工作组名称，然后单击"确定"按钮，如图 6-5 所示。

步骤 4▶　在弹出如图 6-6 所示对话框中单击"确定"按钮；弹出如图 6-7（a）所示对话框，单击"确定"按钮；弹出如图 6-7（b）所示对话框，单击"立即重新启动"按钮，系统会自动重启电脑，应用设置。

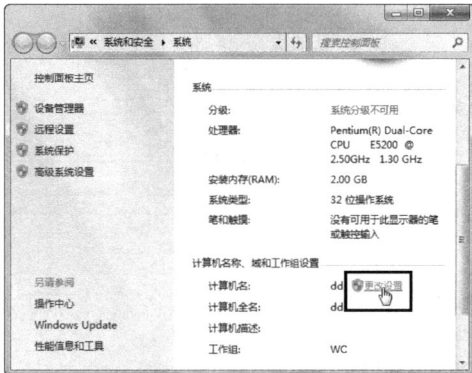

图6-3　"系统"窗口

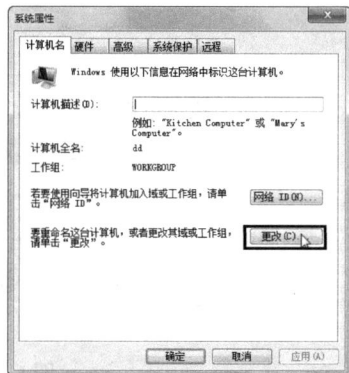

图6-4　单击"更改"按钮

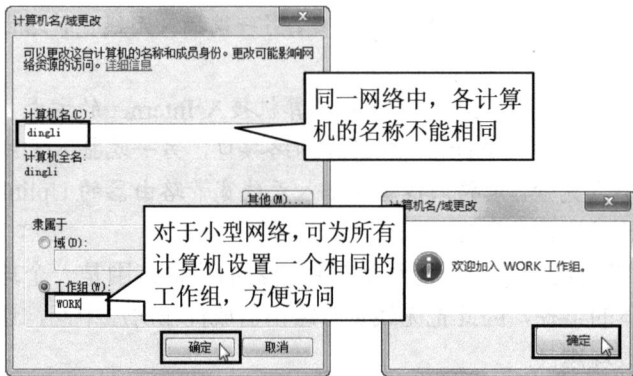

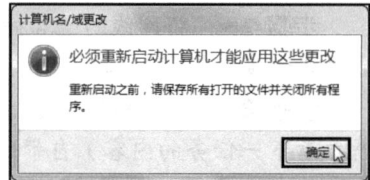

（a）

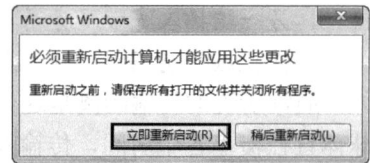

（b）

图6-5　设置计算机和工作组名　　图6-6　单击"确定"按钮　　图6-7　重启电脑应用设置

步骤5▶　参考以上操作，为局域网中的其他计算机设置不同的名称，以及相同的工作组名称。

三、设置网络位置

在 Windows 7 中可以为电脑选择网络位置，系统将根据用户选择的网络位置（家庭网络、工作网络或公用网络）自动为电脑设置访问控制和安全级别，从而使电脑不被非法入侵。具体操作步骤如下：

步骤1▶　右击桌面上的"网络"图标，从弹出的快捷菜单中选择"属性"，打开"网络和共享中心"窗口，在该窗口中单击"网络"下方的网络位置选项，如图6-8所示。

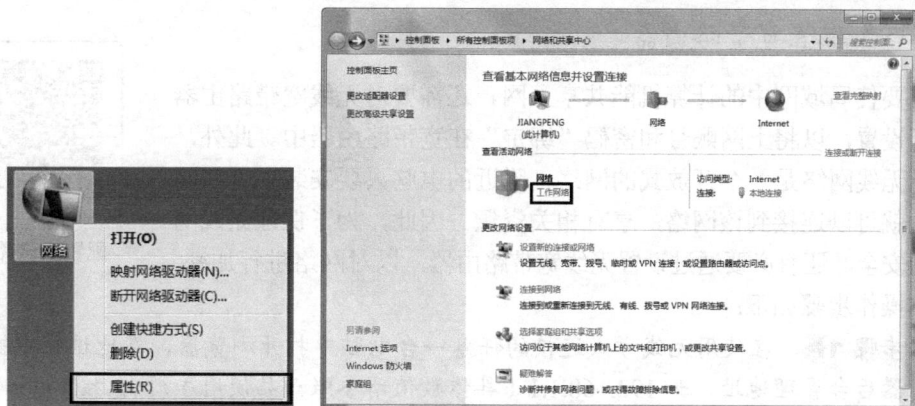

图 6-8 打开"网络和共享中心"窗口

步骤 2▶ 打开"设置网络位置"对话框，设置电脑所处的网络，如选择"家庭网络"项，然后在打开的对话框中单击"关闭"按钮，完成网络位置的设置，如图 6-9 所示。可使用同样的方法设置局域网中其他电脑的网络位置。

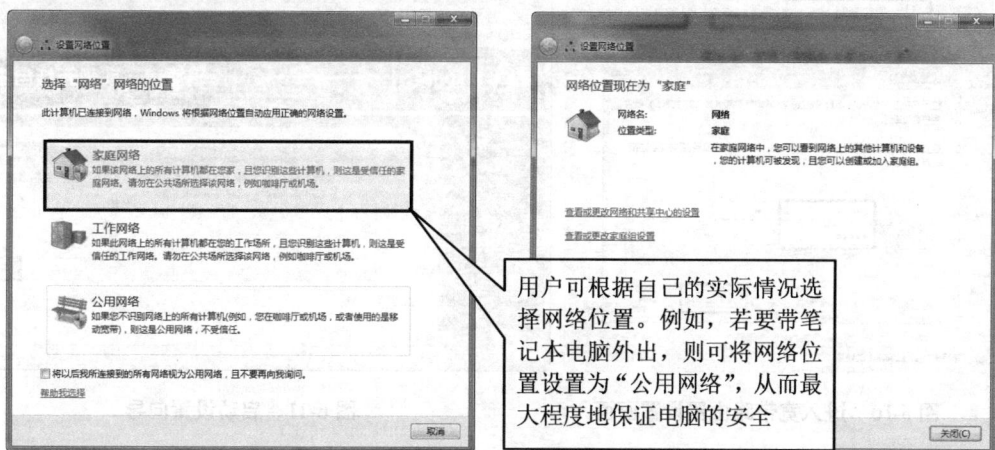

用户可根据自己的实际情况选择网络位置。例如，若要带笔记本电脑外出，则可将网络位置设置为"公用网络"，从而最大程度地保证电脑的安全

图 6-9 设置网络位置

也可以在"控制面板"窗口中单击"网络和共享中心"选项，打开"网络和共享中心"窗口。"网络和共享中心"窗口是 Windows 7 用来管理网络的主要场所，用户可在此处查看和诊断网络连接状态，设置网络连接，以及设置如何共享和访问局域网中的资源等。

💡 提 示

完成以上设置后，无线/有线混合局域网中利用有线方式连接的计算机便能彼此访问了（但还不能上网）。对于利用无线方式连接的计算机，则还需要将计算机加入到无线网络，然后才能访问网络中的资源。

四、配置宽带路由器

要使局域网中的计算机能共享上网,还需要对无线宽带路由器进行设置,以将上网账号和密码"绑定"在宽带路由器中。此外,由于无线网络是一个开放式的网络,附近的电脑只要安装了无线网卡,就可以连接到该网络,享有相关资源。因此,为了保证无线网络的安全,还有必要通过设置无线宽带路由器,以对网络进行加密。具体操作步骤如下:

扫一扫

配置宽带路由器

步骤 1▶ 在使用无线方式连接的任意一台电脑中打开浏览器,在地址栏中输入宽带路由器后台管理地址,如 192.168.1.1(具体数值请参照产品使用手册),按 Enter 键。

步骤 2▶ 在弹出的登录对话框中输入用户名:admin,密码:admin(具体值请参照产品使用手册),然后单击"确定"按钮,如图 6-10 所示。

步骤 3▶ 进入宽带路由器设置画面,单击左侧的"设置向导"选项,启动路由器设置向导,上,再单击"下一步"按钮,如图 6-11 所示。

图 6-10 进入宽带路由器设置画面

图 6-11 启动设置向导

步骤 4▶ 在出现的画面中根据实际情况选择上网(连接 Internet)方式,其中,ADSL 和 PPPoE 拨号认证的小区宽带上网需要选择"PPPoE(ADSL 虚拟拨号)"单选按钮,然后单击"下一步"按钮,如图 6-12 所示。

步骤 5▶ 在出现的画面中输入网络服务商提供的上网账号及口令,然后单击"下一步"按钮,如图 6-13 所示。

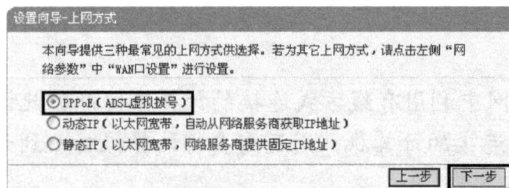

图 6-12 选择上网方式

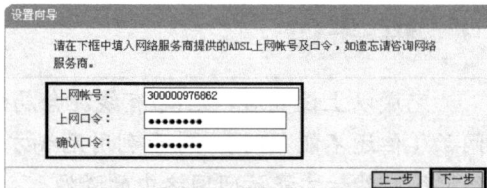

图 6-13 输入上网账号和密码

步骤6▶ 在出现的画面中设置无线网络的基本参数和安全选项，然后单击"下一步"按钮，如图 6-14 所示。一般需要设置的选项如下：

➢ 在"无线状态"下拉列表框中选择"开启"，这样才能让安装有无线网卡的电脑使用无线方式连接到无线网络。

➢ 在"SSID"编辑框中为无线网络取一个名称。

➢ 在"无线安全选项"设置区选择选择"WPA-PSK/WPA2-PSK"单选按钮，然后在"PSK 密码"文本框中输入无线网络密码。如此一来，安装有无线网卡的电脑需要输入密码才能连接到该无线网络。

步骤7▶ 在出现的画面中单击"完成"按钮，如图 6-15 所示。稍微等待一会（有可能提示需要重启宽带路由器，确认即可），宽带路由器就会自动连接上 Internet，此时局域网中的计算机便都可以上网了。

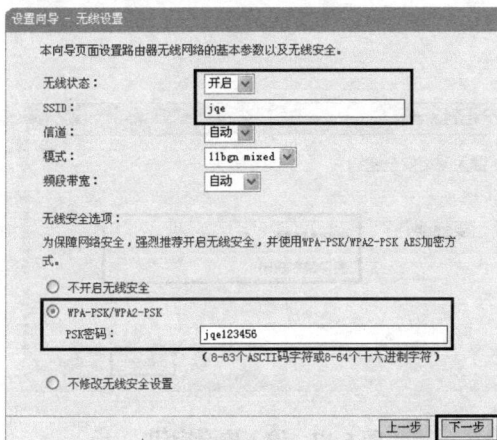

图 6-14 设置网络的基本参数和安全选项   图 6-15 完成宽带路由器设置

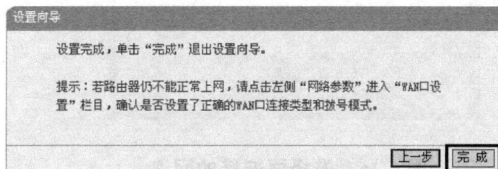

步骤8▶ 在宽带路由器管理画面的左侧单击"运行状态"选项，查看网络连接状态，在该画面中还可以断开或手动连接 Internet。

技巧

依次在宽带路由器管理画面的左侧单击"网络参数" > "WAN 口设置"选项，在打开的画面中可设置用何种方式连接到 Internet，还可以重设上网账号和密码。设置完后，别忘记单击"保存"按钮保存设置。

要单独设置无线网络的基本参数，如网络名称和是否开启无线功能、无线广播等，可在宽带路由器管理画面左侧单击"无线设置" > "基本设置"选项；要单独设置无线网络的加密参数，可单击"无线设置" > "无线安全设置"选项。

通过以上设置，局域网中利用有线方式连接的计算机便可以上网了。但对于利用无线方式连接的计算机，则还需要将它们连接到无线网络中，这样才可以使用局域网资源和上网。

237

五、将计算机连接到无线局域网

要将安装有无线网卡的计算机连接到无线网络，可执行以下操作步骤：

步骤 1▶ 单击任务栏右侧的无线网卡工作状态图标 ，打开"无线网络连接"界面，在该界面中列出了计算机周围可用的无线网络名称，单击要连接的无线网络名称，再单击"连接"按钮，如图 6-16 所示。

步骤 2▶ 弹出如图 6-17 所示对话框，在"安全密钥"编辑框中输入密钥后单击"确定"按钮。

步骤 3▶ 稍微等待一会，在所选无线网络的右侧出现提示"已连接上"。此时计算机就可以正常上网和使用局域网中的资源了。

图 6-16　选择要连接的网络　　　　　　图 6-17　输入安全密钥

六、设置共享资源

要将本计算机中的资源（文件夹或打印机）共享给局域网中的其他计算机使用，可执行以下操作步骤：

步骤 1▶ 右击要共享的文件夹，在弹出的快捷菜单中选择"特定用户"菜单项，如图 6-18 所示。

步骤 2▶ 弹出"文件共享"对话框，在"选择要与其共享的用户"编辑框中输入可以访问该文件夹的用户名（可以是本机其他计算机中的用户），或单击编辑框右侧的三角按钮，在展开的列表中进行选择，如选择"Everyone"项，如图 6-19 所示，表示所有用户都可以访问该文件夹，然后单击"添加"按钮，将所选用户添加到下方的可访问列表中。

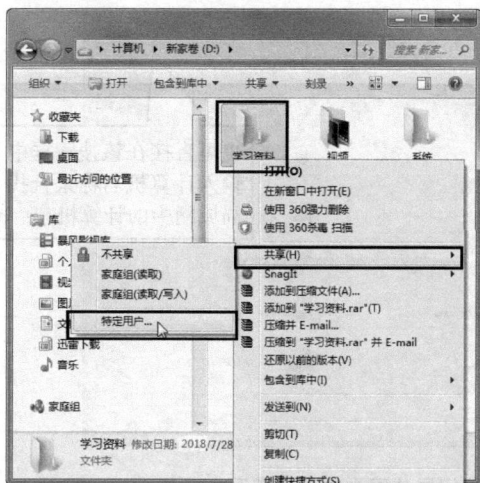

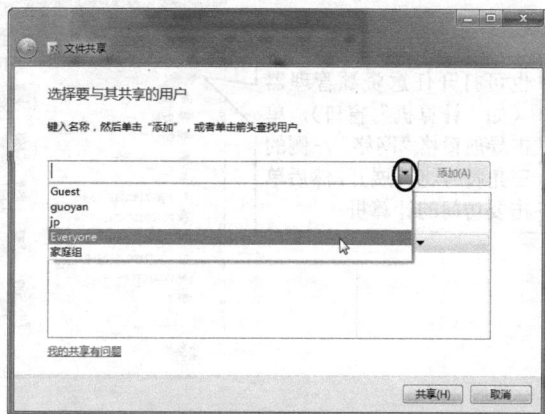

图 6-18　执行共享命令　　　　　　图 6-19　添加可以访问共享文件夹的用户

步骤 3▶　单击所添加用户"权限级别"右侧的三角按钮，在弹出的下拉列表中选择该用户的访问权限，然后单击"共享"按钮，如图 6-20 所示。

步骤 4▶　弹出完成文件夹共享对话框，单击"完成"按钮，如图 6-21 所示。此时，其他用户就可通过局域网来访问该文件夹了。

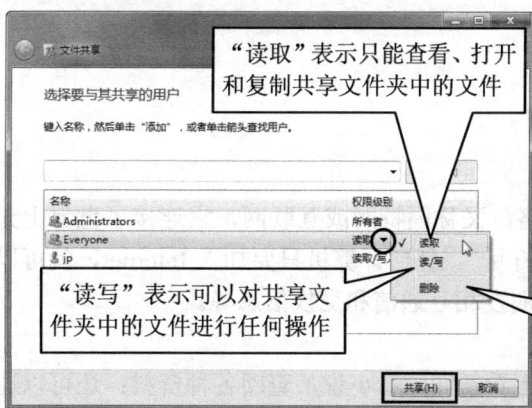

图 6-20　设置用户对共享文件夹的访问权限　　　图 6-21　完成文件夹的共享

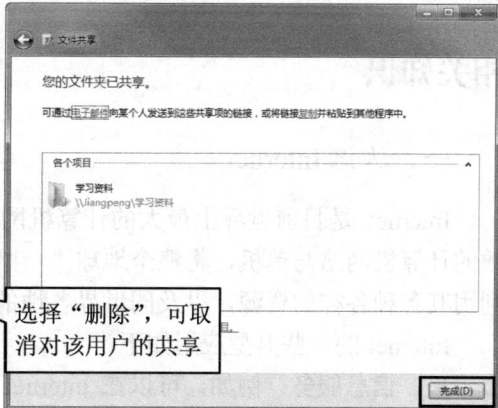

若要停用文件夹共享，可右击共享的文件夹，在弹出的快捷菜单中选择"共享">"不共享"项。

七、访问共享资源

步骤 1▶　双击桌面上的"网络"图标，打开"网络"窗口，可看到局域网中所有计算机的名称，如图 6-22 所示。

步骤 2▶　双击要访问的计算机，即访问其共享的资源。

图 6-22　访问局域网中的共享资源

任务二　将计算机接入 Internet

首先通过"相关知识"简单讲解 Internet 的相关概念和目前流行的 Internet 接入方式，然后通过"任务实施"让读者掌握通过 ADSL 方式将单机接入 Internet 的方法。

相关知识

一、认识 Internet

Internet 是目前世界上最大的计算机网络，又称因特网或互联网，它连接了世界上无数的计算机网络与单机，将整个地球"一网打尽"。任何计算机只要加入 Internet，就可以利用其各种各样的资源，以及同世界各地的朋友相互通信和交换信息等。

Internet 的一些典型应用如下：

- ➢ **信息服务**：例如，可以在 Internet 上看新闻，看小说，查阅各种资料；还可以通过博客、微博、论坛等方式在网上发布信息。
- ➢ **电子商务**：可以在网上买东西、卖东西，预订机票、火车票或酒店等。
- ➢ **网络通信**：通过 Internet 我们可以发送电子邮件，可以通过诸如 QQ、微信等与朋友进行异地谈天说地。如果配上麦克风和摄像头，还可以进行语音和视频聊天。此外，在发送电子邮件或聊天时，还可以异地传输文件。
- ➢ **文件共享**：可以在 Internet 上获取各种各样的文件，将它们下载到电脑中，如软件、音乐和文档等；也可以将本机上的文件上传到 Internet，供其他用户使用。
- ➢ **网上娱乐**：可以在 Internet 上在线玩游戏、看电影、看电视剧、听音乐等。

二、目前流行的 Internet 接入方式

目前，常见的 Internet 接入方式有 ADSL、小区宽带、有线通等。

- ➤ **ADSL**：利用电话线路上网，上网时可拨打或接听电话。其优点是上网方便，只要安装过电话即可开通，服务商会提供一个 ADSL Modem。
- ➤ **小区宽带**：如果用户所在办公楼或小区已进行了综合布线，可选择这种方式上网。服务商将光纤接入到小区，再通过网线接入到用户家，以提供共享带宽。此方式在大中城市较为普及。
- ➤ **有线通**：是一种通过有线电视网络实现高速接入 Internet 的方式。与其他两种上网方式相比较，有线通无需拨号，价格低，绝对上网速度快，但当同时上网的人比较多时，速度会有所下降。

真题解析

1. 能够利用无线移动网络的是（　　）。（2017 年 3 月）
   A. 内置无线网卡的笔记本电脑　　　　B. 部分具有上网功能的手机
   C. 部分具有上网功能的平板电脑　　　D. 以上全部

【解析】无线接入点是无线桥接器，任何一台装有无线网卡的主机通过无线接入点都可以连接有线局域网络，内置无线网卡的笔记本电脑、部分具有上网功能的手机、部分具有上网功能的平板电脑，皆可以利用无线移动设备接入因特网。正确答案：D。

2. Internet 最初创建时的应用领域是（　　）。（2016 年 9 月）
   A. 经济　　　　　B. 军事　　　　　C. 教育　　　　　D. 外交

【解析】Internet 可以说是美苏冷战的产物。美国国防部为了保证美国本土防卫力量，设计出一种分散的指挥系统：它由一个个分散的指挥点组成，当部分指挥点被摧毁后，其他点仍能正常工作。为了对这一构思进行验证，1969 年，美国国防部国防高级研究计划署（DOD/DARPA）资助建立了一个名为 ARPANET 的网络，通过专门的通信交换机（IMP）和专门的通信线路相互连接。阿帕网是 Internet 最早的雏形。正确答案：B。

3. 拥有计算机并以拨号方式接入 Internet 的用户需要使用（　　）。（2016 年 9 月）
   A. CD-ROM　　　B. 鼠标器　　　　C. 软盘　　　　　D. Modem

【解析】计算机以拨号接入 Internet 时是用的电话线，但它只能传输模拟信号，如果要传输数字信号，必须用调制解调器（Modem）把它转化为模拟信号。正确答案：D。

4. Internet 提供的最常用、便捷的通讯服务是（　　）。（2016 年 3 月）
   A. 文件传输　　　　　　　　　　B. 远程登录（Telnet）
   C. 电子邮件（E-mail）　　　　　D. 万维网（WWW）

【解析】电子邮件是一种用电子手段提供信息交换的通信方式，是互联网应用最广的服务。正确答案：C。

任务实施

ADSL 上网的接入流程是：选择 ISP 并申请上网账号>安装网络设备>创建 Internet 连接>拨号上网。ISP 是指 Internet 服务供应商，用户必须通过它连入 Internet。使用 ADSL 上网时，可以选择电信、联通等 Internet 服务供应商。下面是利用 ADSL 方式将单台计算机接入 Internet 的具体操作步骤。

一、选择 ISP 并申请上网账号

申请上网账号时，用户需要携带身份证到自己所在 ISP 服务商营业厅（如电信局、联通公司等）咨询并填写申请表。申请成功后，会得到一个上网账号，包括用户名和密码。

二、硬件安装

安装 ADSL 需要一个 ADSL Modem、一个语音分离器、一根有 RJ-45 水晶头的网线和电话线。申请 ADSL 后，过一周左右，相关部门会派专人上门进行安装，安装的过程十分简单，各硬件连接情况如图 6-23 所示。具体操作步骤如下：

步骤 1▶ 首先，将入户电话线插在语音分离器上标有"Line"标志的接口。

步骤 2▶ 将一根两端都是水晶头的电话线的一端插在语音分离器上标有"Phone"的接口，另一端插在电话机上。这样上网时便可以正常使用电话。

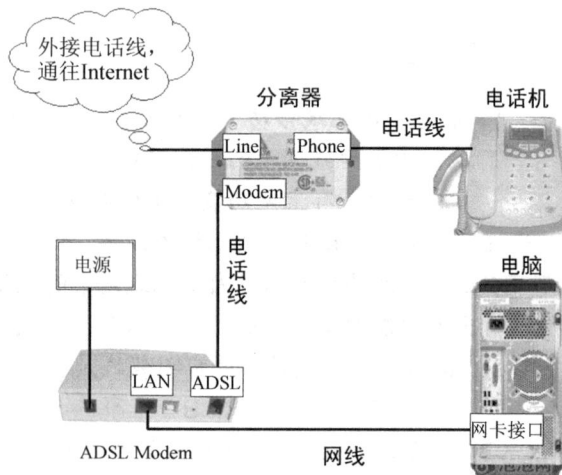

图 6-23　ADSL 连接示意图

步骤 3▶ 将另一根电话线的一端插在语音分离器上标有"Modem"的接口，另一端插在 ADSL Modem 的相应接口。ADSL Modem 上适合插电话线的接口只有一个。

步骤 4▶ 把网线（一般是 ADSL Modem 自带）的一端插在计算机的网卡接口上，另一端插在 ADSL Modem 的相应接口中。最后接通 ADSL Modem 的电源。这样，所有的线路连接就完成了。

三、创建 Internet 连接

连接好相关设备后，还需要创建 Internet 连接。具体操作步骤如下：

步骤 1▶ 打开"控制面板"窗口，单击"查看网络状态和任务"选项，如图 6-24 所示。

步骤 2▶ 弹出"网络和共享中心"窗口，单击"设置新的连接或网络"选项，如图 6-25 所示。

图 6-24　"控制面板"窗口　　　　　图 6-25　"网络和共享中心"窗口

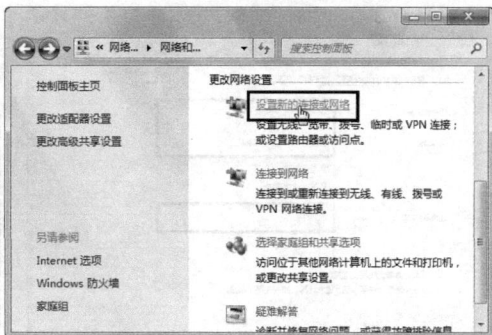

步骤 3▶　在打开的"设置连接或网络"对话框中选择"连接到 Internet"项，然后单击"下一步"按钮，如图 6-26 所示。

步骤 4▶　在打开的"您想如何连接？"界面中单击"宽带（PPPoE）（R）"选项，如图 6-27 所示。

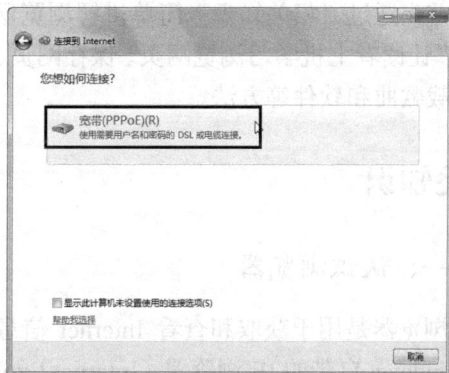

图 6-26　选择连接选项　　　　　图 6-27　单击"宽带（PPPoE）（R）"选项

步骤 5▶　在打开的界面中输入申请 ADSL 时得到的账号和密码，以及任意输入一个宽带连接名称，然后单击"连接"按钮，如图 6-28 所示。如果选择"记住此密码"复选框，则再次连接网络时不用再输入密码；如果不选择"允许其他人使用此连接"复选框，则别的用户将无法使用此连接拨号上网。一般需要将这两个复选框都选中。

步骤 6▶　连接成功后，在打开的界面中单击"关闭"按钮关闭对话框，如图 6-29 所示。此时便可尽情享受 Internet 资源了，例如浏览网页、聊天等。

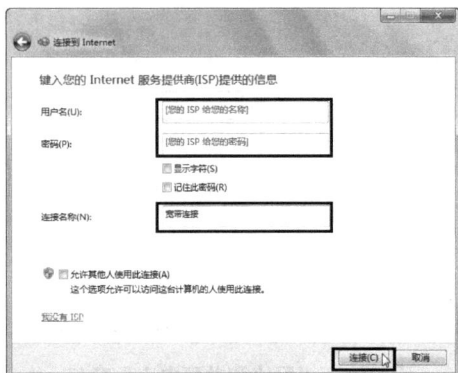

图 6-28　输入账号和密码　　　　　　图 6-29　网络连接创建成功

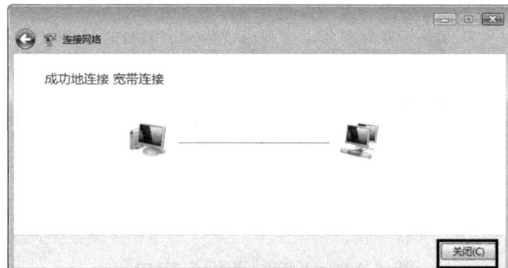

任务三　获取 Internet 上的信息和资源

　　首先通过"相关知识"简单讲解浏览器、网页、网站和网址的概念，然后通过"任务实施"让读者上机学习浏览网页、保存网页、收藏网页、使用搜索引擎查找信息、从 Internet 上下载歌曲和软件等方法。

相关知识

一、认识浏览器

　　浏览器是用于获取和查看 Internet 信息（网页）的应用程序。目前使用最为广泛的就是 Windows 自带的 IE 浏览器（Internet Explorer），其他的浏览器有火狐浏览器（FireFox）、360 浏览器等。

二、认识网页、网站和网址

➢ **网页**：是在浏览器中看到的页面，用于展示 Internet 中的信息。
➢ **网站**：是若干网页的集合，用于为用户提供各种服务，如浏览新闻、下载资源和买卖商品等。网站包括一个主页和若干个分页，主页就是访问某个网站时打开的第一个页面，是网站的门户，通过主页可以打开网站的其他网页。
➢ **网址**：用于标识网页在 Internet 上的位置，每一个网址对应一个网页。要访问某一网页，必须知道它的网址。人们通常说的网站网址是指它的主页网址，一般也是网站的域名。

真题解析

IE 浏览器收藏夹的作用是（　　　）。（2017 年 3 月）

　　A. 收集感兴趣的页面地址　　　　　　B. 记忆感兴趣的页面内容

　　C. 收集感兴趣的文件内容　　　　　　D. 收集感兴趣的文件名

【解析】IE 浏览器中收藏夹的作用是保存网页地址。正确答案：A。

任务实施

一、浏览网页

使用浏览器浏览网页的具体操作步骤如下：

步骤 1▶　使用下面的方法之一启动 IE 浏览器。

➤　单击"开始"按钮，选择"Internet Explorer"选项。

➤　双击桌面上的 IE 图标 。

➤　单击任务栏左侧的 IE 快速启动图标 。

步骤 2▶　在 IE 浏览器地址栏中输入网站或网页的网址。例如，输入搜狐网站的网址 "www.sohu.com"，然后按 Enter 键，便可打开搜狐网站主页，如图 6-30 所示。

图 6-30　打开搜狐网站主页

步骤 3▶　查看网页内容。网页的页面一般都比较长，浏览器在一屏内不能完全显示。要查看隐藏的网页内容，可向下拖动浏览器右侧的滚动条或滚动鼠标滚轮。找到感兴趣的内容标题或栏目后，单击该超链接，如单击顶部导航栏中的"财经"栏目超链接。

提 示

将鼠标指针移至网页上的文字、图片等项目上，如果指针变成手形"👆"，表明它是超链接，此时单击鼠标便可打开该链接指向的网页。

步骤 4▶ 弹出搜狐网站的财经频道网页，查看网页内容，然后单击希望浏览的文章标题超链接，如图 6-31 所示。

图 6-31 单击希望浏览的超链接

步骤 5▶ 在打开的页面中阅读具体的文章内容。

通过以上操作可以看出，浏览网页实质上就是通过单击感兴趣的超链接，访问超链接指向的页面的过程。网页中的超链接可以是文本、图片或动画等，只要将鼠标指针放置在网页中的对象上后，鼠标指针变为手形"👆"，就说明该对象是超链接，单击即可打开相关页面；如果鼠标指针没有变为手形"👆"，说明该对象为普通对象，单击将无任何反应。

一些浏览网页的常用技巧如下：

➢ 目前大多数浏览器都具备选项卡浏览功能，可在同一浏览器窗口中以选项卡方式打开不同网页，如图 6-32 所示。此时，单击不同的选项卡标签，可在不同的网页间切换；单击选项卡标签右侧的"关闭选项卡"按钮✕，可关闭该网页。

➢ 当在浏览器同一个选项卡中打开了不同的网页时，如果希望返回曾经访问过的网页，可单击浏览器左上角的"后退"按钮⬅；单击"前进"按钮➡，可返回单击"后退"按钮前所显示的网页。

➢ 右击网页超链接,从弹出的快捷菜单中选择"从新选项卡中打开"菜单项,可在同一窗口的不同选项卡中打开网页;选择"在新窗口中打开"菜单项,可在不同窗口中打开网页。

➢ 如果某个网页打开后内容显示不全,可单击地址栏右侧的"刷新"按钮 ↻ 刷新网页。

图 6-32　用选项卡方式浏览网页

二、保存网页中的信息

在浏览网页的过程中可能会发现一些十分有价值的信息,如文本或图片等,这时可以将其保存到自己的电脑中。

1. 保存网页中的文本内容

要保存网页中的文本内容,可执行以下操作步骤:

步骤 1▶ 利用与在 Word 中选择文本相同的方法,选择需要保存的网页文本,然后右击所选文本,从弹出的快捷菜单中选择"复制"菜单项(或直接按 Ctrl+C 组合键),如图 6-33 所示。

步骤 2▶ 选择"开始">"所有程序">"附件">"记事本"菜单,启动记事本程序。

图 6-33　选择要保存的文本并执行"复制"命令

步骤 3▶ 选择"编辑">"粘贴"菜单(或直接按 Ctrl+V 组合键),将文本粘贴到记事本中,如图 6-34 所示。

步骤 4▶ 按 Ctrl+S 组合键,打开记事本的"另存为"对话框,选择保存文件夹,输入文件名,单击"保存"按钮,如图 6-35 所示。

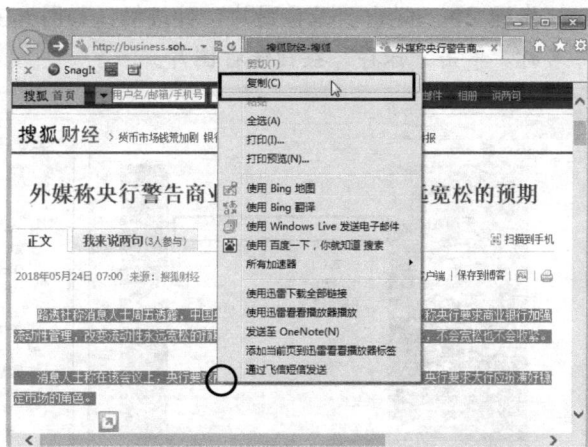

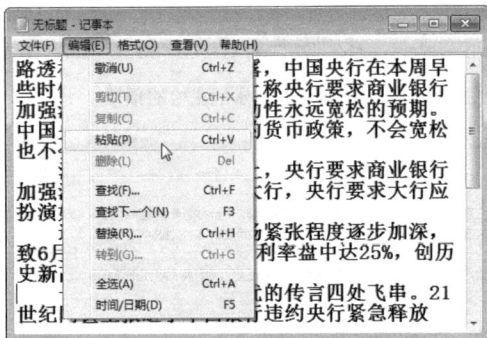

图 6-34　将文本粘贴到记事本中

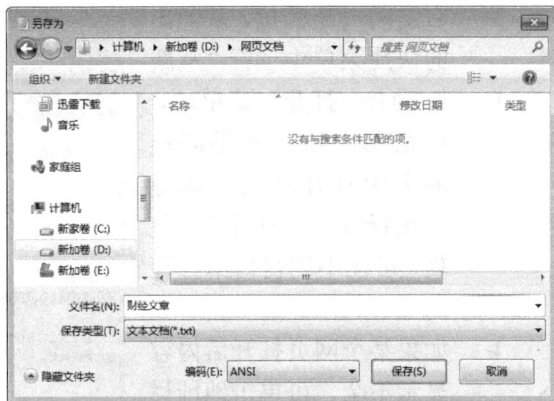

图 6-35　保存记事本文档

2. 保存网页中的图片

浏览网页时若发现感兴趣的图片，可以单独将其保存在电脑中。具体操作步骤如下。

步骤 1▶ 在要保存的图片上右击鼠标，在弹出的快捷菜单中选择"图片另存为"菜单项，如图 6-36 所示。

步骤 2▶ 弹出"保存图片"对话框，如图 6-37 所示。选择保存图片的位置，输入图片名称，单击"保存"按钮保存图片。

图 6-36　执行"图片另存为"命令

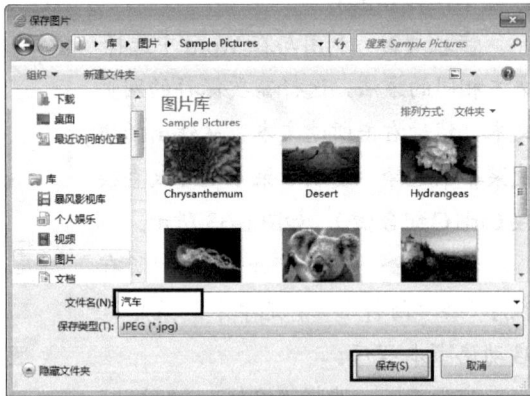

图 6-37　保存图片

三、收藏网页

IE 浏览器具有收藏夹功能，在浏览网页时如果发现一些好的网站，可将它们保存在"收藏夹"内，这样当需要再次浏览这些网站时，利用"收藏夹"便能将它们打开，省去输入或查找网址的麻烦。

1. 收藏网页

步骤 1▶ 浏览到感兴趣的网页，如新华网的主页，然后单击窗口右上角的"查看收藏夹、源和历史记录"按钮 ，在展开的窗格中单击"添加到收藏夹"按钮右侧的三角按钮，在展开的列表中选择"添加到收藏夹"项，如图 6-38 所示。

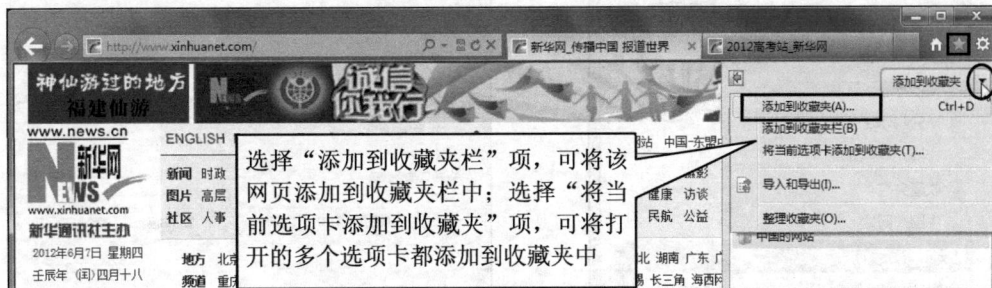

图 6-38　选择"添加到收藏夹"项

步骤 2▶　弹出"添加收藏"对话框，在"名称"编辑框中输入网页的名称，如图 6-39 所示，此时若单击"添加"按钮，可将网页保存到收藏夹的根目录下。这里我们单击"新建文件夹"按钮，在打开的对话框中输入文件夹名称"新闻"，然后单击"创建"按钮，如图 6-40 所示。

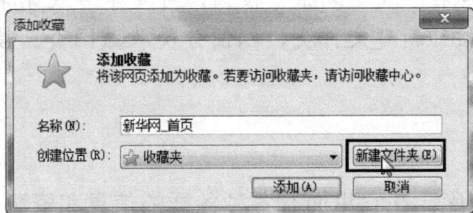

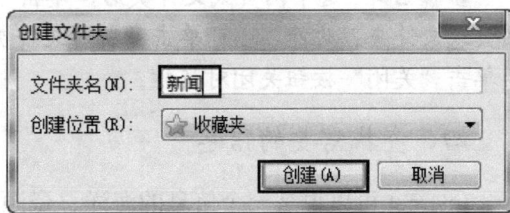

图 6-39　添加收藏　　　　　　　　**图 6-40　创建文件夹**

步骤 3▶　返回"添加收藏"对话框，单击"添加"按钮，这样便将网页收藏到了新建的"新闻"文件夹中。

步骤 4▶　要打开收藏的网页，可单击"查看收藏夹、源和历史记录"按钮 ，在展开的窗格中单击保存网页的文件夹，然后单击要打开的网页即可，如图 6-41 所示。

为了有效地管理收藏的网页，最好在收藏夹下再创建一些子文件夹，将收藏的网页进行分类。例如，若收藏的是新闻网站，便将其保存在"新闻"文件夹中，若收藏的是娱乐网站，则保存在"娱乐"文件夹中。如果需要的文件夹已存在，可不必新建文件夹，而直接在"添加收藏"对话框的"创建位置"下拉列表中选择需要的文件夹，然后单击"添加"按钮。

2．整理收藏夹

当收藏的网页越来越多时，需要定期对其进行整理，具体操作步骤如下：

步骤 1▶　在如图 6-38 所示的"添加到收藏夹"下拉列表中单击底部的"整理收藏夹"选项，打开"整理收藏夹"对话框，如图 6-42 所示。

图 6-41　打开收藏的网页

图 6-42　整理收藏的网页

步骤 2▶　单击某个文件夹可展开其内的网页。如果希望移动网页到某个文件夹，将其拖动到该文件夹上方即可；或选中网页后，单击"移动"按钮，在弹出的对话框中选择要移动到的位置。

步骤 3▶　选中网页或文件夹后，单击"重命名"或"删除"按钮，可重命名或删除网页或文件夹。此外，还可单击"新建文件夹"按钮新建文件夹，以便分类收藏网页。最后单击"关闭"按钮关闭对话框。

四、查找需要的信息

Internet 可以说是一个信息的海洋、资源的宝库，在它里面有各种各样的信息和资源。那么，如何从如此众多的信息中快速找到自己需要的信息呢？

1. 使用搜索引擎

在 Internet 上有一类专门用来帮助用户查找信息的网站，称为搜索引擎，它可以帮助用户在浩瀚的 Internet 信息海洋中找到所需要的信息。

目前国内比较好的搜索引擎有百度（www.baidu.com）和 360 搜索（www.so.com），它们都是专业的搜索引擎，其中使用百度的用户最多。另外，很多门户网站也都有自己的搜索引擎，如搜狐的搜狗（www.sogou.com）、新浪的爱问（iask.com）和网易的有道（so.163.com）。

以使用百度搜索引擎在网上查找信息为例，介绍搜索引擎的使用方法。

步骤 1▶　在 IE 地址栏中输入"www.baidu.com"，按 Enter 键打开百度网站主页。

步骤 2▶　在搜索编辑框中输入与要查找的信息相关的关键词，如"如何选购空调"，然后单击"百度一下"按钮，如图 6-43 所示。

步骤 3▶　搜索出与选购空调相关的一些网页网址，找到自己感兴趣的超链接并单击，如图 6-44 所示。

图 6-43 输入关键词搜索

步骤 4▶ 弹出相关网站的页面，该页面可能是含具体内容的网页，如图 6-45 所示；也可能还需要在该页面中继续单击相关超链接来查看具体内容。

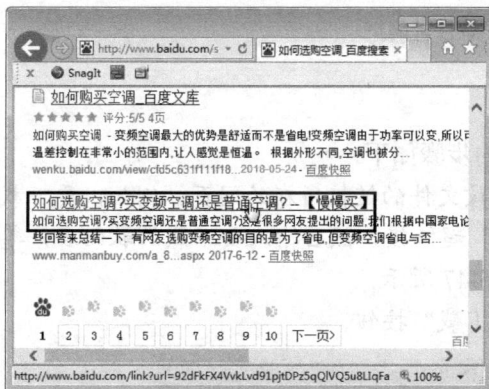

图 6-44 搜索出与关键词有关的网页网址

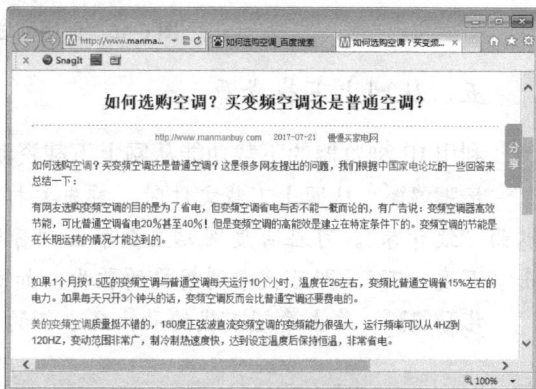

图 6-45 阅读与关键词有关的具体内容

用户还可百度网站主页中单击"音乐"、"图片"、"视频"、"地图"等搜索分类超链接，然后输入关键词，专门查找音乐、图片、视频和地图等资源。

2. 使用网址导航

从搜索引起搜索出来的网页鱼龙混杂，在为用户带来方便的同时，也隐藏着一定的风险。例如，某些网页带有恶意代码，当用户访问它时，病毒会不知不觉入侵用户的电脑。那么，用户该如何根据自己的需要找到并访问那些可靠性高，在相关领域比较知名的站点呢？答案是使用网址导航，即只检索在各领域比较著名的站点。

提供网址导航的网站很多，如"hao123"（www.hao123.com）、"搜狗网址导航"（123.sogou.com）等，它们会及时收录各类优秀网站，以及提供各类实用的服务。图 6-46 为"hao123"网站的主页，在该页面中单击要访问的网站，即可打开该网站主页。

图 6-46　使用网址导航检索网页

五、从网上下载资源

利用 IE 浏览器的下载功能从网上下载资源的步骤如下：

步骤 1▶ 从网上下载文件时，首先要打开该文件的链接所在的网页。例如，要下载歌曲"致青春"，可在百度网站主页单击"音乐"超链接，然后输入要下载的歌曲名，单击"百度一下"，即可搜索到想要的歌曲，如图 6-47 所示。

步骤 2▶ 单击希望下载的歌曲名右侧的"下载"按钮。

图 6-47　搜索歌曲"致青春"

步骤3▶ 弹出歌曲下载页面，单击"下载"按钮，在网页的底部显示下载界面，单击"保存"按钮右侧的三角按钮，在弹出的列表中选择"另存为"选项，如图 6-48 所示。如果直接单击"保存"按钮，下载的歌曲将保存在资源管理器的"下载"文件夹中。

图 6-48 歌曲下载页面

步骤4▶ 弹出"另存为"对话框，选择下载的歌曲文件在硬盘中的保存位置，单击"保存"按钮，如图 6-49 所示。

步骤5▶ 在网页的底部显示下载进度百分比（下载时间根据文件大小和网速不同而不同）。下载完毕后，在网页底部显示如图 6-50 所示的界面。此时单击"打开"按钮，可打开下载的文件；单击"打开文件夹"按钮，可打开保存文件的文件夹。

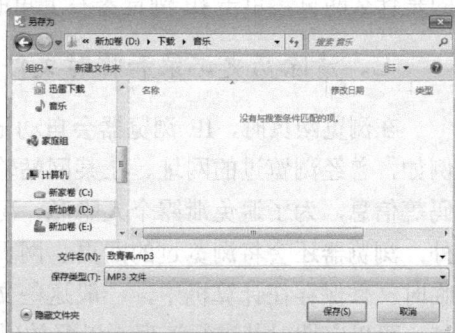

图 6-49 "另存为"对话框

步骤6▶ 最后关闭下载页面。

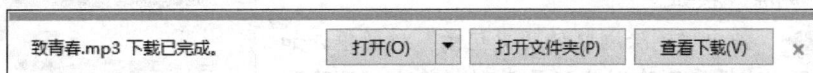

图 6-50 下载完毕后的界面

六、设置浏览器首页

每次打开 IE 时，都会自动打开一个网页，这便是 IE 浏览器的首页，可以将指定的网页设置为 IE 首页。例如，将"hao123"网站（www.hao123.com）设置为 IE 浏览器首页，以便通过它打开其他网站，具体操作步骤如下：

步骤 1▶ 打开"hao123"网站主页，单击 IE 浏览器右上角的"工具"按钮████，在弹出的列表中选择"Internet 选项"，如图 6-51 所示。

步骤 2▶ 弹出"Internet 选项"对话框，在"主页"设置区单击"使用当前页"按钮，单击"确定"按钮，如图 6-52 所示。

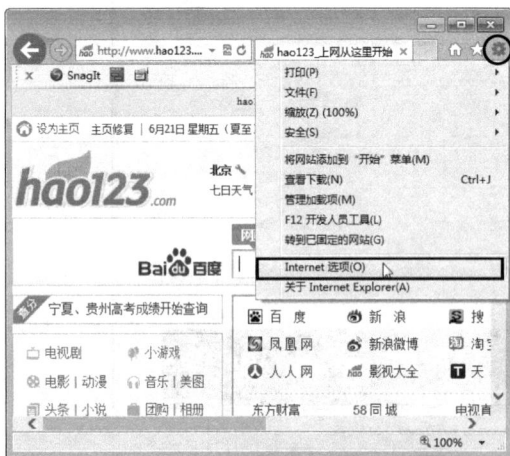

图 6-51　执行"Internet 选项"命令

图 6-52　单击"使用当前页"按钮

此后只要启动 IE 浏览器，便将自动打开"hao123"网站主页。此外，无论当前打开的是什么网页，单击 IE 浏览器右上角的"主页"按钮██，都可打开"hao123"网站主页。

七、清除历史记录和临时文件

在浏览网页时，IE 浏览器会自动记录用户的操作，例如，曾经浏览过的网址、在某网站输入的用户名和密码等信息，为了避免泄露个人隐私，可以将其清除。此外，浏览器还会将浏览过的网页、网页中的文件等作为临时文件保存在计算机中，一般这些文件都没有太大用处，可以定期对其进行清理，以释放磁盘空间。

步骤 1▶ 在如图 6-52 所示的"Internet 选项"对话框中单击"删除"按钮。

步骤 2▶ 弹出"删除浏览的历史记录"对话框，如图 6-53 所示。选择要删除浏览记录类型，单击"删除"按钮，即可删除这些记录。

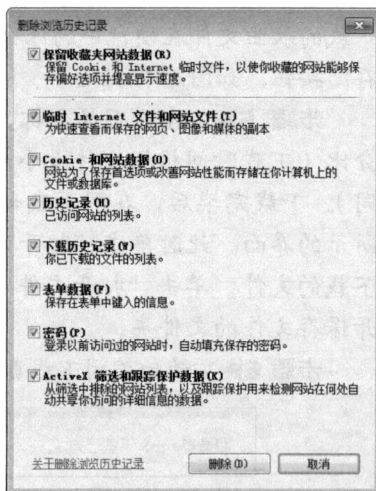

图 6-53　删除临时文件和历史记录等

任务四 收发电子邮件

首先通过"相关知识"简单讲解电子邮件的一些概念，然后通过"任务实施"掌握申请电子信箱，以及收发电子邮件的方法。

相关知识

电子邮件也被称为 E-mail，是指通过 Internet 传递的邮件。与传统信件相比，电子邮件具有速度快、成本低、使用方便等优点，利用它可以发送文本信件、图片和动画等。

电子信箱就像现实生活中的邮箱一样，用于收发电子邮件。目前，提供免费电子信箱的网站有很多，例如，新浪、搜狐、网易、Tom 等。

电子邮件地址的格式是：用户名@域名，如 hy_lo@sina.cn。其中"用户名"是收件人的账号；"域名"是电子邮件服务器名；@是一个功能分隔符号，用于连接前后两部分。

真题解析

下列用户 XUEJY 的电子邮件地址中，正确的是（　　　）。（2017 年 3 月）

A. XUEJY @ bj163.com　　　　　　　　B. XUEJYbj163.com

C. XIEKU#bj163.com　　　　　　　　　D. XUEJY@bj163.com

【解析】电子邮件地址由以下几个部分组成：用户名@域名.后缀，地址中间不能有空格和字符，选项 A 中有空格，所以不正确。正确答案：D。

任务实施

一、申请电子信箱

在不同的网站申请电子信箱的过程大同小异，下面以在新浪网站申请一个电子信箱为例进行说明。

步骤 1▶ 在 IE 浏览器的地址栏中输入新浪网站的邮箱网址"mail.sina.com.cn"，按 Enter 键将其打开，然后单击"立即注册"超链接，如图 6-54 所示。

收发电子邮件

步骤 2▶ 弹出注册电子信箱的网页，如图 6-55 所示。在"邮箱地址"编辑框中输入用户名（一般由英文字母和数字等组成，可任意输入，但不能与该网站的其他用户重复）；由于新浪邮箱提供了 sina.cn 和 sina.com 两个域名，因此可在用户名后面的编辑框中选择邮箱域名。

步骤 3▶ 在"登录密码"、"确认密码"编辑框中输入登录密码（可由数字、符号和字母组成）并确认密码。

图 6-54　打开新浪信箱网页并单击"立即注册"超链接　　　　图 6-55　输入注册信息

步骤 4▶　在"密保问题"下拉列表框中选择密保问题，在"密保问题答案"编辑框中输入密保答案。在忘记邮箱密码时，可通过密保问题找回密码。

步骤 5▶　在"昵称"编辑框中为自己输入一个网上的昵称。在"验证码"编辑框中输入右侧提示的验证字符。

步骤 6▶　完成后相关信息输入后单击"同意以下协议并注册"按钮。

步骤 7▶　在弹出的页面中选择激活邮箱的方式，如单击"验证码激活"按钮，然后在显示的"请输入验证码"编辑框中输入上方提示的验证码，单击"马上激活"按钮，如图 6-56 所示。

步骤 8▶　激活成功后，将自动登录信箱，进入电子邮箱界面，如图 6-57 所示。在该界面的顶部显示了登录用户的电子邮件地址，用户可以将它告诉别人，这样他们就可以给自己写信了。

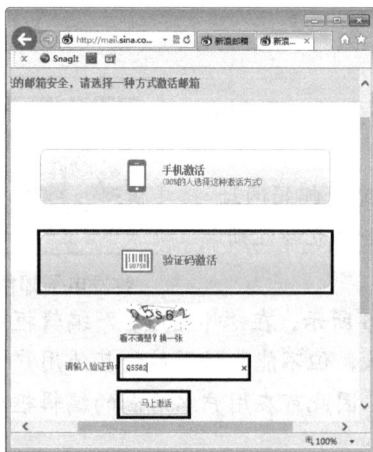

图 6-56　验证邮箱　　　　　　　　　　　　　图 6-57　自动登录信箱

二、登录电子信箱

要通过网页方式收发电子邮件，首先需要在申请邮箱的网站登录信箱。用户可以在连接到 Internet 的任何一台电脑上登录已申请到的信箱。登录新浪电子信箱的具体操作步骤如下：

步骤 1▶　打开新浪网站的邮箱网页（mail.sina.com.cn），输入电子邮件地址，单击"登录"按钮，如图 6-58 所示。

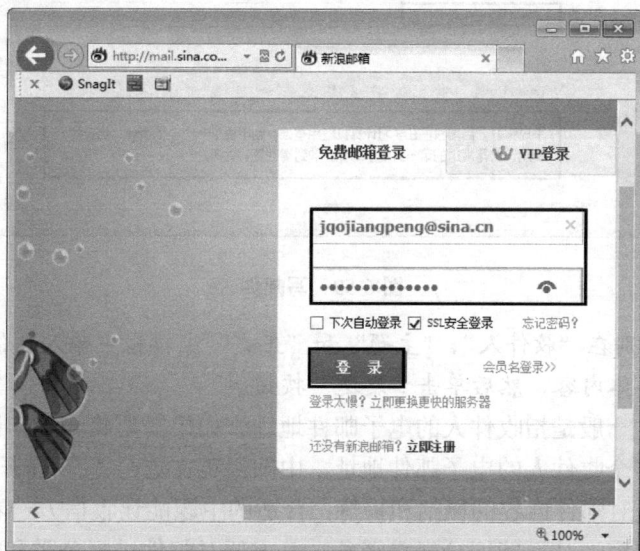

图 6-58　登录电子邮箱

步骤 2▶　登录成功后，将显示电子邮箱界面，如图 6-57 所示，此时便可以收发电子邮件了。

大多数网站的邮箱界面左侧为邮箱功能导航区，包括"写信"、"收信"超链接，以及"收件夹"、"草稿夹"、"已发送"和"已删除"几个文件夹超链接，单击某个超链接，即可在邮箱界面右侧进行具体的操作。例如，单击"写信"超链接，可进行写信和发送邮件操作。

电子邮箱界面中几个重要文件夹的作用如下：

➢　**收件夹**：保存别人发过来的电子邮件。

➢　**草稿夹**：保存还未写完或写完后没有发送的电子邮件。

➢　**已发送**：已发送的电子邮件默认会被保存在该文件夹中。

➢　**已删除**：保存从"收件夹"等文件夹中删除的电子邮件。

三、发送电子邮件

要写信和发送电子邮件，可执行以下操作步骤：

步骤 1▶　在邮箱界面中单击左侧的"写信"超链接，打开写信界面，如图 6-59 所示。

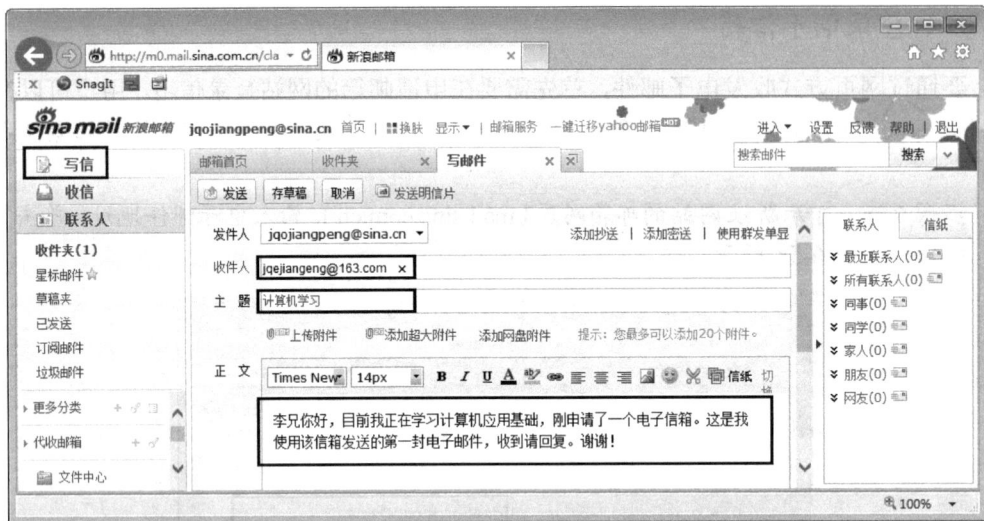

图 6-59 写邮件

步骤 2▶ 分别在"收件人"、"主题"和"正文"编辑框中输入收件人的电子邮件地址、邮件主题和具体内容，然后单击"发送"按钮。

➢ **收件人**：一般是指收件人的电子邮件地址。如果需要将一封信同时发送给多人，可输入多个收件人的电子邮件地址，中间用英文逗号","隔开。

➢ **主题**：是对邮件内容的概括和提炼，合适的主题能让收信方一看便知邮件的作用和主要内容，从而能区分轻重缓急，并方便对邮件进行分类和管理。

➢ **正文**：是邮件的具体内容。电子邮件的正文一般不像现实中的信件一样正式，甚至可以是一两句简单的话。我们可以通过单击"正文"编辑框上方的相应工具按钮设置正文格式，或在邮件中插入一个表情、一幅图片，还可以使用漂亮的信纸。

提 示

如果邮件正文内容比较多，一时半刻写不完，为了避免出现意外丢失已写好的内容，应及时单击"存草稿"按钮，将邮件保存在"草稿夹"文件夹中。对于已写好但还不想马上发送的邮件，也应将其保存在草稿夹中。要编辑和发送草稿夹的邮件，可单击窗口左侧的"草稿夹"文件夹，然后选择邮件并单击"编辑邮件"按钮。

如果想通过邮件将图片、文档等文件发送给对方，可执行以下操作步骤：

步骤 1▶ 在写信界面中输入收件人的电子邮件地址、邮件主题和具体内容。

步骤 2▶ 单击"上传附件"超链接，弹出选择文件对话框，选择要发送的文件，单击"打开"按钮，如图 6-60 所示。

步骤 3▶ 返回写信界面，显示文件的上传进度，如图 6-61 所示。如果有多个文件需要发送给对方，可继续单击"上传附件"超链接上传文件；如果不小心上传错了文件，可单击文件名称旁边的"删除"超链接将其删除。

图 6-60 选择要发送给对方的文件

图 6-61 正在上传文件

步骤 4▶ 文件上传完毕后进度条消失，此时即可单击"发送"按钮，将带附件的邮件发送给收件人。

四、阅读电子邮件

要阅读别人发送给您的电子邮件，可执行以下操作步骤：

步骤 1▶ 在登录后的电子信箱界面左侧单击"收信"超链接，显示收信界面。

步骤 2▶ 查看邮件列表，然后单击要阅读的邮件主题或发件人，此时邮件正文内容或附件等就会显示出来，如图 6-62 所示。

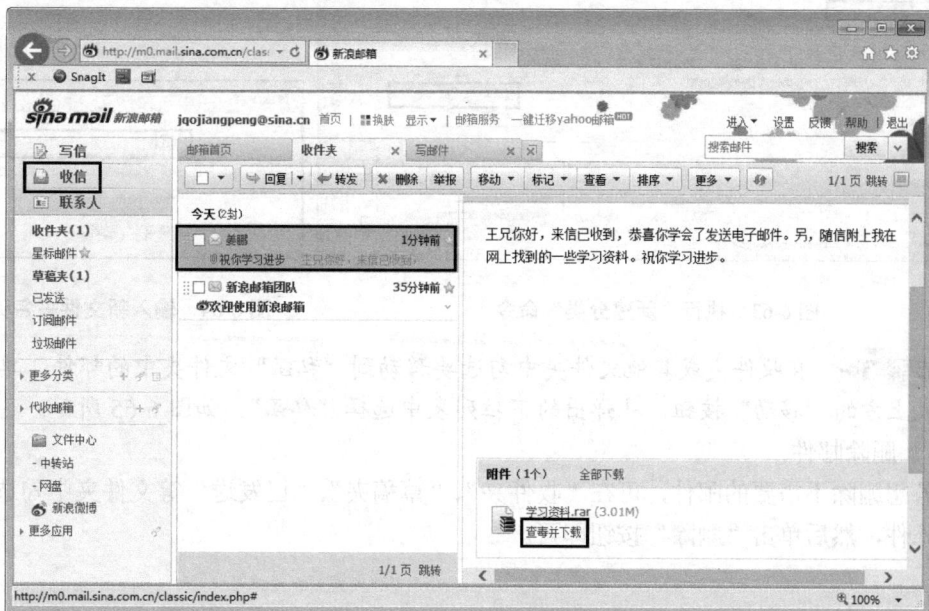

图 6-62 阅读邮件

步骤 3▶ 如果邮件包含附件,在邮件中将显示附件的名称、大小,单击附件名称或"下载"等相似超链接,可将附件下载到电脑中,其方法与下载普通文件相同。

阅读邮件时,可单击邮件上方的"回复"按钮,给发件人回信;单击"转发"按钮,将邮件转发给别人;单击"删除"按钮,将邮件删除。

五、管理电子邮件

当收件夹中的邮件越来越多时,难免会显得杂乱无章。为了有效管理邮件,可以分类存放邮件,或将不需要的邮件删除。例如,新建"私函"、"公函"和"重要邮件"几个文件夹,然后根据邮件的性质将它们分类存放在这个文件夹中。

1. 分类存放邮件

分类存放邮件的具体操作步骤如下:

步骤 1▶ 单击电子邮箱界面左侧的"收件箱"文件夹,然后单击邮件列表上方的"移动"按钮,从弹出的下拉列表中选择"新建分类",如图 6-63 所示。

步骤 2▶ 弹出"修改分类"对话框,输入文件夹名称,如"私函",单击"确定"按钮,如图 6-64 所示。此时,在电子邮箱界面左侧显示新建的文件夹。

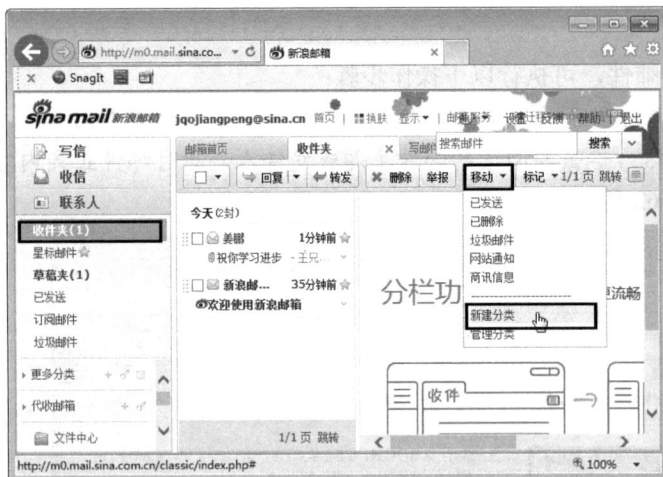

图 6-63 执行"新建分类"命令　　　图 6-64 输入新文件夹名称

步骤 3▶ 在收件夹或其他文件夹中勾选要移动到"私函"文件夹中的邮件,单击邮件列表上方的"移动"按钮,从弹出的下拉列表中选择"私函",如图 6-65 所示。

2. 删除邮件

若想删除不需要的邮件,可在"收件夹"、"草稿夹"、"已发送"等文件夹中勾选要删除的邮件,然后单击"删除"按钮即可。

图 6-65　将邮件移动到指定的文件夹

执行以上删除操作后，邮件被转移到"已删除"文件夹中，依然占据着邮箱空间。要将邮件彻底删除，可在"已删除"文件夹中勾选邮件，然后单击"彻底删除"按钮。

要选择当前文件夹中的全部邮件，可勾选邮件列表上方或下方的"全选"复选框 □ 。

六、退出电子邮箱

如果用户不是在自己的电脑上收发电子邮件（如在网吧上网），在发送和阅读邮件的工作结束后，应及时退出邮箱登录状态，避免其他人进入您的邮箱，或盗用您的邮箱账户。为此，可在邮箱界面的右上角单击"退出"超链接。

真题解析一

（注：以下上网题为 2017 年 9 月全国计算机等级考试一级 MS Office 真题）

某模拟网站的主页地址是：HTTP://LOCALHOST:65531/ExamWeb/INDEX.HTM，打开此主页，浏览"天文小知识"页面，查找"海王星"的页面内容，并将它以文本文件的格式保存到考生目录下，命名为"haiwxing.txt"。

【解析】

① 单击"启动 Internet Explorer 仿真"按钮，启动 IE 浏览器；② 在"地址栏"中输入网址"HTTP://LOCALHOST:65531/ExamWeb/INDEX.HTM"，并按 Enter 键，找到并打开"天文小知识"页面，再找到并打开"海王星"页面；③ 选择"工具">"文件">"另存为"菜单，打开"保存网页"对话框，在"文档库"窗格中打开考生文件夹，在"文件名"编辑框中输入"haiwxing"，在"保存类型"下拉列表中选择"文本文件(*.txt)"，单击"保存"按钮完成操作。

真题解析二

（注：以下上网题为 2017 年 3 月全国计算机等级考试一级 MS Office 真题）

某模拟网站的主页地址是 HTTP://LOCALHOST:65531/ExamWeb/INDEX.HTM，打开此主页，浏览"航空知识"页面，查找"运十运输机"的页面内容，并将它以文本文件的格式保存到考生目录下，命名为"y10ysj.txt"。

【解析】

① 单击"启动 Internet Explorer 仿真"按钮，打开 IE 浏览器；② 在"地址栏"中输入网址"HTTP://LOCALHOST:65531/ExamWeb/INDEX.HTM"，并按 Enter 键，找到并打开"航空知识"页面，再找到并打开"运十运输机"页面；③ 选择"工具" > "文件" > "另存为"菜单，打开"保存网页"对话框，在"文档库"窗格中打开考生文件夹，在"文件名"编辑框中输入"y10ysj"，在"保存类型"下拉列表中选择"文本文件（*.txt）"，单击"保存"按钮完成操作。

项目总结

通过本项目的学习，读者应该着重掌握以下知识：

➤ 掌握组建小型局域网的方法，并能设置和访问共享资源。

➤ 了解常见的 Internet 接入方式，掌握利用 ADSL 方式将单台计算机和局域网中的计算机接入 Internet 的方法。

➤ 掌握浏览网页，使用搜索引擎检索网上信息，以及从网上下载资源的方法。

➤ 掌握申请电子信箱，以及收发电子邮件的方法。

项目实训

1．将百度（www.baidu.com）网站设置为 IE 浏览器的首页。

2．将喜欢的网页或图片保存到自己的计算机中。

3．申请一个电子信箱，并向指定信箱发送一封电子邮件。

项目考核

一、选择题

1．（　　）不是组建局域网的设备。

    A．网卡　　　　　　B．交换机　　　　　　C．声卡　　　　　　D．网线

2．要配置家庭网中的计算机，需要启动（　　）向导。

    A．新硬件安装向导　　　　　　　　　B．网络安装向导

    C．局域网配置向导　　　　　　　　　D．Internet连接向导

3．（　　）不是目前流行的 Internet 接入方式。

    A．ADSL　　　　　　B．小区宽带　　　　C．新浪网　　　　D．有线通

4．要查看曾经浏览过的网页，可通过（　　　）（多选题）。

    A．收藏夹　　　　　　　　　　　　　B．地址栏

    C．历史记录　　　　　　　　　　　　D．"前进"和"后退"按钮

5．在网上最常用的一类查询工具叫（　　）。

    A．ISP　　　　　　　　　　　　　　　B．搜索引擎

    C．网络加速器　　　　　　　　　　　D．离线浏览器

二、简答题

1．目前流行的上网方式主要有哪些？

2．要在 Internet 上查找歌曲，该如何操作？

3．要将网页中的图片保存在电脑中，该如何操作？

4．如何对无线局域网进行加密？

5．如何将电脑连接到无线局域网？

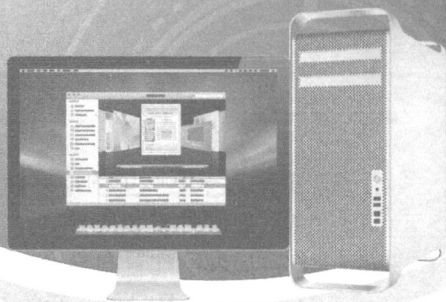

项目七　使用常用工具软件

【项目导读】

要让电脑为人们做更多的事，更好地为人们服务，需要在电脑中安装一些常用工具软件，如杀毒软件、防火墙软件、文件解压缩软件，网络即时通信和文件传输软件、网上资源下载软件等。本项目主要学习常用工具软件的使用方法。

【学习目标】

➤ 掌握使用 360 安全卫士防范黑客和木马，以及管理和优化电脑的方法。

➤ 掌握使用 360 杀毒软件预防和查杀电脑病毒的方法。

➤ 掌握使用 WinRAR 软件压缩和解压缩文件的方法。

➤ 掌握使用迅雷软件下载网上资源的方法。

➤ 掌握使用网络通信软件 QQ 聊天和传输文件的方法。

任务一　使用 360 安全卫士

扫一扫

使用 360 安全卫士

相关知识

360 安全卫士是奇虎 360 公司出品的一款功能强大，深受用户喜爱的上网安全软件，使用它可以有效地保护电脑的安全以及优化系统。

安装上 360 安全卫士后，每次启动电脑，它都在电脑后台自动运行，就像一个隐身的卫士，时刻对用户的电脑提供安全防护服务，阻挡黑客和木马的攻击。

此外，也可打开 360 安全卫士操作界面，来进行电脑体检、查杀木马、修复系统漏洞、清理系统垃圾文件和优化加速系统等操作，从而将用户的电脑打造得更安全、更高效。

任务实施

一、查杀木马

要利用 360 安全卫士查杀电脑中的木马，可执行以下操作步骤：

步骤 1▶ 双击任务栏右侧的"360 安全卫士"图标 ，弹出 360 安全卫士主操作界面。

步骤 2▶ 单击界面上方的"木马查杀"按钮，打开木马查杀界面，选择一种扫描木马的方式，如"快速扫描"，如图 7-1 所示。

图 7-1　单击"快速扫描"按钮

步骤 3▶ 开始扫描电脑。扫描完毕，列出扫描出的危险文件，并给出处理建议。选择要处理的风险文件，单击"立即处理"按钮，即可清除扫描出的危险文件，如图 7-2 所示。

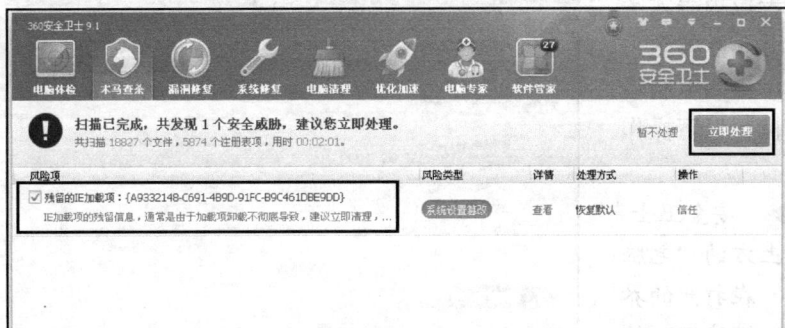

图 7-2　清除扫描出的危险文件

二、修复系统漏洞

要修复系统漏洞，以避免病毒利用漏洞攻击电脑，可执行以下操作步骤：

步骤 1▶ 单击 360 安全卫士主操作界面上方的"漏洞修复"按钮。此时，360 安全卫士将自动对操作系统中的漏洞进行检测。

步骤 2▶ 检查完毕，列出了需要修复的高危漏洞。选择要修复的漏洞，单击"立即修复"按钮，即可开始修复所选漏洞，如图 7-3 所示。

图 7-3 修复系统漏洞

三、清理电脑

电脑运行速度变慢往往是由于系统垃圾文件、插件、注册表垃圾等太多引起的。利用 360 安全卫士清理电脑，提高电脑运行速度，可执行以下操作步骤：

步骤 1▶ 安全卫士主操作界面上方的"电脑清理"按钮，在打开的界面中单击"一键清理"按钮，如图 7-4 所示。

步骤 2▶ 开始扫描

图 7-4 清理电脑

并清理电脑中的垃圾文件、插件等影响电脑运行速度的文件。

也可不使用 360 安全卫士的"一键清理"功能，而是单击"电脑清理"按钮下方的"清理垃圾"、"清理插件"、"清理痕迹"等按钮，分别扫描并清理这些文件。

四、电脑加速

电脑启动、运行速度变慢的另一个重要原因是随系统一起启动的程序、服务等太多。因此，可禁止一些不必要随系统一起启动的项目。为此，可执行以下操作步骤：

步骤 1▶ 单击 360 安全卫士主操作界面上方的"优化加速"按钮。此时，360 安全卫士自动扫描电脑中可以优化项目。

步骤 2▶ 扫描完毕，列出了可以优化的项目，并给出了操作提示。根据提示选择需要禁止启动的项目，单击"立即优化"按钮，即可禁止所选项目随系统一起自动启动，如图 7-5 所示。

图 7-5 电脑加速

也可分别单击"优化加速"按钮下方的"我的开机时间"、"启动项"等按钮，来手动选择需要禁止启动的项目，或恢复已禁止启动的项目。360 安全卫士是一款很容易操作的软件，虽然功能很多，但都有相应的操作提示。用户在使用时要注意观察它的操作提示。

任务二　使用 360 杀毒软件

相关知识

360 杀毒软件也是奇虎 360 公司出品的一款免费安全软件，利用它可以有效地防范病毒入侵电脑，以及查杀电脑中的病毒等。安装上 360 杀毒软件后，它将在电脑后台自动运行，实时保护电脑。

任务实施

一、程序设置

利用 360 杀毒软件的实时防护和查杀功能，可以使其更好地为人们服务。具体操作步骤如下：

步骤 1▶ 双击任务栏右侧的"360 杀毒"图标 📶，弹出 360 杀毒软件操作界面，单击右上方的"设置"选项，如图 7-6 所示。

图 7-6　360 杀毒软件主界面

步骤 2▶ 弹出"360 杀毒-设置"对话框，如图 7-7 所示。在该对话框"常规设置"分类中确保已选中"登录 Windows 后自动启动"复选框。

图 7-7　"360 杀毒-设置"对话框

步骤3▶ 单击右侧的"升级设置"分类标签，切换到该分类设置界面，确保已选中"自动升级病毒特征库及程序"复选框。

步骤4▶ 在"病毒扫描设置"分类中选择手动查杀病毒时需要扫描的文件类型，以及发现病毒时的处理方式。

步骤5▶ 在"实时防护设置"分类中选择防护级别，以及发现病毒时的处理方式。

步骤6▶ 对于一些被杀毒软件误报为病毒，但实际上是正常的文件，可在"文件白名单"分类中将其添加到白名单中，这样就不会被杀毒软件误报了。

二、查杀病毒

当电脑感染了病毒时，可利用360杀毒软件查杀病毒，具体操作步骤如下：

步骤1▶ 双击任务栏右侧的"360杀毒"图标，弹出360杀毒软件操作界面，然后单击选择一种扫描方式，如单击"快速扫描"按钮，如图7-6所示。

➢ **快速扫描**：扫描操作系统启动时加载的所有对象。

➢ **全盘扫描**：扫描整个系统，包括系统设置、常用软件、系统内存、启动时加载的程序，以及保存在硬盘中的所有文件等。

➢ **自定义扫描**：由用户自行选择要扫描的对象。

步骤2▶ 开始扫描系统，并显示扫描进度，如图7-8所示。扫描完毕，将列出危险项目。根据提示选择需要处理的危险项目，单击"立即处理"按钮，处理所选危险项目。

图7-8 正在扫描系统

任务三 使用压缩/解压缩软件 WinRAR

相关知识

压缩是指将一个或多个文件转换成压缩格式的文件，以减小文件大小，从而方便存储或在网络上传输。解压缩是指将具有压缩格式的文件还原为正常的文件。WinRAR 是目前最流行的压缩/解压缩软件，具有压缩率高，支持的压缩文件格式多等特点。

任务实施

一、压缩文件

将 WinRAR 安装在电脑中后，可使用以下步骤来快速压缩文件：使用压缩与解压缩软件

步骤 1▶ 选中要压缩的文件或文件夹（可同时选中多个），右击所选文件或文件夹，在弹出的快捷菜单中选择"添加到'×××.rar'"菜单项，如图 7-9 所示。

步骤 2▶ 稍微等待一会，WinRAR 会按默认设置，将所选文件或文件夹压缩成一个压缩格式的文件，如图 7-10 所示（原文件依然存在）。

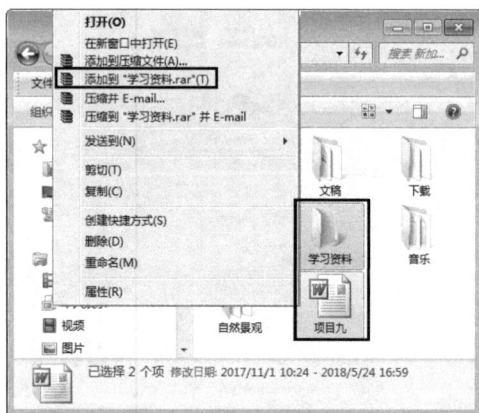

图 7-9 快速压缩文件　　　　　图 7-10 压缩格式的文件

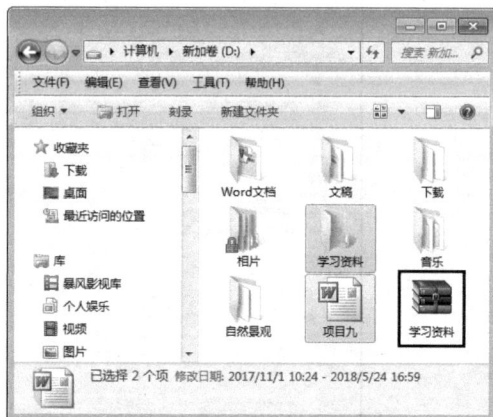

若在右击文件或文件夹后弹出的快捷菜单中选择"添加到压缩文件…"项，将打开"压缩文件名和参数"对话框。可在该对话框"常规"选项卡的"压缩文件名"设置区中设置压缩文件的名称和保存路径，以及在"压缩方式"下拉列表框中选择压缩比；还可在"高级"选项卡中为压缩文件设置密码。设置好后，单击"确定"按钮，即可按要求压缩文件，如图 7-11 所示。

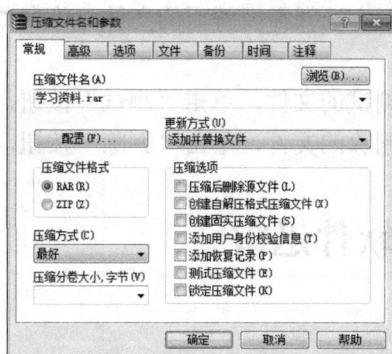

图 7-11 "压缩文件名和参数"对话框

二、解压缩文件

要将压缩格式的文件快速还原为正常的文件，可用鼠标右击该文件，在弹出的快捷菜单中选择"解压到当前文件夹"或"解压到×××"菜单项，WinRAR 会自动将该文件解压到当前文件夹或指定的文件夹中（原压缩格式的文件依然存在），如图 7-12 所示。

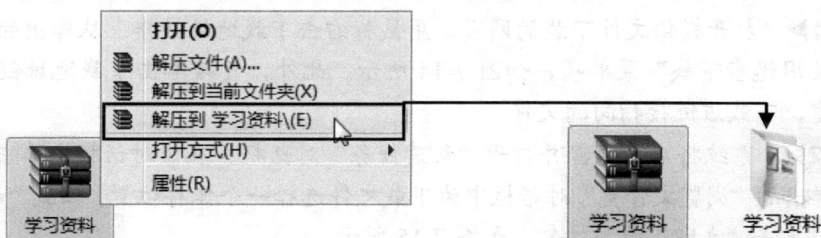

图 7-12 解压缩文件

若双击压缩文件，将打开 WinRAR 软件的操作界面，如图 7-13 所示。在该界面中可以进行的常用操作如下：

图 7-13 解压缩压缩文件中的指定文件

➢ **查看文件**：在界面下方的列表中可查看压缩文件中的文件。

➢ **添加文件**：单击界面上方的"添加"按钮，可将其他文件添加到此压缩文件中。

> ➢ **解压文件**：在界面下方选择需要解压的文件，单击"解压到"按钮，可将所选文件单独解压出来。
> ➢ **测试文件**：选择要测试的文件，单击"测试"按钮，可测试文件是否损坏。
> ➢ **删除文件**：选择要删除的文件，单击"删除"按钮，可删除所选文件。

任务四　使用下载软件迅雷

相关知识

使用迅雷可以从 Internet 上高速下载各种资源，并可对正在下载或已下载的资源进行各种有效的管理，如暂停某个资源下载，从暂停处重新开始下载，查看已下载的资源，对下载的资源自动查杀病毒等。

一、从网上下载资源

将迅雷安装在电脑中后，可使用以下操作步骤在 Internet 上下载资源：

步骤 1▶ 打开提供文件下载的网页，用鼠标右击下载地址链接，从弹出的快捷菜单中选择"使用迅雷下载"菜单项，如图 7-14 所示。此外，直接单击下载地址链接也可自动启动迅雷，下载该链接指向的文件。

步骤 2▶ 系统将启动迅雷并打开"新建任务"对话框。在该对话框中单击文件夹图标，在弹出的"浏览文件夹"对话框中为下载文件选择一个保存位置。回到"新建任务"对话框后，单击"立即下载"按钮，如图 7-15 所示。

图 7-14　执行"使用迅雷下载"命令　　　图 7-15　"新建任务"对话框

步骤 3▶ 开始下载文件并打开迅雷操作界面。在"正在下载"列表中可看到文件下

载状态,包括文件名、下载进度等,如图 7-16 所示。

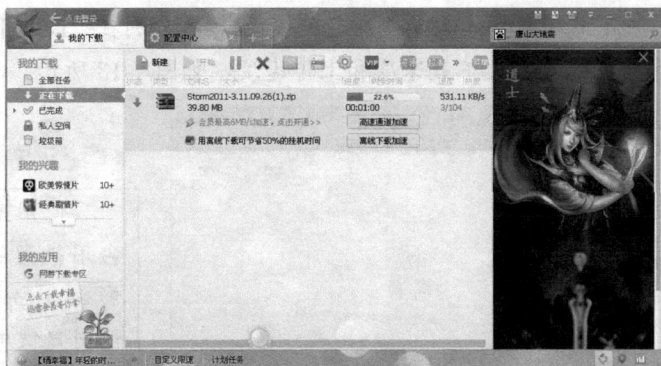

图 7-16 正在下载文件

提 示

选择下载的文件,单击迅雷工具栏中的"暂停"按钮,可暂停文件的下载;单击"开始"按钮,可重新开始文件下载;单击"删除"按钮,可删除文件,即将其移至"垃圾箱"分类中。

步骤4▶ 文件下载结束后,会从"正在下载"列表中消失,此时单击"已下载"分类,可看到已下载的文件名。右击文件名,从弹出的快捷菜单中选择"打开",可打开文件;选择"打开文件夹",可打开保存文件的文件夹。

若知道某个文件的具体下载地址,可在迅雷主操作界面的工具栏中单击"新建"按钮,打开"新建任务"对话框,然后将下载地址输入或复制到对话框中间的编辑框中,单击"继续"按钮,下载该文件,如图 7-17 所示。

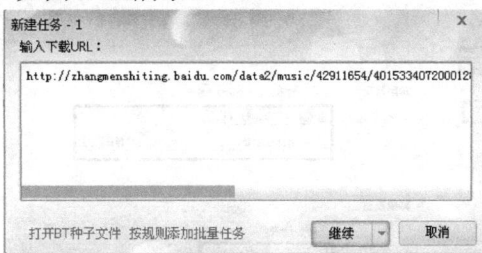

图 7-17 新建下载任务

二、设置迅雷

为了更加合理、高效地使用迅雷从 Internet 上下载资源,可根据自己的网络条件和电脑配置等情况对迅雷进行一些设置,如限制上传和下载速度,设置任务默认属性等。具体操作步骤如下:

步骤1▶ 在迅雷主操作界面中单击"配置中心"标签,切换到"配置中心"界面。

273

步骤 2▶ 在界面左侧依次单击"基本设置">"常规设置"分类，然后在"模式设置"设置区选择一种下载模式，如选择"自定义模式"，再分别在"最大下载速度"和"最大上传速度"编辑框中输入最大下载速度和上传速度，如图 7-18 所示。

图 7-18　限制下载和上传速度

提　示

使用迅雷下载资源会占用很大的带宽，为了不影响自己或局域网中的其他用户使用 Internet 的其他资源，如浏览网页，可限制对迅雷的下载和上传速度进行限制。

步骤 3▶ 在界面左侧依次单击"我的下载">"任务默认属性"分类，然后在"常用目录"设置区选择下载文件的保存路径，如选择"使用指定的存储目录"单选按钮，再单击"选择目录"按钮，在弹出的对话框中选择一个保存下载文件的文件夹；在"其他设置"设置区输入原始地址线程数，如输入 10。线程数越多，下载速度越快，如图 7-19 所示。

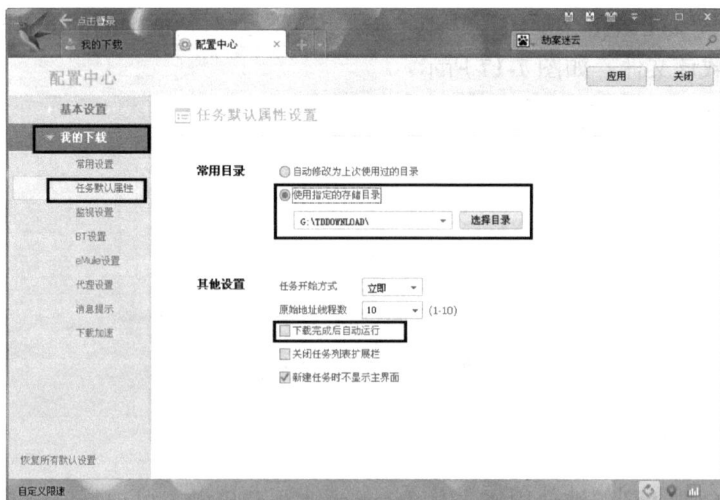

图 7-19　设置任务默认属性

步骤 4▶ 在界面左侧依次单击"我的下载">"常用设置"分类，然后在"任务管理"设置区输入可以同时进行的任务数；在"连接管理"设置区输入全局最大连接数（利用 P2P

方式下载时，连接数越多，下载速度越快），并选中"UPnP 支持"复选框。

步骤 5▶ 根据需要继续选择其他分类进行设置。最后单击界面右上方的"应用"按钮，完成设置。

项目总结

本项目主要介绍了常用工具软件的使用方法。学完本项目内容后，用户应掌握使用 360 安全卫士查杀木马和优化电脑，使用 360 杀毒软件预防和查杀电脑病毒，使用 WinRAR 压缩/解压缩文件，使用迅雷从网上下载资源等操作。

项目实训

1. 利用百度搜索引擎查找喜爱的音乐，使用迅雷将它们下载到电脑中。
2. 使用 WinRAR 将几个文件（如图片或文档）压缩成一个压缩文件，然后利用 QQ 将文件传输给好友。

项目考核

一、选择题

1. 下列不属于 360 安全卫士功能的是（　　）。
   A. 防范木马　　　　　　　　　　　B. 修复系统漏洞
   C. 清理电脑　　　　　　　　　　　D. 即时通讯
2. 下列不属于 360 杀毒软件扫描方式的是（　　）。
   A. 快速扫描　　　　　　　　　　　B. 全盘扫描
   C. Internet扫描　　　　　　　　　 D. 自定义扫描
3. 在"压缩文件名和参数"对话框的（　　）选项卡中可以为压缩文件设置密码。
   A. 常规　　　　　B. 高级　　　　　C. 文件　　　　　D. 备份
4. 在迅雷配置中心的（　　）分类中可以设置下载文件的默认保存目录。
   A. 任务默认属性　 B. 常用设置　　　 C. 基本设置　　　 D. 监视设置

二、简答题

1. 如何使用 360 安全卫士优化电脑？
2. 如何使用 WinRAR 快速压缩/解压缩文件？
3. 如何限制迅雷的下载和上传速度？

参考文献

[1] 谢昌兵，戴成秋，曾勤超. 计算机应用基础 [M]. 上海：上海交通大学出版社，2015.

[2] 柴欣，史巧硕. 大学计算机基础教程（第六版）[M]. 北京：中国铁道出版社，2014.

[3] 程星晶，胡文生. 大学计算机应用基础 [M]. 上海：上海交通大学出版社，2015.

[4] 蒋加伏，沈岳. 大学计算机（第4版）[M]. 北京：北京邮电大学出版社，2013.

[5] 薛涛. 现代计算机应用基础导论 [M]. 上海：上海交通大学出版社，2017.